U0137555

易界名家 独门首传

李计忠思解《周易》系列

生態景觀與建築藝術

李计忠 著

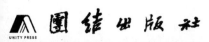

團結出版社
UNITY PRESS

图书在版编目（ＣＩＰ）数据

生态景观与建筑艺术 / 李计忠著. -- 北京 ： 团结
出版社，2015.11
ISBN 978-7-5126-3930-0

Ⅰ．①生… Ⅱ．①李… Ⅲ．①住宅－室内装饰设计
Ⅳ．①TU241

中国版本图书馆 CIP 数据核字(2015)第 255910 号

出　版：团结出版社
　　　　（北京市东城区东皇城根南街 84 号　邮编：100006）
电　话：(010) 65228880　65244790
网　址：http://www.tjpress.com
E-mail：zb65244790@vip.163.com
经　销：全国新华书店
印　装：北京泽宇印刷有限公司

开　本：170mm×240mm　1/16
印　张：23.25
字　数：164 千字
版　次：2016 年 3 月　第 1 版
印　次：2016 年 3 月　第 1 次印刷

书　号：978-7-5126-3930-0
定　价：48.00 元

前　言

　　《易经》是中华传统文化当中的群经之首、群经之源，是皇冠上的明珠。

　　在中国的传统文化宝藏之中，儒家、道家、法家、纵横家、兵家、医家、术数家等诸子百家学说的核心理论体系均来自《易经》的太极阴阳学说。

　　《易经》中的太极、阴阳、八卦，以及五行生克制化的思维方式，早已融入中华文化的骨髓。

　　建筑环境学，属于中华传统文化当中的术数类，与梅花易数、六爻纳甲、八字命理、六壬、太乙、奇门、紫微斗数、七政四余、铁板神数等等预测体系统属于术数类。

　　建筑环境学是传统术数当中的一种，在传统学术界被称为"堪舆"。建筑环境学在历史典籍当中也叫做地理学、相地术、相宅术、青囊术，是中华民族独有的传统文化宝藏之一。

　　建筑环境学的理论与实践体系博大精深，尤其是实践应用的精华部分，经过两千多年的传承，不断吸收每一个时代天文、历法、地理、地质等最新的知识，形成了体系完整、流派分明的学术应用体系。

　　以现代科学的认知，建筑环境学的核心内容是人们以"阴阳平衡、天人合一"的原则对生存环境进行选择，对住宅环境进行规划和设计的一门学问。这种选择和规划的结果，就形成了人与自然和谐相融、心灵与自然交汇共鸣的地理环境艺术、景观环境艺术、建筑环境艺术，充分体现了人对完美居住环境的追求与探索。

　　在建筑环境学的体系中，无处不体现出《易经》朴素的唯物辩证哲学观点、矛盾对立统一观点。其中"太极阴阳"的辩证观点横贯古今。

　　建筑环境学的起源，可以追溯到人类原始社会时的狩猎时期，那时的人们就已经知道要选择避风朝阳的洞穴作为住所。

　　到了原始农业时期，人类开始定居，逐渐对住宅环境有了进一步的要求，讲究背山面水，避风向阳，一切都是为了更安全、更方便、更舒适地生活。

　　商周时期出现卜宅之术，周文王完善《易经》做爻辞、卦辞。

春秋时期，孔子研究《易经》，"韦编三绝"，著《十翼》，完善了《易经》。

秦朝时有了相地术，有了地脉和王气观念，秦始皇为自己修建了宏伟的陵墓，现在西安出土的兵马俑只是其中外围的一部分。

魏、晋时期产生了像管辂、郭璞这样的堪舆宗师，有《管氏地理指蒙》和《葬书》（亦称《葬经》）等典籍问世。

唐宋时期，建筑环境学再分为形势和理气两大派别，二者之间又互相融合。

明清时期，建筑环境学得到极大发展，各派别代表人物和代表作层出不穷。

通过研究建筑环境学在历史上的变革，我们就能得出结论，一直以来，中国人对建筑环境学的应用，就是依据环境学峦头形法的"龙、穴、砂、水、向"考察自然环境的山脉与河流，选择山环水抱、山清水秀、草木葱郁、充满生机的地理环境，顺应自然，有节制地利用，建造良好的居住环境，并在这一活动中，充分利用天时、地利、人和的诸般条件，以求达到人与自然"天人合一"、"和谐相处"的境界。

正是因为如此，建筑环境学在长期的实践发展过程中，积累了丰富的经验，也形成了较完善的理论体系，融汇了古代科学、哲学、美学、伦理学，以及宗教、民俗等方面的众多智慧，最终形成内涵丰富、综合性和系统性很强的独立的理论与实践体系，集中而典型地反映了建筑环境与科学艺术的融合。

建筑环境学的理论与实践体系，以其世俗化、民俗化深深地植根于社会的各个阶层，承载着人们对美好生活的向往，体现着人们改善命运的主观能动性，展现出人们积极进取的心态，其生命力之旺盛绵亘古今，如同生命之火，与人类的共存。

建筑环境学的这种根植于国人灵魂之中的生命力，使得这一理论体系，能对传统建筑的选址、规划和建造，起到决定性的指导作用，以至于上至京都、官苑、陵园，下至山村、民舍、坟茔，都统一在建筑环境学的观念之下，与传统的营造学、造园学互为表理，相辅相成，对中国传统建筑文化产生了普遍而深刻地影响，形成了具有中华民族特色的建筑环境文化。

中国历朝的皇陵、都城、村镇、民居，在环境与建筑天人合一的融合中，无处不体现着环境学的灵魂。目前遍布全国的各种历史文化名胜，无不蕴含着丰富而深奥的建筑环境学内涵。只因为有了建筑环境学天人合一的灵魂，我们才能在这些名胜当中体验到自然环境与心灵愉悦的完美融和。

建筑环境学具有海纳百川的包容胸怀，发展到今天，不断融合最新的科学

成果，理论与实践的进一步完善，已经使建筑环境学在太极阴阳理论的基础上，具有了准确率更高的推断吉凶、追溯时间与空间的能力。

科学研究最重要的两种方法，一是归纳法，从千万的表象中归纳出一般规律；二是演绎法，在已有规律的基础上，以理论推理的方式推导出新的规律，并用在实践中检验，检验修正后再以归纳法总结成一般规律，用以指导新的实践。迄今为止，广大建筑环境学研究人员已经运用这两种研究方法对环境学进行了两千多年的实践。

当今，随着社会的进步，电脑与互联网的普及，使得建筑环境学对基础研究资料的收集与归纳效率千万倍的提高，使得环境学理论与实践的学术交流空前活跃，这将使千百年来只依靠师徒单线传承的环境学研究方式得以改变，使得建筑环境学更快地吸收最先进的科学成果与更多同行的研究成果进一步完善自身。

为了建筑环境学的健康发展，我们在进行建筑环境学研究与实践时，切记不要神话自身、神秘自身，而是要秉持科学严谨的态度，遵循《周易》中所蕴涵的最基本的阴阳辩证的原则，辩证客观地看待准验率，这样才能避免人们对建筑环境学的误解。

辩证唯物主义认为，实践是检验真理的唯一标准，没有实践就没有发言权。真正的辩证唯物主义是一种客观认识事物的态度，真正的科学也是一种客观认识事物的态度，尤其是对未知事物的认知态度。中国有一句古语叫做"夏虫不可语冰"，还有一句古语叫做"坐井观天"，所以，当已有的科学知识不足以认识广袤无垠的未知世界时，最好的态度就是对未知的世界保持敬畏与谦卑。人类以及人类现有的知识在广阔的宇宙中极其的渺小，科学发展的道路没有止境，对建筑环境学的认知、研究也是如此。

建筑环境学产生于中国，后流传到东南亚、韩国、日本，近几十年更在欧美等国兴起。在他们看来，研究自然环境与人的吉凶的关联，这本身就是一种科学探索，所以在他们经济实力与组织实力强大的情况下，研究成果有赶超中国的趋势。而且韩日两国前些年开始着手把建筑环境学作为他们本国的历史文化项目，正在积极申请世界文化遗产，这对中国环境行业的从业者来说，是一个令人纠结的消息。

作为建筑环境学的传承人，我们要用自己的力量，客观辩证地对待环境学，只有这样，我们才能取其精华，去其糟粕，完善建筑环境学理论，从而让人们

对环境文化形成客观的解读，才能为中华优秀传统文化的继承与发展做出贡献。

在现实中，真正掌握建筑环境学传承的人，可以凭借阴阳宅周边的山水形势、方位、与阴阳宅的立向，依据阴阳、五行、八卦，对峦头与理气进行分析计算，推断出一户人家阴宅后代、阳宅当代的吉凶，吉凶应在何人、吉凶应在何事、吉凶应在过去、现在、未来什么时期。水平越高的环境学研究者，对吉凶事件推断得就越多、越详细，对吉凶所发生的时间推断的就越准确。而这一切的推断，都是以峦头形法的山峰、水流、建筑、道路、家具、门窗与理气的太极、阴阳、五行、八卦为基础。因此，一个人，要想真正掌握好建筑环境学的精髓，首先就必须掌握好这些相关的基础知识。

本书是一本专业系统的、以研习为目的建筑环境学图书，系统地介绍地理环境与建筑环境的各类知识，以建筑环境学中的峦头形法为基础，以环境学中推导时间与空间方位的三元理气为进阶，辅以实践案例，向读者展示一些中华环境学的奥秘。

这本系统的专业环境学教材，相信对于建筑环境学爱好者，对于当今从事考古、城市规划、园林景观设计、建筑室内设计的人士，会有一定的启发和帮助。

李计忠

2015 年 9 月写于海口

目　录

第一章

什么是生态环境

中国建筑环境学是我国古代建筑活动的指导原则和实用操作技术，是中国传统建筑的灵魂。其与中国营造学和中国造园学构成了中国古代建筑理论的三大支柱。其宗旨是谨慎周密地考察、了解自然环境，利用和改造自然，创造良好的居住环境，赢得最佳的天时、地利与人和，达到天人合一的至善境界。在古代，中国建筑

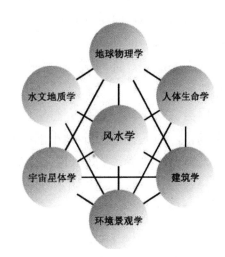

风水学实际上就是一门集地理环境学、天文星体学、人文景观学和人体生命信息学等学科于一体的自然科学。（如上图）

在长期的实践和发展过程中，中国建筑环境学积累了丰富的实践操作经验，并以复杂的理性思维，吸取和融汇了古今中外各门自然科学、

美学、哲学、伦理学、宗教以及民俗等诸多方面的智慧，最终形成了内涵丰富、综合性极强、具有系统理论体系的当代建筑风水学。当代建筑环境学涵盖了地理环境生态学、星象学、人文星象学、人文景观学、建筑受力平衡学、地质学、地球磁场方位学和人体生命信息学等，是一门多学科综合于一体的自然科学。

自古以来，我们的先祖就把选址定居作为安居乐业的头等大事来对待。选址定居的经验日积月累，及至后来日臻成熟，便形成了一门选址的学问——相地术。相地术又称堪舆术，是古代中国流行的一门关于相宅相墓的学问，它的主要内容是指导人们如何去选择住宅和坟墓的位置、朝向，以及确定布局和营建的时间。

从我国现存的大量古城镇、古建筑、古民居、古陵墓的选址、规划和设计，以及园林景观的营造情况来看，建筑风水活动渗透着地理学、天文学、人文景观学等方面的丰富内容。其间虽然掺杂着许多非科学的、落后的人为因素，但是建筑环境艺术探求建筑的择地、自然方位、天道、布局与人类命运的协调关系，证明了中国建筑风水的核心内容是"天地人合一"的原则。注重人类对自然环境的感应，指导人们因地制宜地通过建筑的选址、规划与营造，使人与自然融合。

用当代科学知识来研究时空，天地万物组成的宇宙世界是一个庞大的磁场体，而人体是一个微小的磁场体。分布在人生活空间的万物，不停地发射出一种微波，同时这些微波与人体小磁场能够产生物理性感应，进而导致人体磁场发生变化，有的会变好，有的却变坏，这就是环境造就人的天然法则。

中国建筑环境学是东方人居环境审美的艺术，衣、食、住、行是人的本能需要。在中、西文化撞击，西方建筑学、规划学传入中国之前，中国几千年的城市、乡村、民居有哪一座不是在中国建筑环境学思想指导下建成的？要建国都、城市、宅院，就要按照建筑风水原则来进行。所以几千年来建筑环境根深蒂固地植根于民俗之中，体现出敬天法祖的建筑规划特色。

在中国，在解决"住"的问题上，几千年来自有一整套理念、原则、

方法与传统。它就是"建筑环境"。建筑环境择其吉而避其凶，营建城市、乡村和住宅。建筑环境集中反映了中国古代在时间关系之下的空间认知。在空间地理环境中，人如何来使用、安排与生存发展密切相关的人居环境，是洞察环境对人影响的建筑文化。

一、建筑环境学的定义

建筑环境学古称堪舆学，现在有人称为居住环境学，起源于原始时期，成熟于汉唐时期，鼎盛于明清时期。其中，对于"建筑环境"一词的定义，古来众说纷纭。最早的，当属晋代郭璞所云："气乘风则散，界水则止，古人聚之使不散，行之使有止，故为之风水。"这也是历史上第一次对"建筑环境"作出的明确定义。

当然，建筑环境的定义并非是这一两句话就可以说清楚的，其内涵之丰富随着建筑环境学理论的不断发展变得愈加充实和完善。实际上，建筑环境学是一门有关生气的术数，其以生气为本质，以得水为核心，以藏风聚气为条件，以趋吉避凶为目的；建筑环境学也是一门关于环境与人的学问，其追求宇宙与大自然的和谐，大自然与人类的和谐，强调宇宙、自然、人类协调统一，寻求三者之间"天人合一"的境界；风水更是一门人们对自己居住环境的选择与处理的艺术，或者说，是一种调解人和自然、宇宙与自然之间的艺术手段，其涉及住宅、宫室、村落、城镇等方方面面的建筑环境问题，包含了一定的审美哲学与极强的实用性。

建筑环境学是我国古代建筑活动的指导原则和实用操作技术，是中国传统建筑的灵魂。其与中国营造学和中国造园学构成了中国古代建筑理论的三大支柱。其宗旨是谨慎周密地考察、了解自然环境，利用和改造自然，创造良好的居住环境，赢得最佳的天时、地利与人和，达到天人合一的至善境界。

建筑环境学涵盖了地理环境生态学、星象学、人文星象学、人文景观学、建筑受力平衡学、地质学、地球磁场方位学和人体生命信息学等，

是一门多学科综合于一体的自然学科。

建筑环境学的内涵其实就是一种和谐思想，它强调的是宇宙、自然、人类三者之间的和谐统一，简而言之，即"天地人合一"。

这里的"天"是指宇宙，它包罗了天上三宝"日月星"及其他各类天体。其中，"日"即指太阳，"月"即指月亮，"星"即指星辰，包括了二十八星宿和金木水火土五行星。从阴阳学说的角度看，太阳属阳，有普照万物，保障万物生存的作用。月亮属阴，而且其乃是阴极的总焦点，有滋润调候万物的作用。太阳与月亮的运行交替，其实就是阳与阴的变化交错，这是万物孕育生发的基础，也是四季变化，五行分类，八方定位，二十四节气转换的前提。《周易》有云："一阴一阳之谓道。"这"道"就是阴阳和合的结果。如果没有太阳与月亮的更替，阴与阳的交汇，就没有"道"，就没有万物的诞生、变化与发展，这正是所谓的"孤阴不生，独阳不长"。由上可见，太阳和月亮的重要性，此外，星辰对人类而言也是相当重要的，因为它主人之贫富贵贱、寿夭吉凶。二十八星宿运行到不同的位置，人就有不同的气运，具体的是要看是吉星当头还是煞星当头，若是前者则为吉，否则为凶。

这里的"地"是指大自然，主要讲的是山川与水系及自然界的各种植物，其中包含了山的走势、水的流向、地的形状等。山主龙的骨，水主龙的血脉，植物是龙的皮毛，这就构成了一个整体。山主势，水主气，山水相依就是有势有气，山体秀雅连绵，水流灵动悠扬，谓其气势逼真。山静主阴，水动主阳，有山有水好地方。如果一个地方，山水相依，阴阳相济，那其必定是花草繁茂，树木葱茏，而花草树木在生长的过程中会吸收日月精华，产生灵气，灵气反过来又滋润着山水，充盈着这一方天地，如此循环，就慢慢形成了一个至善的环境，这就是所谓的"环境宝地"。

这里的"人"是指我们人类，包括人的命运、成败等。正如天上有日月星三宝一样，作为万物灵长的人类也有三宝，即精气神。人能否健康成长，就看人的精气神是否饱满，而这其中又关系到人与环境（自然环境和宇宙环境）之间的物质交换问题。如果二者的交换能够顺利进行，

那么，人就能够拥有饱满的精气神，也就能健康地成长。同时，人身为万物的灵长，可以通过风水的理论原则，对自然和宇宙进行开发利用，让精气神贯通天地万物，最终达成一种天、地、人和谐统一的状态。这就说明了人与宇宙、自然之间是共生共存的关系，而人的成功是在人与宇宙、自然达成平衡协调的状态下达成的，在此，我们可以把人生的成功秘诀作如下总结：

第一，是要懂得自己的命理，透彻了解自己的性格特征。知命就是知道自己的五行命，金木水火土是旺是衰。知道了命就能更好地补救，使自己更快走向成功。

第二，是要选对行业。行业也分五行，因此，人们可以根据阴阳五行相克相生原理，结合自己的五行情况进行行业的选择。选对行业是对命理一个最大最有效的补救。

第三，是要有适合自己奋斗的方位。"东方不亮西方亮"就是这个道理。事业选择靠智慧，如果选择的方位好，又有贵人相助，就说明已具备了"天时、地利、人和"，那成功的机遇又会增加几分。

第四，是要选择大环境，打造小环境。这里的环境是指自己的厂房、经营场所、居住的城市、小区、周边环境、住宅、办公室等。其中，城市、厂矿等超过千亩以上的叫大环境，住宅小区和一般工厂基地等为中环境，住宅和办公场所为小环境。环境的好与坏会直接影响人的健康、性格、命运。环境好，身体、性格、命运就好，而健康、性格、命运好了，成功率也就更高。因此我们要学会利用环境，改造环境，同时要保护环境。

以上所讲的五行、命运、行业、方位、修德、报恩、孝敬，全来自于环境的气场，人的生存居住与环境有直接的关系，我们要保护大自然的生态环境，还要保护居住地的中环境和小环境。

二、建筑环境学的原则

建筑环境学总体原则有以下五条：

1. 整体系统原则

整体系统原则的理论是环境乃一个整体系统，这个系统以人为中心，包括天地万物，环境中的每一个子系统并非是孤立的，而是相互联系、相互制约、相互依存、相互对立、相互转化的。现代居住环境学的功能就是要宏观地把握协调各系统之间的关系，优化结构，寻求最佳组合。

整体系统原则是风水学的总原则，其他原则都从属于整体系统原则。以整体原则来处理人与环境的关系，是现代居住环境学的基本点。

2. 藏风聚气原则

山主贵，向主财，左右龙虎定旺衰，玄武有情人丁旺，朱雀起舞主富贵。

古代风水讲究的是"藏风聚气"，那么，符合什么条件的地形才算"藏风聚气"呢？"藏风聚气"的地形应该是以"左为青龙，右为白虎，前为朱雀，后为玄武"。也就是说，大环境的形势是：背面要有高山为靠，前面远处要有低伏的小山，左右两侧有护山环抱，明堂部分要地势宽敞，并且要有曲水环抱。当然，这是一种理想化的环境模式，在实际选择时，只要后方的地势或建筑比前方高，左方的地势或建筑比右方高，且明堂开阔，那这种环境便具备了"藏风聚气"的条件。 头枕高山面对川，青龙、白虎站两边，可保三代能出官。

3. 顺乘生气原则

气是万物的本源。气有阳气和阴气，什么叫生气？流动的气场叫生气，不流动的气场叫死气，朝阳、背风，特别是有水的地方多为生气，也就是好的气场。好气场万物生长茂盛，气场不好植物会死，特别是门朝东方、东南方，有水有山，背山面水称山心，山势来龙昂秀发，水要

环抱作环形，明堂宽大斯为福，水口收藏积万金，光明正大旺门庭。

由于季节的变化，太阳出没的变化，生气与方位也发生着变化。月份的不同，生气和死气的方向就不同。生气为吉，死气为凶。在有生气的地方修建城镇房屋，这叫做顺乘生气。只有得到生气的滋润，植物才会欣欣向荣，人类才会健康长寿。人应取其旺相，消纳控制。

房屋的大门为气口，如果有路有水环曲而至，即为生气，这样便于交流，可以得到好的气场，又可以顺乘生气，如果把大门设在闭塞的地方，谓之不得气。得气有利于空气流通，对人的身体是有好处的。宅内光明透亮为吉，阴暗灰秃为凶。只有顺乘生气才能称得上贵格。（如下图）

生气临门

4．依山傍水原则

依山傍水是古代建筑环境学最基本的原则之一。山体是大地的骨架，水域是万物生机之源泉，没有水，人就不能生存。真正的吉宅，其前面要有溪流环抱或有池塘，后方还要有山体或连绵不绝的山脉。前者我们谓之前有明堂，后者我们称为背有靠山，此为吉宅必备的条件。

5．观形察势原则

人之居处宜以大山河为主，其来脉气最大，关系人之祸福最为切要。

建筑环境学重视山形与地势，把山形、地势构成的自然环境分为小环境和大环境，把小环境放入大环境中考察。绵延的山脉称为龙脉，龙脉的形与势有区别："千尺为势，百尺为形"，势是远景，形是近观；势是形之崇，形是势之积；有势然后有形，有形然后知势；势位于外，形在于内；势如城廓墙垣，形似楼台门第；势是起伏的群峰，形是单独的山头，认势惟难，观形则易；势为来龙，如马之驰，如水之波，欲其大而强，异而专，行而顺。形是山丘，实积聚，藏气。

从大环境观察小环境，便可知道小环境受到外界的制约和影响，诸如水源、气候、物产、地质等，都是由自然大环境所决定的。又如中医切脉，从脉象之洪、细、弦、虚、贤、滑、浮、迟、速的状态，就可以知道身体的一般状况，因为这是由心血管的机能状态所决定的。任何一块宅地表现出来的吉凶，都是由其所处的大环境决定的，只有环境的形势完美，宅地才完美，每建一座城市，每盖一栋楼房，每修一个工厂，都应当先考察山川环境，从大处着眼，从小处着手。

应该承认，古代的风水理论有其合理的部分。它注重协调人类生存与生态环境的关系，通过对天地人三者之间关系的协调，选择一种适宜人类生存与繁衍的生态环境。尤其是选择阳宅和修造房屋的理论，合理的成分更大，它格外看重地形、地势、地理、地貌，看重山、水、路、地质、丘陵、林木等自然环境的和谐统一，追求建筑物与周围环境的和谐融洽，浑然一体。这是中国古代建筑文化的基础。中国古代的建筑理论不仅注重建筑物设计、布局的审美特征，注重结构、材料，而且更注重建筑物与环境的联系，力求建筑物与所处环境的和谐或协调。所以，就此而言，古代的建筑理论是离不开建筑环境学的。

此外，建筑环境学与八卦，关系密切，不论看任何一个派别的建筑环境学，首先要懂八卦，不懂八卦的人，他根本不懂堪舆，所以八卦是看地理环境的灵魂。古人说："风水宝地，上风上水之地。"要先寻找如此一个"风水宝地"必然会涉及对风水尤其是八卦风水知识的灵活运用。

后面的章节中将会对建筑环境学的相关理论知识和实践操作进行系统的论述。

第二章

环境、生态

纵观建筑环境学的兴起、演变与历史变革和发展趋势，现代建筑环境学是如何在传统建筑环境学的基础上，与各门现代自然科学嫁接、整合，从而形成何种科学架构与特点呢？下面一一道来。

第一节 宇宙天体与环境

宇宙天体是一个大的磁场。地球是宇宙星河中的一个星球，它每时每刻都受到周围星体对它产生的吸引力、排斥力、作用力的影响。宇宙中的各种光电信息，磁力、热能、宇宙能，无时不对地球产生各种正负效应。而人类，是地球上生存的感应能力最强的高级生物，自然也随时受到宇宙星体对地球产生的各种效应的影响。

例如：太阳对地球产生的光能热能效应，使万物得以生发，而太阳黑子也对地球人类及其他动植物产生着严重的负面影响。又如：月亮的圆缺和运转周期，对海水的潮汐涨落产生明显的作用力，同时也对人类

女性的月经周期产生一定的影响力。日蚀、月蚀及慧星等特殊的星体变异，对地球的磁场、气温、地震、旱涝灾害产生特殊的作用力，同时也对人类的生理、心理、思维、情绪乃至疾病、灾荒等等，产生多重的影响力。由此也可能进而产生社会的动荡与变迁。再如太阳黑子对人类健康产生众所周知的影响，日蚀、月蚀对地球和人类产生的特有的作用力等等，无不印证了宇宙星体和地球、人类的感应联系。

上述种种现象和规律，恰恰与传统风水学探求的"天、地、人"和谐对应的统一理论相通合。承传千年的建筑环境学宝典《黄帝宅经》早已提出勘舆风水应达到"人宅相扶，感通天地"的境界。

现代建筑环境学的内涵和使命之一，就是要将传统建筑环境学中的"天、地、人"和谐统一学说与现代宇宙星体学接缘，研究和预见宇宙星体及其变异对地球与人类产生正负效应的规律，掌握、调整和减免宇宙自然能量的动变对地球与人类负面影响的方法，探求宇宙、地球与人类三位一体的同步对应及和谐共存的理想境界。

第二节　地球物理与环境

从地球场理学的观点看，人们所处的地球是由多种元素组合而成的，这些元素会产生不同方位与强度的地热、磁场、地电场、重力场及各种放射性物质，加之地表的山川河流，动物、植物、微生物等等，这些物质与场信息每时每刻都会产生各种对周围物体的有形或无形的、有益或有害的作用力。这些作用力对于地球上最高级生命体——人类，会产生一种特殊的有益或有害的影响力。

例如某个点位的地球重力场强度越高，长年生活在这个点位的人就不容易长高。如日本中部地区，中国四川、贵州的一些地方，地球的引力场强度就很高，因此这些地区的人就比较矮一些。又如某个点位的地

层里含有害的放射性物质，长期居住在这个点位上的人，健康就会受到影响，甚至发生变异。有的地方由于地质构造异常，亦会对人和动植物的生长产生不良的影响。如生长在断裂带的动植物会发生病变。

有些地域的地质结构比较好，地层中所含的元素对人体和动植物都会产生良好的作用。如欧洲西部的英国、法国、瑞士、意大利等国，又如我国的广东、湖北、山东、江苏、浙江、上海、北京等地区，这些地方的某些区域由于地质结构较好，因此，生活在这些地域的人综合素质都很高，自然灾害相对较少，经济发展也较其他地区好。

作为创立传统建筑环境学的中国数百先哲们，通过数千年的观测、感应、测算、判断某个区域或点位是否有利于人的生活、健康和发展。其实，其中许多规律和原理与现代地球物理学是相通的。

现代建筑环境学的内涵和使命之一，就是要将传统建筑环境学朴素的科学认识与现代地球物理学知识相互结合，从而探研出建筑环境学中一些看似神秘、玄奥现象的规律性，使之得出令人信服的科学的解释，并更好地运用物理学与建筑环境学结合的方法和知识，研究各种地球物理现象和各种地球作用力对人类生存、发展的利害关系和影响力，探索人类在充分认识的基础上，利用、改造、顺应这些自然作用力，找出为人类服务的规律与方法，使人与自然的能量信息形成和谐共振的最佳组合，使人类在地球上更好的生存、适应、优化和发展。

第三节　自然环境与建筑环境

人类生存在自然大环境之中。这种大环境中的山川水流，花草树木和各种组合，形成了各种自然的环境景观。人们为了营造舒适、美观的生存环境，还会创造一些人文景观和人造园林等建筑景观。这些自然形成和人为营造的环境景观，都会对人类产生种种物理、生理和心理效应。

人是自动化程度很高，对外界事物的反映能力很强的有机体。周围环境景观形成的构架色彩乃至引力、气场等等都会对身心健康和事业发展等多方面产生重要的影响。

当人们处在一种美观舒适、色彩和谐的环境景观中，就会感到心情舒畅，心旷神怡，甚至思维更加清晰敏捷，创造灵感也格外活跃。

我国民众历来非常重视庭院美化，也非常重视庭院环境，认为庭院建筑、花草树木、假山流水的组合布局，要符合建筑环境学的要求，这样就能有利于身心健康和财运事业，这是传统风水学中朴素的环境观意识。如苏州园林就是人造环境景观环境的典范。

现代建筑环境学的内涵与使命之一，就是要将传统建筑环境学中的朴素真理与现代环境景观学相互嫁接，不仅研究环境景观的美学规律，建筑学规律和植物学规律，更要进一步研究环境景观的结构、方位、材料、色彩，外形及其场态信息对人类生理和心理的各种作用力，从而探索选择和营造出有利于人类自身健康和事业发展的环境景观的科学规律和方法。

第四节　气象与环境

我国南方与北方的气候大不一样，南北温差达 50 摄氏度至 60 摄氏度之多，当北国边陲已是冰天雪地之际，南国椰岛却仍是春暖花开。这种气象的差异对人体的影响，对人们饮食起居，尤其是住宅的影响也是显而易见的。

例如北方寒气重，患哮喘等呼吸道疾病的人较多。若到四季如春的海南岛生活，绝大多数都可以不治而愈。南方湿气重，患风湿病的人较多，但到空气干燥的新疆等地生活，也可自然痊愈。北方的房屋要防寒保暖，墙壁砌得很厚，有的是双层玻璃双层墙。或者干脆挖窑洞避寒，

具备冬暖夏凉之效；南方的房屋要防热防潮，门窗开得多，有的还有天井，以利通风凉爽，有些山里人干脆用竹木搭起悬于地面的吊脚楼，既可通风防湿，又可防御野兽虫蛇的侵害。

从传统建筑环境学的观点看，北方的房屋建筑方位一般要以坐北朝南的为吉宅，南方的房屋坐向就不一定要坐北朝南，而只要顺势，即根据房屋周围的山形水势或路的走向来合理选择，调整方位和坐向，即为吉宅。

从气象学的观点来看，在北方的房屋之所以要求坐北朝南为主，是因为要以门窗朝南向阳采光取暖，以后墙朝北避风御寒；而南方的房屋，就不一定有这个需求了，只要顺势通风，凉爽防潮即可。

传统建筑环境学和气象学也有天然相切相接之处。此外，传统建筑环境学特别讲究建筑与风、与气的关系，这与气象学中研究的气候学亦无不相同之处。

现代建筑环境学的内涵和使命之一，就是要将传统建筑环境学同现代气象学相契合，探索人类居所建筑的布局与调整如何适应气象、气候的变化，以有利于人身心健康家庭和谐与事业发展。

第五节　生态建筑与环境

生态建筑学是研究人类建筑环境与自然界生物共生关系的生态学，是探索地球上生命活动能够均衡持续发展的生态学延伸于建筑学领域的一个分支。生态建筑学一方面把人类聚居场所视为整个大自然生态系统的一部分，因而要求建筑物应当符合大自然生态系统平衡共生的规律；另一方面，把自然生态视为一个具体建筑结构和对人类产生影响力的有机系统，因而要求人类在建筑规划选址时，应考虑自然生态环境的结构功能和对人类的各种影响，从而合理利用、调整改造和顺应其建筑生态

环境。

自有人类以来，就产生了建筑学。人类出于生存的本能，需要寻求一处遮风避雨，防范天敌虫害的栖身之所，仅仅依赖自然山洞土穴蔽护、已不能适应人类生存与发展的需求。于是便出现了人工建造的简陋的居所。如有巢氏在树上搭建的茅棚，山顶洞人挖掘的窑洞，便是人类为避免自然灾害和天敌伤害而建造的人工建筑的原始形态。

随着人类文明的发展，人类逐渐对居住的建筑寓所提出了更高的要求，除了对寓所建筑的实用性、安全性要求之外，还增加了美观性、密闭性、健康性的需求，并希望其寓所与周围环境协调，有利居住者身心健康。西周初年，周武王想在洛邑建都，就召请周公"相宅"（即勘察建筑环境），便将人对建筑与环境的需求上升到了对环境需求的层面。延绵发展了几千年的中国传统建筑环境学理论，其环境观、自然观与建筑观，竟与当代生态建筑学的新思潮理论产生了历史的共鸣！

随着人类建筑的多样性发展，民房建筑与官邸建筑。寺庙建筑与宫廷建筑对于生态环境的关系和要求各有不同。这些建筑所处不同的地理位置，建筑材料不同，建造形态、规模、风格、方位与色彩等等，这种因素对于不同身份职业，不同生命信息的人会产生不同的影响力、作用力，并产生不同的正反效应。

现代建筑环境学的内涵与使命之一，就是要将传统的建筑环境学的合理内涵与当代生态建筑学相融合，既研究建筑的方位、形态、材料色彩等等对于不同的身心健康与事业发展的正负效应，也研究建筑的种种要素组合格局对于大自然生态的正反影响，掌握对建筑要素及其格局的调整、优化，使之与人体生命信息和整个自然生态更协调、更同步，以更有利的科学方法，探索人、建筑物、自然生态三位一体的和谐共生的客观规律。

第六节　水文地质与环境

现代水文地质学，告诉我们，地球上几万年来演变而成的山川、河流、自然地貌，地下水脉和地质构造，形成了各种山川水流，水质、土质、岩层结构。这些地质构造之中包涵和产生着各种有机和无机的化学元素，这些元素对人体会产生各种有益或有害的影响。如铁、锌、有机蛋白等，对人体是有益的，而镭、氡、锶等放射性元素，对人体与智力发展是有害的。由于这些化学元素的含量和组合结构的不同，对人类也会产生不同的正负面的效应。为什么有的地方的人能健康长寿？而有的地方的人就容易患病或早逝？这些都与当地水文地质条件密切相关。

传统建筑环境学对所勘察的风水区位的地貌、水流、水质特别重视，有时还要闻尝土和水的气味，从中判断这个区位的风水是否有利于体力和智力，思维和事业。如水味甘甜应是吉地，如果水味苦涩则是不吉之地等。其中许多道理与现代水文地质学也是相合相通的。

尤其建筑环境学中的"龙脉"思想，就是现代地质地理学关于山脉、水流与岩层的走向的学问。而风水中"保护龙脉"的思想，也与现代水文地质学说中的水土保持，环境保护等观念相融洽。

现代建筑环境学的内涵与使命之一，就是系统地将传统建筑环境学的数千年经验与现代水文地质学知识相互连通，从而研究出山川河流、地质地貌、山脉走向、水土关系及其产生的各种化学元素，对人类生理与心理，健康与事业的正反影响，使人类更好地了解自然，利用自然，改造自然和顺应自然，使人类生活得更健康、更美好。

第七节　磁场方位与环境

地球磁场学认为，地球是一个以南北两极为端点的强大的磁力场，这种磁力场对稳定地球自身的运转平衡，对地球表面物体的稳定性，起着举足轻重的作用。

具有强大磁场的地球在自转和围绕太阳公转的过程中，产生了一种强大的磁向吸引力，这便是地球磁力的方向性。由于这种带有鲜明方向的地球磁力的传感作用，地球上的某些物体亦会产生一种磁性感应，使这些物体也产生一种相应的辨别方位的能力。例如我国自古发明的指南针，还有人类、鸟类体内辨别方向的感应机能，正是地球磁向的感应使之具有的功能。

这些，正是地球磁场方位学所要研究的现象。磁场、磁向及其方位，对于人类及其住宅状况会产生巨大的影响力。例如人的床位的设置和睡觉时的方位，也会受到地球磁场引力的影响，北半球的人如果头朝北睡，就会有一种安定舒适的感觉，因为北极磁场会对人的大脑产生一种安定，调节的作用。使人的睡眠更安稳，大脑休息更充分。而南半球的人睡觉时则以头朝南为最佳、原因相同，只不过南极磁场在起正面作用。如果头朝东或朝西睡，睡眠就可能较差，一方面与南北极磁场作用力不同步，另一方面与地球自转磁向引力不协调。当然，由于某个点位的磁场作用力的特殊改变，有时头朝东西睡，也可适应磁场的方位。如果卧室床方位与地球磁向不对应，则可能会影响身心健康甚至家庭和睦。同样道理，北半球的房屋，一般以坐北朝南为宜；而南半球的房屋一般以坐南朝北为吉。

以上这些，正是传统建筑环境学观测研究数千年得出的结论，只不过昔日无法用自然科学的概念和原理去解释它而已。

现在建筑环境学的内涵和使命之一，就是要将传统建筑环境学与现代地球磁场方位学相叠合，从而探研地球磁向、方位对人类及其居住状态影响的规律性，求索出人类及其建筑顺应地球磁向、方位并有利于身心健康和事业发展的方法。

第八节　人体生命信息与环境

人类是地球的主宰、是宇宙的精华，万物的灵长。我们所研究的一切，包括现代风水学，都是为了人，都是为人类服务，使人类在这个星球上生活得更健康，更美好，更舒心。

然而，人类每时每刻都受到地球和宇宙大自然中各种因素和信息、能量的正反影响。要研究这些能量、信息对人体生命影响的规律，从中找出趋利避害、趋吉避凶的方法，就必须研究人体本身，研究人体生命信息的规律。

人体是由多种化学元素构成的最高级的有机生命体，人体本身也不断地产生各种信息与能量；这些信息、能量必须与自然界的信息、能量协调同步，才能达成和谐共振效应，人类才能更好地生存与发展。

传统风水学认为，每个人的生命个体具有各自不同的"命格"。用人体信息学的话来阐释就是：每个人体具有各自不同的生命信息，能量及其不同的组合机构。这些不同的"命格"，或者说不同的生命信息能量状态，即人体风水信息，与所处不同点位和不同的自然能量信息相对接、相交换，就会产生不同的正负效应。这些正是人体生命信息学和建筑环境学都应该研究的对象。

医学其实也是调节人体信息与自然信息和谐对应的一种方法。中药是直接采自大自然的不同信息能量载体，西药也是间接来源于自然。有些矿物质，矿泉水可直接用于人体疾病的治疗。对症服药，就是将恰当

的自然信息能量与人体的能量、信息相调节、相交换、以期对人体产生一种和谐的、健康的效应。

人有五脏六腑，天地有阴阳五行，五脏者：心、肝、脾、肺、肾。五行者，金木水火土，二者应相谐对应。如果人的五脏与天地五行关系失调，就会产生疾病，出现健康问题。因此，采用恰当的自然信息来调整（治疗）人体的生命信息，使之和谐、健康。

如果说，医学是从调节人体生命信息入手，以适应自然信息，那么调整建筑环境则是从调节自然信息入手，以利于人体生命信息的运行。有些房屋建筑的方法、格局、材料、色彩等产生的各种能量信息，会对人体的健康、心理、思维与情绪产生干扰与损害，也就自然有损他的事业乃至家庭。这种建筑就必须调整，改造其环境信息。

每一个人体的生命信息群都是一个小宇宙，既受其周围自然物体与人的信息能量影响，也可以影响周围的人或事物的信息。例如，带有病毒信息的人体对周围的健康人体会产生不良影响。而有些能量较大的生命信息体，也可对周围的人和事产生良好的作用力。如修炼得道的气功大师，可以通过各种信息传递方式对周围人体甚至某些自然进行良性调整。因此，每个人体的生命信息也可以通过身体锻炼与气功修炼等方法进行自我调整与优化。

现代建筑环境学的内涵和使命之一，就是要将传统建筑环境学与现代人体生命信息学相结合，从而探索如何双向调节各种不同的人体生命信息和不同点位的自然信息，使两者信息同步对应，使两者能量优化组合，以利于人们的身心健康，家庭和睦及事业发展。

第九节　微波与环境

微波是电磁波家庭中的一员，它和光的频度毗邻，按波长这是光的

"哥哥"。它们的次序是：长波、中波、短波、微波、红外线、可见光、紫外线、X射线。

微波很有"个性"，被专家位誉为"黄金区"。顾名思义，"微波"是波长极短，频率很高的电磁波，量变到一定程度会引起质变，形成自己的风格特征。

首先，微波类似光波特征。众所周知，光波在空间是直接传播的，所以微波也在空间直线传播，遇到障碍物时则传播受阻。光波遇到镜子会产生折射。微波也是这样，就像用太阳聚焦而制成的"太阳灶"那样，微波也可以通过抛物面反射镜而聚焦用于接收或者照射。这种抛物面反射的外形就像一个巨大的铁锅，由于微波天线的尺寸与波长有关，一般大铁锅都做成直径几米左右，这是工艺制造容易实现的。

微波有穿透"电离层"的透射特性。电离层是位于大气上层的稀薄空气，被太阳和宇宙射线的作用发生电离而形成的。它对无线电通讯的电磁波产生折射，但却挡不住微波，微波可以"天马行空，独往独来"。

微波具有宽频带特性，它是短小频带的一万倍，信息容量很大。

微波具有抗低频干扰的能力，能将雨天的雷电和晴天星辰电磁干扰拒之门外。

物理研究表明，有电则有电场，有磁则产生磁场。所以电、磁和场是一家。"场动生波"所以电磁场与电磁波也是统一的。光是可见的电磁波，微波是看不见的光。

《周易》上言光言气，都不是泛指光明与气象，皆指物理上所说的光与气有关。微波诞生在天地之始，充满了太空，它有能量，故名万物之母。因此，光中有气，气中有光，光气一体，气是看不见的光，光是看得见的气。事实上光气是一回事，在诸多方面气与微波是不谋而合的。

建筑环境学和气功，都以气为核心，近年来，对气功之外气检测发现有：受低频调剂远红外线、8毫米微波、静电富集、微粒子流等。

在医疗上，微波可以引起某些生理效应，易被人体吸收。微波可以用于诊断，也可以用于治疗，然而气功有素者，也可以用气探测疾病和发放外气治疗疾病。

　　微波近似光波，在空间沿着直线传播，与照到物体或雷达一样。地球上的植物要想多接收宇宙之气，也得具备一个微波天线，一个铁锅状、喇叭状天线。当然，达不到铁锅或喇叭那样完美的程度，但只要有一定弧度，一定环状，也就可以了。如人的耳朵、手掌、眼睛、肚脐等部位，都是一个个微波天线。

　　众所周知，植物的叶子和花朵的功能是光合作用，它们大多是由汤匙状或喇叭状的，是为了接收更多的宇宙之气——微波。实验证明，植物本来就是微波天线，香蕉树叶是绝妙的微波天线。不仅如此，鸟的羽毛起着微波介质天线的作用。鸟的羽毛在感受微波场强度方面，起着接收器的作用。

　　所谓"介质天线"，可以是非导体、非金属的。如羽毛、山石树木和建筑物等。如石头的"文笔峰"，可以接收宇宙微波辐射。

　　环形山、喇叭花、勺状叶、羽毛，乃天生地造的微波天线。从微波的直线传播特性，从抛物线状天线，从气功感气等方面来看，都无懈可击。建筑构形对接收天之气很有关系。如北京的国际饭店，悉尼的大剧院等，就像一个个微波天线，有的像环形山，有的像盛开花朵的花瓣。

　　福建客家的大圆楼，一般圆楼直径在50米左右，高三四层，周围有百余间房屋，可以住几十户数百人，宛若一个个古朴的土制微波天线。

　　欲出人才，必要有高物，才能接天之气。北京的玉泉山塔，杭州的六和塔，延安的宝塔等都具有开发智慧的功能。城市的高大建筑物上，往往安放一个或多个白色大铁锅形状的微波天线。由于高便避免了微波反射的损失。微波的远距离传输，需要像田径场上的接力赛那样。因此，接力天线就要架得很高，即微波接力天线塔。该塔或建在楼顶，或设于山巅，顶端还要有个铁锅状的天线。总之，杆状与抛物面状相结合的天线才能神通广大。文笔峰并不全指尖形的山，也指山上修的塔，塔顶上的"楼阁"本身就具备了类似铁锅的天线作用。

　　建筑环境学的科学性，就在于人们利用自然，改造自然，顺应自然的方式，包括微波辐射在内的各种物理能量，使其居住环境更符合人体生理的需要。这就是现代建筑环境学的真谛所在。

第三章

环境学的历史源流与应用范围

一、历史源流

原始社会	择地而居，近水向阳。
夏商周	伏羲做"先天八卦"，周文王做"后天八卦"。 周文王释《周易》，孔子作《系辞》，形成《易经》一书。 "太极阴阳学说"成形——《周易·系辞》："一阴一阳之谓道。""易有太极，是生两仪，两仪生四象，四象生八卦，八卦定吉凶，吉凶生大业。" "天人合一学说"成形——《周易·系辞》："易与天地准，故能弥纶天地之道。仰以观于天文，俯以察于地理，是故知幽明之故……"
秦	相地术
汉	五行学说成形——木、火、土、金、水。 《汉书·文艺志》收录了两部风水著作《堪舆金匮》和《宫宅地形》。
晋	郭璞《葬书》（亦称《葬经》）第一次对建筑环境下定义："气乘风则散，界水则止，古人聚之使不散，行之使有止，故谓之风水。"
唐	周易、建筑环境名家出现。袁天罡、李淳风、杨筠松。
宋	周易、建筑环境名家出现。蔡元定、赖文俊等。
元	刘秉忠，元朝初年政治家、地理风水学家、诗人。精于易经、六壬、奇门之术，并通天文历法、地理环境、建筑规划。奉元世祖忽必烈之命为元朝都城选址，定都北京，规划建设前后历时18年。从此，北京成为元、明、清三朝首都。他的建筑环境著作《平砂玉尺经》，原刻本现藏于北京故宫，是珍贵的地理建筑环境文献。
明	风水鼎盛时期。代表作《地理大全》两集55卷，是历代建筑环境经典合集。《阳宅十书》，明代阳宅建筑环境经典。
清	风水鼎盛时期。《四库全书》收录了大量经典风水著作，归入《四库全书·子部·术数类》。

二、应用范围

阴宅	1、皇陵、王陵	比如位于北京昌平县天寿山的"明十三陵"，是明成祖朱棣迁都北京之后，13位皇帝的陵寝。现在是世界文化遗产。
	2、家族祖坟	
	3、现代公墓	
阳宅	1、帝都选址	比如元、明、清三朝定都北京。
	2、城、镇、乡村选址与规划	现代城市的建设规划、城市环境景观规划。（立向规划、河流、道路来去水规划等等）
	3、建筑环境	楼盘开发选址、立向、厂区或住宅小区，道路、景观风水规划、户型设计等。
	4、商业环境	工厂、酒店、写字楼、商场、铺面等。旺财风水选址，环境改造与环境布局。（比如北京的中国大饭店由原来中间开门，改为开西南门，以纳当运旺气。）
	5、办公环境	政府、企业、公司、管理层等，办公室环境改造与环境布局。
	6、家居环境	别墅、小区、楼房公寓等，选址、环境改造、环境布局。

三、建筑环境学流派特点简述

在建筑环境学的流派当中，峦头形势派注意到山水的形状、形势、五行、组合关系对人类的影响，但没有方位与时间；三合派注意到了方位；三元派注意到了方位与时间，并把天体运行当中太阳系与北斗星系的影响纳入计算；天星派注意到了天体二十八星宿运行对山峰的影响；六爻八卦派，以十二地支对应时间与方位，推断人事吉凶与风水；四柱命理派，以十天干十二地支对应时间与方位，推导人事与环境吉凶……这些流派的形成，历经了三千五百年的漫长岁月，贯穿着整个华夏文明。

随着人类对宇宙天体、地质海洋、生命基因等现象的探索，随着更多掌握了最新科学知识的人士加入对环境的研究，环境的探索之路虽然曲折，但定然会在曲折中不断发展、完善。

第四章

环境学入门

一、中国环境"山脉、地势、河流"

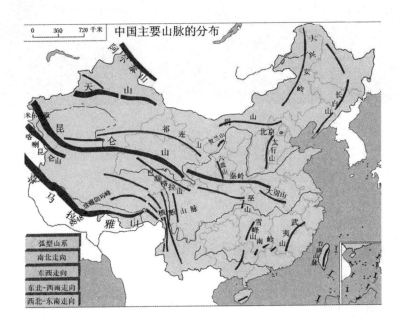

中国的龙脉发源于昆仑山，分为三大干龙：北干龙、中干龙、南干龙。

黄河以北为北干龙，长江、黄河之间是中干龙，长江以南为南干龙。

北干龙以北京为龙止之处；中干龙以西安、洛阳为结会之所；南干龙以南京、杭州为龙止之处。（见上图）

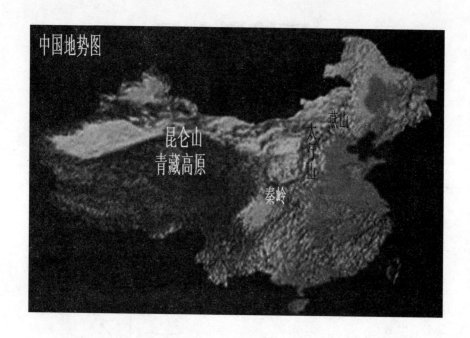

中国地势图

昆仑山
青藏高原

燕山
太行山

秦岭

（见上图）黄色部分是山地，深黄色的海拔高，最高的是昆仑山脉所在的青藏高原。绿色部分是平原，深绿色部分海拔低。由图可看出，中国地势整体呈西高东低之势。

二、环境选址的基本原则

1. 四灵兽诀

《周易·系辞》："易有太极，是生两仪，两仪生四象，四象生八卦。"

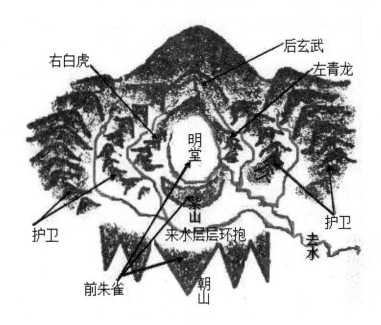

四象指的就是"前朱雀、后玄武，左青龙、右白虎"。

四象上应天星，是天文学中二十八星宿中的四个"生"象。

二十八星宿，在天分列东、西、南、北四方，每方有七星，四方共有二十八星。每方七星当中，都有一个"生"象之星，四方共有四个"生"象之星。这就是四灵兽的由来。

四象在地理方位上对应"前朱雀、后玄武，左青龙、右白虎"。

玄武为穴后的靠山，是龙脉行进之中入首止步之山；朱雀为前方明堂与朝案；左青龙与右白虎是在左右护住龙穴的山峰。

玄武之山，是龙脉入首结穴之处，是龙穴的靠山。玄武山，应低头俯首，山势向穴场缓缓下降，迎受葬穴，这叫"玄武垂头"。"受穴之处，浇水不流，置座可安，始合垂头之格。"

左青龙之山，应低于玄武山，高于右白虎山，与白虎山相互呼应，

左右环抱，拱护龙穴与明堂。

"龙要眠，虎要缠。"如果青龙山高过玄武靠山，高昂突兀，冲压龙穴，这是青龙妒主，是凶象。如果白虎山，高踞狂傲，斜射龙穴，是白虎衔尸，也是凶象。

朱雀为前方，前方明堂宽阔，水流曲缓、清莹，案山耸拔秀丽，朝拱有情，锁住明堂的生气，为"朱雀翔舞"，吉象。

若朱雀前方，水形反弓，或直冲穴前，或旷荡无收，或朝案山反背斜飞，就是"朱雀悲泣"，是凶象。

2、山环水抱，朝案有情

建筑环境选址最基础、同时也是最重要的原则就是"山环水抱，朝案有情"。

山环，就是山的环抱之势。

背后有山做靠山，左、右有山（砂峰），环拱护卫，三面环抱，或者前面远处再有案山、朝山拱卫，形成四面有山环抱。

山主人丁，也主贵。

众山环抱拱卫的环境阴宅，可以兴旺一个家族几代、十几代人，人口可由当初几口之家，发展成后代数十万人的大家族。这就是山主人丁。

众山环拱、来脉雄厚的地方，大多被用做帝都，比如西安、北京、杭州。而来龙得到众山环拱朝拜，就得到九五至尊的领导权力，得到人们的真心拥护，管的人多，权力大。所以都城、企业选址，龙脉雄厚，有朝案拱卫很重要。

帝都，都会有大江大河朝汇明堂。

来龙由支脉而出，气象没有干龙浑厚，但山形秀气，或结穴之地离干龙过远，这样的地方，帝气不足，但有王侯公卿之气，而且如果水势强、水形好，往往成为繁华都市。

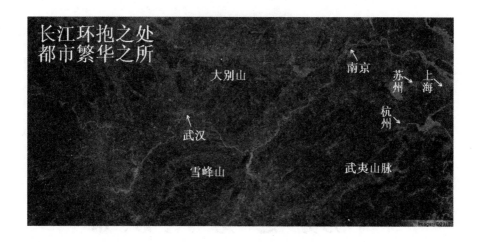

长江环抱之处
都市繁华之所

大别山　　　　　　南京　苏州　上海

武汉

雪峰山　　　　　杭州

武夷山脉

（如上图）长江环抱，而来龙环抱之势弱，或离干龙之脉较远，帝气不足，只有诸候之气，但江水之势浑厚，故而主富，往往成为繁华都市。比如武汉、南京、上海、苏杭二州等。

水抱，才能确定龙是真龙结穴。没有水流交汇的山脉，是死龙。

水流环抱穴前，环抱明堂，就是金城水，可以聚集生旺之气。

水主财富，得水环抱主富，财源广进。

朝案有情，就是明堂前方，由近及远，有形状秀美的小山。朝案山，可以关锁明堂，聚住生旺之气，还可以使水曲折流出。

第五章

环境学基础

——"形势"之"龙、穴、砂、水"

一、龙

（一）中国龙脉发源

中国龙脉发源图

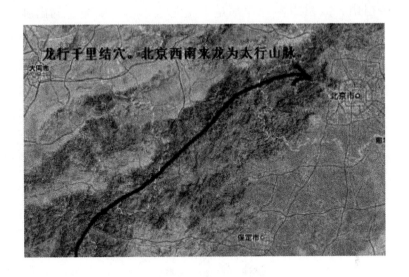

建筑环境学把蜿蜒的山脉比喻做龙。

山有主脉、支脉，建筑环境学叫做干龙、支龙。

中国三大干龙的起点，都在昆仑山。

（二）寻龙

1. 寻龙

龙从太祖山发源，一路剥换、行走，经过反复开帐、穿帐、过峡、束气，行到有河流、湖泊的地方，突起高大山峦，是为少祖山，少祖山再过一二节，或三四节后，突起父母山，然后顿跌而下，再起身结玄武顶，入首，突起穴星，前面与水相汇，行龙止步，阴阳交配，化气结穴：这一过程就是寻龙。

从大格局来讲，中国的昆仑山是太祖山。

从小格局来讲，一般都是先找到龙止之处，众水交汇的明堂、穴场，然后再向后找父母山、少祖山、太祖山，观察龙的行度、剥换、过峡、起首龙星的情况，以确定龙穴的真假、龙穴的富、贵、贫、贱。这时候

找到的少祖山、太祖山，一般都是小支龙或小干龙中突起的山脉。

2. 少祖山

干龙前行，一路上下起伏，左右曲摆，宽窄变换，忽然突起高大山峦，高耸鹤立于群山之中，这就是少祖山。

一条干龙，在行进过程中，会行成多处少祖山。

少祖山要诀：

龙行既长，离祖已远，各分枝脉。

将结穴处，忽起高大山峦，不过数节，即结穴场。此高大之山峦，谓之少祖山。

如果此突起的高大山峦，距穴场节数过多，便谓"离主星远"，就是这个星峰离穴场过远，力轻气弱，又须再起高大星峰才好，才能再次聚集雄厚的龙气。

"若是山家结龙穴，定起主星峰。"

"二三节内穴星成，福力实非轻；节数远时福力少，再起主方妙。"

"主星大小合龙格，造化便可测。"

凡吉地，必穴近少祖山。而少祖之山，必奇异特达，秀丽光彩，或开大帐，或起华盖、宝盖，或作三台、玉枕等诸般贵格，这是少祖山合星体，成龙格，必不虚生，定有融结。

如果少祖山倚斜不正、瘦削破碎、臃肿粗恶、巉岩带杀，种种凶恶之形，不成星体、不合龙格，纵有穴场，堂局诸般可爱，也非吉地，误下此类之地，偶有昙花一现之风光，而结局必定祸患连连。

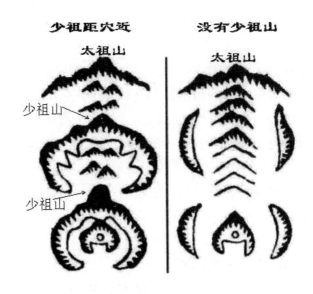

少祖距穴近　　没有少祖山

太祖山　　　太祖山

少祖山

少祖山

如上图左，少祖山距离结穴的远近，影响到龙脉地气的强弱，近则脉气强，远则脉气弱。

上图左。少祖山以下，山脉跌顿的节数过多，龙气渐弱，但行进之

时，又再起高大山峦，再次形成少祖山，而且只跌顿一节即入首结穴，此地力大，福厚，大吉之地。

上图右。此例，龙行离太祖山之后，一路行来，没有突起高大星峰做少祖山，最终龙气委靡结穴，力轻气弱，为凶地。

3. 父母山

从少祖山前行，一路连绵曲折，山峦跌顿数节之后，直到玄武起顶，下落结穴。

玄武起顶之前的一节山峰为父母山。

4. 玄武起顶，入首结穴

父母山向下落脉处为"胎"，再向下束气处为"息"。

束气之后，再起星峰，形成玄武砂，玄武顶为"孕"，结穴处为"育"。

"太祖、少祖、父母、胎、息、孕、育"，是龙脉从发源到结穴的一脉传承。

"祖宗耸拔者，子孙必贵。"

我们平常说的太祖山、少祖山，都是以某个穴位而言的，即某山是某穴的太祖山或少祖山。这时候的太祖山，就不是指昆仑山了。

所以，一般情况下，明堂罗城各条来水的共同发源地的山峰，就是该穴地的太祖山；穴周围"随龙水"的发源地之山峰就是该穴的少祖山。

以龙脉而论，对环境影响力最大的，就是少祖山到父母山这一段，龙脉的富贵贫贱、善恶吉凶，基本都依据这段龙脉的形态与行度来考察确定。

龙的大小干支，可以由水流来定。

大干龙以大江、大河夹送，小干龙以大溪涧夹送；大支龙则小溪小涧夹送，小支龙则只有田源水沟夹送而已。观水源之长短，而支干之大小可见。

龙按地形区域分为三种：山野之龙、平冈之龙、平洋之龙。

平洋龙，也就是平原无山地域的龙。"高一寸为山，低一寸为水。"

（三）龙脉行度

1. 龙的富贵贫贱

就是从入首处，反向考察父母、少祖、太祖山脉一路行来的特征。

龙的富、贵、贫、贱，决定穴的富贵贫贱，决定后代的富贵贫贱程度。

富贵龙的特征：草木葱郁、前呼后拥、生动活泼，或气象雄浑，或秀丽挺拔，给人一种充满活力、充满希望的感觉。

贫贱龙的特征：草木枯死、左崩右缺、硬直孤独，给人一种荒凉破败、涣散绝望、孤家寡人、凶气逼人的感觉。

2. 龙的剥换

"剥换"，就是龙行之时，以跌断之势落脉，形成山谷，然后再起峰峦，如此一路跌断，一路前行。

龙脉每一伏一起，就像蝉退壳一样，剥换一次，旧去新生。

如此前行，龙脉的形状由大变小、由粗变细，就像老树不断发出新枝一样，子孙繁衍，不断孕育出新的生命。

过去有口诀形容龙的剥换："或从粗大落细小，或从高峰下平洋；剥换如人换好装，剥换退卸见真龙。"

3、开帐

开帐，是指龙脉前行欲止之时，主脉分出数条支脉下落，形如帐幕展开，两肩分明，围住一片大地。

干龙开帐可有数百里方圆，空间足以建立一座都城；支龙开帐，阔的有数十里，狭的有一二里，或为村镇，或为祖墓。

开帐，是确认结穴的重要依据。

开帐，一般以来龙穿心出脉展开大帐为贵，这种从正中出脉的开帐最有力，两边出者次之。

（如下图。四种典型的开帐。）

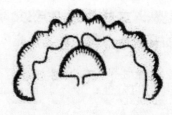

　　（木星峰开帐：一林春笋）　　（金水星开帐：九脑芙蓉）

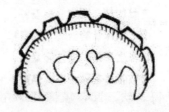

　　（火星峰开帐：烈炬烧天）　　（土星峰开帐：连城土帐）

4．过峡

过峡，就是经过峡谷。

峡是龙脉的跌断之处。跌断大的称为关，跌断小的称为峡。

离穴场远的称为关，离穴场近的称为峡。

峡，是龙脉闪跌脱卸的地方，如人的咽喉，也是行龙性命交关的枢纽，来龙从此脱胎换骨，去脉则在此处养成星体。

看龙当以审峡为先，因峡的美恶，乃是龙的吉凶，其融结的有无真伪，都是在峡上预推。

（1）十一种过峡格局

行龙过峡的十一种基本类型

短峡	阔峡	高峡	远峡	穿田峡

此为短峡，峡短虽不受风，亦要断跌明白，若模糊则非峡矣。	阔峡气散不聚，要中间有草蛇灰线、微高之脊则美。两边名毡褥，亦谓之霞帔峡，主大富贵。	高峡者，山大而断处未至平地也，多是人行之岭。凡高过之峡，要护山周密。	大龙峡亦有数十里坦过者，或数里塌过，亦曰远峡。要两边迎送护应。此龙去甚远，小龙无此峡。	穿田峡，要两边皆低，中央过脉之田独高，则分水明白。廖氏谓之青苗中过骨，此峡最吉。

阳峡	阴陕	曲峡	直峡	长峡

此为阳峡，凹中出脉，或凹脑坦中出脉。	此为阴峡，其脉自顶有脊而出，或起突。	此为曲峡，其脉屈曲活动，如生蛇渡水，至贵。小者尤佳。	过峡之脉要曲，不宜直。直为死脉，不吉。中间有泡者，虽直亦吉。	此为长峡，太长则易受风，宜遮护周密。又忌直长。若长而直，则为死脉，不吉。

渡水峡	
	渡水峡，要水中有石梁，谓之崩洪脉。《葬书》云"脉界水即止"。此谓渡水何也？盖水不界石脉，而界土脉。邵子曰："水即人身之血，石即人身之骨，土即人身之肉。"故血行于肉，不行于骨。血以资肉，肉以养骨以成身。惟气则无往而不通者也。

（2）过峡要点——蜂腰、鹤膝

峡也有吉凶之别，过峡之脉，蜂腰、鹤膝之形最为贵。如图：

蜂腰 前后大 中间小	鹤膝 脉出 前后束紧 中间鼓包	凡龙脉束聚而成蜂腰鹤膝之形，其处气旺，结穴必近，杨筠松云"蜂腰鹤膝龙欲成"是也。故凡见此形，则知龙将结作，可以求索穴场矣。

（3）过峡要点——送、迎

脉之出，有送；脉之接，有迎。真龙过峡必有"送与迎"；没有"送迎"，则龙不真。如图：

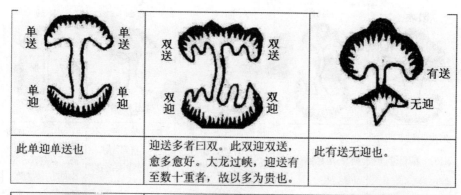

单送 单送 单迎 单迎	双送 双送 双迎 双迎	有送 无迎
此单迎单送也	迎送多者曰双。此双迎双送，愈多愈好。大龙过峡，迎送有至数十重者，故以多为贵也。	此有送无迎也。

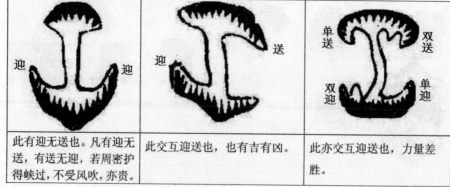

迎 迎	迎 送	单送 双送 双迎 单迎
此有迎无送也。凡有迎无送，有送无迎，若周密护得峡过，不受风吹，亦贵。	此交互迎送也，也有吉有凶。	此亦交互迎送也，力量差胜。

说明：迎龙不是逆龙。迎脉之龙，只是其枝脚逆转一二顾峡，其正龙则自然向前顺去，随身枝脚顺布，与龙行方向一致，又多又长。而逆龙则是其枝脚全部一一向后，而龙身前去，龙身单独挺出，逆龙是凶龙，所结都是凶穴。

（4）过峡要点——扛、夹

过峡"扛夹"图

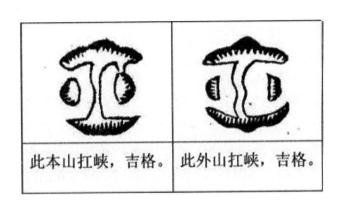

此本山扛峡，吉格。	此外山扛峡，吉格。

凡脉从中过，两旁客山或本山耸起，高卓相应，谓之扛。

外山隔水，远来护峡，把峡夹在中间，谓之夹。

扛夹之山，最喜形成星体，如有太阴、太阳、金箱、玉印、龟蛇、旗鼓之类，左右都有，最吉。

过峡，忌风吹水劫，所以真龙过峡必须有迎有送，有扛有夹，护卫周密，分水清晰。

到头结穴的峡，以窄而短者最有力，低而细者最为秀，长而宽者为散漫无力。

低则藏风，高则露骨，短则力劲，长则力慢，这是一般审峡所必须了解的。

过峡蜂腰处，最喜迎送，两旁需有护砂包裹，两砂弯抱在峡两侧，避免风吹水劫，这就是送砂。

送砂之外又有二砂夹护缠送向前，左右形影不离，有如贴身之侍卫；过峡束气必然起顶如鹤膝，又从两边伸出两枝脚砂，与送砂相抱，这即是迎砂，此即是最完美无缺的过峡，此去结穴必然是大地无疑。

善於寻龙者，峡中奥妙，必须穷图探讨，方能明了结穴的精神气脉所住。

此乃是鉴峡的真功夫，真口诀密意。

（5）审峡目的——定穴

审峡的目的是为了定穴。

过峡时，若落脉正，过峡后，其入穴亦正。

右侧落脉过峡者，其入穴亦右侧入穴；左侧落脉过峡者，其入穴亦左侧入穴。

有山护卫者，其穴结亦山护；水护卫者，其穴亦结在水边。

去山若小而无迎者，因其气较敛伏，故可以断定其结穴必在近处，若去山大而有迎者，则知去脉正发当旺，而其结穴处，尚在远处。

龙若是有剥换、有过峡，必有融结。

若不剥换、不过峡，则不过是从奴之山而已，可不必寻穴；纵然龙虎、明堂几案齐全，亦是伪穴，又称花假之穴；因其行龙无剥换、无脱卸、无过峡，气不换、脉不真，只有凶气、煞气，误葬必然横祸丛生。

5. 入首

来龙入首。

有远龙来得不好，将要入首近穴时剥变为好龙，是吉地；还有远龙来得好，在入首近穴时变坏为不吉，主凶，不可下葬。

五种常见龙入首格式：直龙入首、横龙入首、回龙入首、潜龙入首、飞龙入首。（见下图）

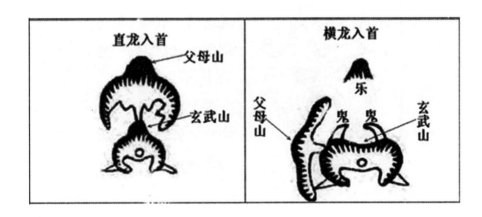

直龙入首

父母山

玄武山

横龙入首

乐

父母山

兜 兜

玄武山

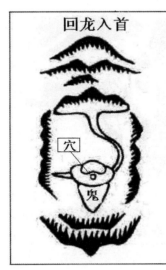

回龙入首

穴

兜

回龙者，乃翻身顾祖而结穴者也。《经》云"宛转回龙似挂钩，未作穴时先作朝。朝山皆是宗与祖，不拘十里远迢迢"是也。然亦有大回龙、小回龙及盘龙穴等格，皆是也。

潜龙入首

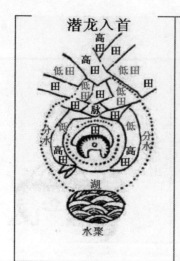

潜龙者，龙气撒落平地而结穴者也。即所谓平受之脉，高一寸为山，低一寸为水。须要平地有凹，或开钳口，水势环绕，方为真结也。

飞龙入首

此格乃上聚，穴前平坦，贵在登穴而不知高。须四应皆高，立竖上聚，仰势受穴，方为真结。

①直龙入首格。龙从后方入首，顶对来脉而结穴，这种撞背龙结穴发福最快，这种格式气势雄大，必有余气为毡、为唇。

②横龙入首格。龙从横侧来，或从左来，或从右来，横脉入首而结穴。一定要穴后有乐、有鬼，才为真穴，这种穴不宜元辰直长。

③回龙入首格。翻身顾祖而结穴，叫回龙。经云："宛转回龙似挂钩，未作结穴先作朝，朝由皆是宗与祖，不拘十里远迢迢。"

④飞龙入首格。即上聚仰高而结穴，其势高而昂，故曰"飞龙。"必须四应皆高，立耸上聚，仰势受穴，方为真结。四应者，前朱雀，后玄武，左青龙，右白虎。此穴贵重富轻，主要是来水不聚，必有交牙关锁为吉。

⑤潜龙入首格。龙气撒落平地而结穴，叫潜龙。必须要平地有凹，或开口，水势环绕，方为真结。

6．入首龙的阴阳顺逆

阳龙。背对玄武山，按顺时针方向左旋入首的山脉为阳龙。

阴龙。背对玄武山，按逆时针方向右旋入首的山脉为阴龙。

顺龙。当支龙与干龙方向一致时，为顺龙。

逆龙。当支龙与干龙方向不一致时，为逆龙。

入首龙的阴阳，决定结穴的阴阳。

阳龙结阴穴，阴龙结阳穴。

（四）星峰

星峰形状之五行。

尤其是父母山的星峰、穴后玄武的星峰，穴周边、明堂周围的星峰。

龙之美恶在于身，身之吉凶见于星。

星峰，尖、园、方、秀者为吉，凝、碎、欹、弱、骨露者凶。

1．星峰五行

木、火、土、金、水，五星。

星峰五行

木

火

土

金

水

木形山

金形山

水形山

土形山

　　（上五图，木、火、土、金、水，五种星峰）

　　天分星宿，地列山川；人在天地之中，得其秀气而生。山之五行，以"天人合一"的感应，影响到人的吉凶，所以要详审五星的变化，以验吉凶。

　　山的形状变化无常，而其最基本构成，只是"木、火、土、金、水"五星。

　　木性条达而取象于"直"，故"头圆身直"为木星。

　　火之烈焰而取象于"锐"，故"头尖足阔"为火星。

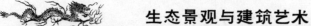 

土之厚重而取象于"方",故"头平身方"为土星。

金之周坚而取象于"圆",故"头圆足宽"为金星。

水之流动而取象于"曲",故"头平生浪"为水星。

2. 星峰五行格局——"清、浊、凶"

五星有吉,有凶,须兼顾"形象"与"性情"。

"形象"者,形状之美与恶;"性情"者,对我有情与无情。

以此原理,五星吉凶之辨,以"清、浊、凶"分为三格,则形象与性情得以兼顾。

清:星峰秀丽光彩者。

浊:星峰肥厚端重者。

凶:星峰丑恶带杀者。

(1) 木星格局

清者为文星。主文章科名,声誉显贵。

浊者为才星。主技艺、才能、功业。

凶者为刑星。主刑伤克害,残病夭折,犯法遭刑。

木,于时为春,万物生发,故木之清者主文星,文华之象。木之浊者,可为栋梁器物,此其技艺之应。木之凶者,枯槁朽折、破败崩催,为刑伤之应。

(2) 火星格局

清者为显星。主大贵、掌权、显赫。

浊者为燥星。主刚烈暴躁,作威作福,奸险,大福大祸、速发而败绝之应。

凶者为杀星。主大盗,杀伐,惨祸,诛灭之应。

"五七火星连节起,列土王侯地。脱落平洋近大江,结穴始相当。"

"若见火星焰动,到穴须寻一百里。"

火星突起为峰峦,必须要经过多重剥换脱卸,重迭过峡,或撒落平洋,或穿田渡水,然后结穴才吉。

如果火星未经脱卸,纵然龙穴入格,也必主大福大祸,没有善终,

既便位极人臣，富甲天下，而终会诛伐临头、一败涂地，就像火烬而灰飞烟灭一样。

"大地若非廉作祖，为官终不至三公。"这句话是说，廉贞属火，火星作祖山，其来龙的脉气雄浑，主官至极品。原因就是，龙脉行进，其气必分，而五行之中，金分则轻、木分则小、水分则浅、土分则微，只有火星越分越盛，就像一星之火，可燎万里之原，所以火星作祖，力量最雄厚。基本上天下名山，大多是火星峰，以此可见造化之妙。

（3）土星格局

清者为尊星。主极品王侯，建功立业，庆泽绵延，五福俱全。

浊者为财星。主财产丰富，寿算绵延，人丁繁衍。

凶者为滞星。主昏愚懦弱，疾病缠绵，黄肿壅塞，困顿牢狱。

土为镇星，德居中央，位为帝星，故其清者为尊，出极品王侯，泽民以安社稷。土性重浊，其性缓，故发达迟钝，但最能耐久。土星凶者，因土育万物，故其为祸较轻。

（4）金星格局

清者为官星。主文章显达，忠义刚直。

浊者为武星。主威名显赫，秉杀气之权。

凶者为厉星。主军贼、大盗，杀戮、伤亡、夭折、绝灭。

金者，百炼成钢，成材之器，故为忠正刚直之官；金明而贵，或为世之珍宝，就像达官显贵，世所稀有。金，于时为秋，为肃杀，在天象上，金星有异，金倍明、芒角赤，主用兵，故其浊者为杀伐武星。秋金肃杀，故其星之形凶厉者，如古时秋天用刑处决犯人，以应秋金之凶厉，主杀戮、诛灭。

（5）水星格局

清者为秀星。主聪明、智巧，性情高洁、胸怀宽广，智慧文章，及女贵。

浊者为柔星。主昏顽委靡、懦弱不振、疾苦不寿、阿谀奉承。

凶者为荡星。主奸诈、淫乱，长病、夭折、贫穷、流移，客亡、水溺。

水之清秀者，清莹可鉴，变动不拘，可方可圆，此为性情高洁、聪慧、机智之应；水势能载、能容，为胸怀度量广大之应；水形秀丽，为女贵之应。水之体形柔顺，故其浊者，为卑弱之象，主依附、懦弱之类。水流飘荡，或泛滥成灾，或接纳排泄出的秽物，形成恶臭之水，此皆为凶水，主发黑心之财、流荡忘返、淫乱不洁、离乡客死。

3. 九星（九种星峰格局）

九星为五星之变格。

星峰变化万千，又不止九星，运用之妙，唯用心体察。

九星：贪狼、巨门、禄存、文曲、廉贞、武曲、破军、左辅、右弼。

贪狼星：正木星，头圆身直，"贪狼顿笏笋初生"。笏就是古时候大臣上殿时手里拿的手板；笋，就是竹子初生时的嫩芽。

巨门星：正土星，头平体方，"巨门天马屏风列"。形如屏风列地，

或形如马背起伏。

禄存星：土、金兼形，头如顿鼓，脚如爪鲍，"惟有禄存猪屎节"。

文曲星：水星，形如匹练、生蛇，"多为遇脉之星"。

廉贞星：数火星连座，头尖而贵，带石棱层，"廉贞梳齿挂破衣"。

武曲星：正金星，头园足阔，"武曲馒头圆更曲"。

破军星：形如走旗，头高尾低，圆头脚尖，几个金星相连，手脚飞扬，"破军破伞拍板同"。

左辅星：是眠体做护之星，与武曲星类似，但较低矮，"左辅馒头无别法"。左辅星如同幞头一样。"幞"，古代男子包头发用的软巾，所以左辅星的形状就像软巾包住头发的形状，也就是乌纱帽的形状。

右弼星：为隐曜，形迹变化多端，在山龙过峡、穿田及平地时隐时现，无一定之形，所以没有图。

4. 十一种星峰变格

穴场周边还有诸多吉凶各异的星峰，有吉、有凶，择吉要者录于下图。

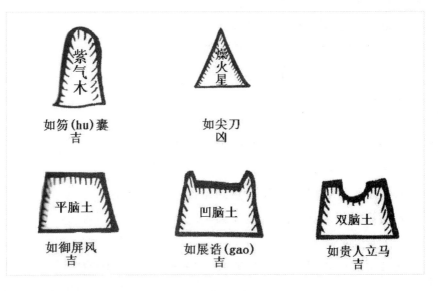

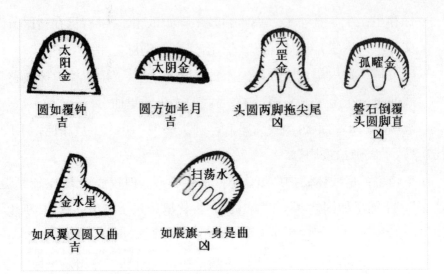

（上面两图，所列星峰，多为龙止之处，穴场自身及穴场周边所见的星峰。）

紫气星看起来像笏囊低垂。笏，是古时候大臣上殿面君时拿的手板，笏囊，就是装这个板的布袋。其实紫气星就像人的食指一样，头圆身直，与前面的贪狼星是一样的。是吉星。

燥火星如同尖刀一样，是最凶险的，是凶星。

平脑土就是五星中的正土星，也是九星中的巨门土星，它形似御屏风，主富贵。

凹脑土就是展诰，诰就是古时候官吏受封的文书，凹脑土形状就像展开的诰轴，主官贵。凹脑其实就是土金身。

双脑土形如贵人立马，是吉星。

太阳星端正，圆形，看起来像覆钟一样，吉星。

太阴星看起来像半个月亮，其实它是圆中带方，吉星。

天罡星看起来像打开的盖子，头部圆，两脚拖尖尾，凶星。

孤曜星看起来如同倒覆的磐石，头圆、脚直，凶星。

金水星看起来像凤翼一样，又圆又曲的是金水星，吉星。

扫荡星其实就是展旗，它一身都是曲的，凶星。

二、穴

龙有行、止，龙行到尽处，入首结穴。

龙为阴，结穴之处，就像太极图当中的阴鱼，阴极而蕴一点阳，是阴极阳生的起点。

穴，是一块区域。

阴宅与阳宅不同。

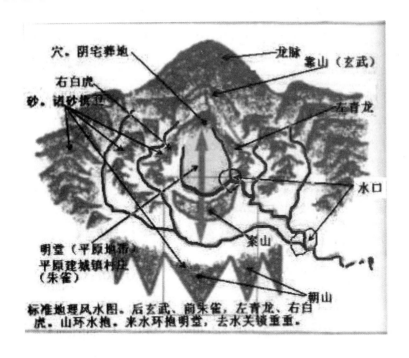

标准地理风水图。后玄武、前朱雀、左青龙、右白虎。山环水抱。来水环抱明堂，去水关锁重重。

阴宅葬过世之人，点在穴窝之处，以应阴极之数。龙穴阴极，如同太极图中的阴鱼，阴极之中蕴一点阳，乃是初阳将生未生之际，死生之间，太极混沌之中，故而用于墓葬，以先人尸骨乘龙穴之气，荫佑、兴旺后代。

阳宅住在世之人，故而都城、民居建在穴前宽广的明堂，水流交汇环抱之地。这里是阴阳交汇，初阳生发之所，可以乘其生旺之气，以发当世之富贵。

点穴如针灸，不可差尺寸，高低、左右、深浅、向首俱要合法度。若有误差，就承不到脉气，纵是真龙，也是无益。

定穴之法，须合法度。一为穴形，即"窝、钳、乳、突"之形；二为穴星，即"木、火、土、金、水"五星；三为穴证，即"前后左右，龙虎明堂诸应为证；四为穴忌，即明辨"粗恶、急峻、臃肿、虚耗"等诸凶。明了这些，大体可以寻得真穴。

（一）基本穴形——"窝、钳、乳、突"

历代地师寻龙点穴，对所点之穴，皆是喝形取象，即以名称来表达所点龙穴的特点、吉凶，所以名称千变万化，但穴位的基本形态，只有四种，即"窝、钳、乳、突"四象，归其根本，只是"阴、阳"两种穴位。

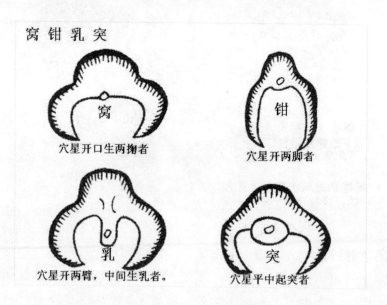

窝 钳 乳 突

窝　穴星开口生两掬者

钳　穴星开两脚者

乳　穴星开两臂，中间生乳者。

突　穴星平中起突者

"窝、钳、乳、突"四种基本穴形

"葬者乘生气也"，生气，即是"太极"之气，而太极必含"阴阳"；阴阳，在穴形来讲，就是凹凸；再往下分，就是阴阳两仪分四象，即"窝、钳、乳、突"四种形态。

只要明白这些基本道理，则点穴必成竹在胸；不会因穴形外在的千变万化而迷惑，至于其他种种喝形取象所得来的名称，只要明白喝形的目的，只是"喝形使人知，以应其吉凶"就可以了。

确定穴形的方法是要先审视星后来龙的阴阳。

站在穴场，背后玄武、面前朱雀。

来龙左旋入首为阳，右旋入首为阴。

阳龙来则结阴穴，阴龙来则结阳穴。

阳穴：圆的就是"窝"，长的就是"钳"；

阴穴：长的就是"乳"，短的就是"突"。

1. 窝穴四种类型

也叫"开口穴"。

"窝形须要曲如窝，左右不容少偏坡；偏坡不可名窝穴，倒侧倾摧祸奈何。

窝穴高山多见，平洋亦可寻。

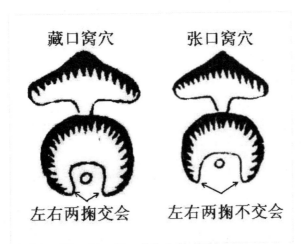

窝穴有藏口窝、开口窝之分，两者左右均匀为正格，左右不同为变格。

藏口窝，左右两掬交汇者即是，为最佳之窝。窝不宜太狭小，要窝中圆净，弦棱明白。若穴落于湖荡之中，宜有一臂关拦，成内蓄小荡方美。

开口窝，亦称张口窝，左右两掬不交汇者即是。穴多点在窝上凸起之处，宜两旁有界气之水，左右有砂缠护，下手有砂关拦，水回环尤佳。

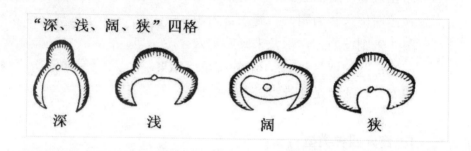

窝穴分深、浅、阔、狭四格。

深窝，窝在开口中深藏。

深窝不能太深而至坑陷；只有那种窝中有微乳、有突的，这是阳中有阴，龙脉化气，虽深不忌。窝要圆、要干净，弦棱要分明，两掬弓抱，方为合格。如果窝太过深陷，又没有乳突，弦棱不圆，左右偏颇，就是虚窝，不能点为穴位。

浅窝，窝在开口中，又平又浅。要浅得适度，两掬弓抱，弦棱分明，像金盘、荷叶一样，方为合格。

阔窝，窝中宽阔。要两掬环抱，窝中有微乳、微突才有化气，窝中圆净，弦棱明白，才是真窝。

狭窝，是指窝中狭小。要狭小适中，像燕窝、鸡窝，同时窝中圆净，弦棱分明，两掬弯抱，方为合格。

四格又有俯仰之别：俯者要窝中微有乳突，扦葬就在乳突；仰者要窝中有突穴，扦葬就在窝心突内。

2. 钳穴八种类型

钳穴，也叫"开脚穴"，高山平地皆有之，穴星开两脚者即是。

钳穴有直、曲、长、短、边直边曲、边长边短、边单边双、双钳等八格。

直钳图	曲钳图	长钳图	短钳图

直钳即是左右两脚皆直。

曲钳即是左右两脚皆曲，两者近前有案山横拦，顶头圆端，钳中藏聚。

长钳即是左右两脚皆长，合度而惋媚，近前有低案横抱，顶上周圆，钳内藏聚。但两脚不能过长，太长的话会导致元辰倾泻，如果外面又接旷野，必主田产破败而绝灭。

短钳即是两脚皆短，要短得适中，或外有抱卫，忌太短漏胎，外无包裹。

边曲边直图		边长边短图		边单边双	
此右曲左直，名曰右仙官，亦曰右官脚。	此左曲右直，名曰左仙宫，亦曰左官脚。	此右长左短，名曰左单提。	此左长右短，名曰右单提。	此右双左单钳穴，名曰右迭指。	此左双右单钳穴，名曰左迭指。

边直边曲即是钳的左右不均匀，为弓脚。

左脚曲右脚直，为左弓脚，所以叫左仙宫；反之为右弓脚，叫右仙宫。

这两者必须曲股有逆水，方为合格；忌尖利走窜。

如果曲股顺水，加以尖利走窜，就会"东宫窜过西宫，长房败绝；右臂尖射左臂，幼子贫寒"。

边长边短即是单股单提。左短右长，叫左单提；右短左长，叫右单提。必须要长股逆水方为吉，若长股顺水则为凶穴。

边单边双即是叠指，左双右单钳叫左叠指，右双左单钳叫右叠指。

左右枝脚，不论单双，在穴上观察时，必须见其左右均匀方为吉；而且双边的一侧必须要有逆水，同时外股长曲弓抱，方为合格。

此穴形迭指，主人戏乐无度，爱赌博；如果龙真穴的，决不败家，直至龙尽气止，福力已尽，以赌钱而败。

双钳图一	双钳图二	双钳图三

此两边齐对，一长一短，不相争斗，乃为吉。	此两宫弓抱，一前一后，穿牙护穴，不相尖射，乃为吉。	此内两臂甚短小，名曰夹势，忌其尖射，名曰夹刃，凶也。

双钳即是两脚都生双枝；更有两脚都生三枝或四枝，论法与双钳相同。

钳多必须要交牙才为吉，否则就会元辰太长，真气不聚。

双钳之格，有三种情况：

左右之钳双到者，要弯曲有情，不相争斗，才是吉形。

左右之钳，一前一后到者，要交牙弓抱，不相尖射，才为吉。

有两钳短小，且不互相夹射的，叫做夹势，主贵。如果互相尖射，就成为夹刃，主凶；这时要用锄头锄去尖利之处，使之成为马蹄形，化

凶为吉。

基本上双钳之穴，要左互交牙才为合格吉穴，如果两宫对射，或者闲旷不交，都不是吉穴。

钳穴要点：要顶头圆正，两边界水明白，钳内藏聚，弦棱分明；弓脚必须逆水，单股最忌直长；更怕漏槽灌顶、界水淋头、元辰倾泻、堂水卷廉；其顶气必足，下必有合毡方真；若顶气不足，下无合毡，是漏气，不可下扦。

凡钳中有微乳，扦葬就在乳头，乳头要圆正，两边界水要分明，忌乳头粗硬、脚下落槽、左右折陷、元辰直长；凡钳中有微窝，扦葬就在窝心，窝心要顶头圆正、弦棱分明，钳中藏聚。

3．乳穴六种类型

又叫"垂乳"穴。

就是穴星开双臂，中间生出乳形。

乳穴两掬间垂乳正中，左右弯环有情，界水分明。

"凡悬乳之穴，生气凝聚而下垂，灵光发露而外现，两宫俱到，一乳正中，所以谓之吉穴。"

若后面来龙真的，入首明白，星辰合格，证作分晓，此穴极贵。

乳穴有六种格局，长、短、大、小四正格和双垂、三垂两种变格。乳穴最忌缺露凹折，所以必须要有两臂环抱护卫，方为真穴。

长乳图	短乳图	大乳图	小乳图

长乳格者，两掬中间垂乳长，必须两掬弓抱，乳正中，忌过长及粗峻硬肿。

短乳格者，两掬中间垂乳短，要短得适宜，界水分明，左环右抱，居中央，忌过短、急峻粗硬、界水不明，如覆箕、顿钟。

大乳格者，两掬中间垂乳大，要大得适宜，不粗不饱，左右弯抱有情，恰居正中，不偏不峻，忌太过粗顽。

小乳格者，两掬中间有微乳，要小得适宜，乳头光圆，左右相称，两宫环抱，乳居正中，小而不弱，界水分明，忌大小力弱、渺小瘦弱尖细、傍山高压、左右无护卫。

双垂乳图	三垂乳图

双垂乳是变格，两掬中间垂下二乳，要大小长短均匀，左右抱卫有情，忌两乳一长一短，大小肥瘦斜正不同。

三垂乳格者，两掬中生下三乳，要三乳大小长短肥瘦一律相等，左右环抱，才能合格。其宜取中乳下穴，如中乳不美，则不能扦葬，忌三乳不均匀，偏正美恶有异。

4. 突穴四种类型

又叫"泡穴"。

即是穴星平中起突者，它的形状像倒扣的铁锅、勺子，也有像鸡心、鱼泡、鹅卵、龙珠等形状的。这是因为"地有吉气，土随而起"。

起突之穴，灵光凝聚于中，余气弥散于外，所以是吉穴。

突穴高山平地都有，而平地为多。

山谷之突穴要藏风，要左回右抱，切忌孤露受风。

平洋之突穴要得水，平洋之地忽然突起成穴，一定要界水分明，来脉分晓，四边平坦也不为害，要有水势聚注，环抱更佳。

突穴有大、小、双、三等四格。

大突图	小突图	双突图	三突图

大突格要大而相停，突面光圆，形体颖异，方为合格。忌粗肿顽懒。水口罗星及龙身漏落仓库、金箔玉印之属，都有突象，但这些都是假突，如误下之，主贫穷孤苦，不可不慎。

小突格要小而有力，突面光圆，形体颖异，忌高低不明、界水阔旷、水割四畔、微弱无依。引脉气泡、关峡几珠，或印墩之属，有小突之象，但这些都是假突，不可不查，不可误下。

双突格就是穴星并起双突，亦称"双星"，两畔生脚牙枝者，称"麒麟"，双突要大小高低肥瘦相等，突面周正，形体颖异。

三突格就是穴星起三突，亦称"三台"，可下三穴，必须要大小相等，突面光肥。

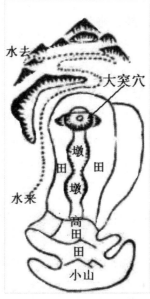

（上图，平洋田地大突穴）

上图。山脉落于平田，来脉以高田为龙脊，遁地而行。入首后，平地连起三突，前两突为墩埠，第三突结穴，为平洋大突穴。突面圆平，后顶来脉，前据毡唇，左右有小丘夹护，前有大溪横绕，明堂、朝山证穴十字登对，水左来缠抱于明堂、曲折而去，吉穴。这是古穴，后代连登科甲，最大官至户部尚书。

（二）穴星——入首结穴之山

穴星就是入首结穴之山，在平洋就是入首结穴之丘。

其实点穴的时候，先看到的不是前面讲的穴形，而必定是先找到穴星。先看穴星合不合格，然后再根据穴星的情况来确定真穴会结在何处。

"观星裁穴始为真，不论星辰是虚诳。"由此可见以穴星裁穴的重要性。

前面先讲穴形，是因为观穴星定穴位的时候，必然是穴星与穴形的知识综合运用，所以，了解了穴形的知识后，再观穴星定穴的时候，就可以把两种知识融在一起，学习起来也容易明白。

1. 穴星三格——"正、侧、平"

穴星有木、火、土、金、水五行。

穴星有正、侧、平三格。

正体。即木、火、土、金、水的标准形，星辰形状端正者，如人端坐。如果来龙合于上格，那么穴星清秀的主贵，肥浊的主富。

侧脑。星辰形体不是端正的，头脑偏于一侧，如人在运动时候的侧身之状。因其侧身闪动，所以要身后有乐山托靠。若龙合上格，形体清秀的主贵，肥浊的主富。

平体。平体就是星辰如人躺地，这和端坐、运动虽然形象不同，但如果同样是形体健康的星辰，就会在脉气的力量上，和前两种没有什么差别。如果龙合上格，形体清秀的主贵，肥浊者主富。

2．穴星三格裁穴法

（1）木星结穴

木星形直。

正体木星。头圆身耸而端正者。穴结于中。

侧脑木星。头圆身耸而欹侧者。穴结于旁。

平体木星。面仰身平而长硬者。穴结节苞。

（2）火星结穴

火星形尖。

火星燥火烈，能焚万物，故入首星辰若是火星峰，所结必是大凶之穴。

"火性至燥，金入之而熔，木入之而焚，水入之而涸，土入之而焦，故火星不能结穴。"

火星峰可以作穴周边之星曜，前方之砂，也可为来龙之太祖、少祖山。

天下名墓，金、土二穴最多，木次之，水又次之，而火星之穴几乎没有，历代名师深明此道。

故火星峰，以其脉气雄厚燥烈火，可为祖山，而不可为入首结穴之山。

（3）土星结穴

土星形方。

正体土星。头方身平而端正者。穴结于中。

侧脑土星。头方身平而欹侧者。穴结于旁。

凹脑土星。头方中凹而身平者。穴结凹下。

平体土星。面仰身方而倒地者。穴结于顶。平体土星大多出于平地，所以也叫平面天财。各种形状的平体土星各有别名，比如：土方、胜土、茧土、棋盘、玉琴、柿蒂，等等，都是喝形取象之名。

（4）金星结穴

金星形圆。

身高者为太阳金；上圆带方而身低者，为太阴金。

正体金星。形圆而端正者。穴结于中。

侧脑金星。形圆而身侧者。穴结于旁。

平体金星。面仰而身圆者。穴结于顶。

（5）水星结穴

水星形曲。

水性动而柔弱，所以它本身结不成穴；水形峰峦，一定要有金形合体，才能结穴，因为水需金生；星峰头圆而身曲者，就是金水一气。

正体水星。头圆身曲而端正者。穴结于中。

侧脑水星。头圆身曲而欹斜者。穴结于旁。

平体水星。面仰身曲而倒地者。穴结于顶。

（三）定穴法

点穴要勘察两大部分，一是穴场，二是穴位。

"穴"古意为土室，是人类防风避雨的地方，所以点穴的核心就是寻找藏风聚气的地方。

1. 穴场

穴场是穴位的外围。穴是核，穴场是保护层，是肉是皮。

穴位最大为 2 平方米，而穴场就大得多了，构成穴场必须具备以下条件：

（1）来龙要生动，活泼。

（2）过峡要有蜂腰鹤膝。

（3）穴星要完美，秀丽。

（4）要选择在有龙气的地方定穴场，这是非常重要的一环。如果没有龙气到的地方，再美也是假的，"穴下若无真气脉，面前空有万重山"。

（5）站在穴星顶上眺望四面八方，好像一座城堡一样，层层护卫，层层关锁，藏风聚气，固若金汤，古人叫之回应。

还要认好四势：

详前观后，防空旷吹胸劫背。

观左盼右，忌凹缺割耳射肩。

站在穴星顶上，眺望四周，前面平整开阔，有案山、朝山锁住明堂之气；有九曲水、玉带水流过；水聚的地方，有龙虎砂护卫。

2．十种定穴方法

（1）太极定穴

站在穴星顶上，往下细看，必定有一斜坡，由穴星一直延伸到水边附近，穴位就在这一斜线上。"穴位"就是前面讲过的"窝、钳、乳、突"。穴位就在这条线上去找。

站在这条斜线的外围再看，会发现有一个圆晕，隐隐约约，仿仿佛佛，粗看有形，细看无影；远看似有，近看似无；侧看则露，正看模糊：这就是我们所寻找的太极晕。

凡是真正的穴，一定会有真砂、真水。

所谓真砂，就是指山侧来穴处的微砂。因为它非常细微，所以也称为牛角；因为它非常薄，所以也称为蝉翼。如果没有牛角、蝉翼，就没有真砂。

所谓真水，是指砂内界穴处的微水，也称虾须水。两侧分水的地方称为蟹眼水，在两水交合之处称为金鱼水。如果穴没有蟹眼就没有上分，没有金鱼就没有下合，这是没有真水。凡是鱼要吸水，水都从口中进，从腮中出，只有金鱼水是从腮进，从口出，所以用它来比喻前合之水。

晕上的弦一定会有分水，因为弦棱突起，像毯一样圆，所以称为毯。在下弦之处一定有相合的水，就像檐水滴断一样，所以称为檐。这种分合之水，就是上面所说的蟹眼、金鱼。只要上有分，下有合，就称为阴阳交度，也称为雌雄相食。如果上面有分，下面没有合，或者上面没有分，下面有合，都称为阴阳不合度，也称为雌雄失经。

如果穴晕在圆毯上，称为临头，只要有临头，那么水就不会淋头；如果穴晕的下面有合襟，称为合脚，只要有合脚，就不会犯割脚水；所以有了临头与合脚，就是真穴。缺少一样，就是假穴。

凡是真穴，一定是阴阳二气冲和，这样才是生气。所以，夹穴的水，

一定要一边明一边暗。水明即深，属阴；水暗则浅，属阳。这是阴阳二气交感。如果水两侧都暗，那就是纯阳无阴，是冷气；如果水两侧都明，那就是纯阴无阳，是煞气。冷气主退败，煞气主凶祸，都不是真穴。只要水有明有暗就可以有所图，所以没有明也没有暗，这样的地方不能扦穴。

①太极晕的上部，有半月形状的微微突起，其下有分水道向左右分流，左右分水道，向下部中间流去，然后会合，叫做合口，而且合口一般列正穴位的中线。

如下图：

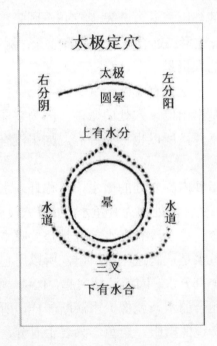

②太极静而生阴，圆晕瘦陷者为阴；就是太极晕"泡中有窝，突中有窟"。开茔宜深，不宜浅。

③太极动而生阳，圆晕肥起为阳；就是"窝中有泡，窟中有突"。开茔时宜浅不宜深。

（如下图所示）

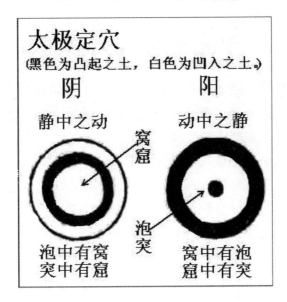

太极定穴
（黑色为凸起之土，白色为凹入之土。）

阴　　　　　　　阳

静中之动　　　　动中之静

窝窟

泡突

泡中有窝　　　　窝中有泡
突中有窟　　　　窟中有突

用太极定穴法，一定要仔细。

太极圆晕，要两边夹辅圆晕的水道分八字，高一寸为山，低一寸为水，水道要在圆晕下方小明堂处相合，穴前要有毡、有唇，吐出尖圆为证。

太极圆晕分明，就在晕心定穴；要坐正，或串接来脉，或枕乐山，内乘生气，外接堂气；前要对案山，下要就明堂，左右要分龙虎，十道无偏；这才定好穴位。

点穴之时，要把周边杂草除尽，详细观察，但切忌锄破圆晕，伤了穴位。

安穴之时，切忌妄加兴作动土，因为这样容易破坏太极晕的真形，或使星辰的头面破伤，或不小心铲除毡唇余气，或壅塞了界脉之水，结果使吉穴因为人为的造作而产生凶厉煞气。

又有广筑垣墙、深开月池、在穴上多起堂宇之类，这样容易误把周边吉的砂、水遮挡，这是自取败祸。所以，穴位建造围垣、堂宇之类，要仔细审度，只有挡煞收吉才可行，如果挡吉收煞，就会适得其反，不可不慎。

（2）两仪定穴

两仪就是阴阳，地理以山为阴，水为阳。阴阳之中又有阴阳，龙有龙的阴阳，穴有穴的阴阳。

两仪定穴的形状基本上和太极晕相似，但更细致。

在太极晕中间有上半部瘦、下半部肥，或上半肥、下半瘦，或左半瘦、右半肥，或左半肥、右半瘦。

瘦而下陷为阴；肥而突起为阳。

在点穴前先把太极晕周围的草木除去，才能分清肥瘦和凹凸。

一半肥、一半瘦、一边凹、一边凸，这是阴阳二气交媾的地方。

天地交媾，万物化醇；男女媾精，万物化生：此即是阴阳之道。

所以我们在定穴位时，一定要定在阴阳交合的合缝线的中点上，才为正确，偏左偏右，都不能化生。

（3）三势定穴

三势由人的立、坐、睡三种姿势演变过来。

在穴场确定之后，要特别注意观察穴星的形态：是站，是坐，还是睡。

"一个星辰有三势，立坐眠各异。立是身耸气上浮，天穴此中求。坐是身屈气中藏，人穴最相当。眠是身仰气下坠，地穴斯为是。"

天穴有三种，"仰高穴、凭高穴、骑刑穴"；人穴只有一种"藏杀穴"；地穴有三种："乳头穴、脱杀穴、藏龟穴"。

①立势

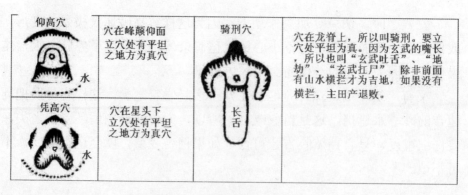

山势如人站立，头俯身耸，气往上浮。

这时山脉"结穴、生晕"在高处，穴结在山巅，这叫做"天穴"。

立穴的地方一定要平坦，才正确。

如人拱手直立，两肩曲凹，必抱其心窝。

穴虽高，但站在穴位上，如临平地，没有高的感觉才对；同时天穴如乘风而下，来脉的一面是缓慢的，如果来脉急就不对。

②坐势

悬乳穴	悬乳穴在垂乳头，粘山麓处结穴，宜用粘法，以缀杖下之。	脱杀穴	脱杀穴在星体之下，离山脉处结穴。宜用粘法，以离杖下之。	藏龟穴	藏龟穴在平地，有微钳微突处结穴，宜用撞法下之。

山形如坐着一样，身屈，头不俯不仰，气藏在中间。

山脉"结穴、生晕"处，不高不低，叫做"人穴"。

穴结在山腰，落脉缓和、低平的地方。

如果来脉急，穴位应在旁边寻找。

穴点高了伤龙，点得太低伤穴。

如人环手而坐，两臂曲凹，必中抱其肚脐处。

避风为上，来脉宜不急不缓。

③眠势

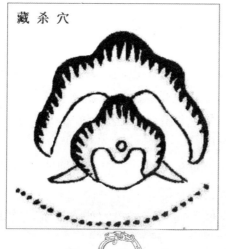

山势如人仰睡一样，身仰、头仰，气往下坠。

山脉"结穴、生晕"在低处，名为"地穴"。

一般穴结在山脚附近。

来脉峻急时，穴结在乳头。

如人垂手仰卧，两掌曲凹，必下抱其人道。

就水而下，来脉宜急，此穴要得水近堂；若是明堂端正，水合法度，发富甚速。

（4）三停定穴

三停图		侧面三才
	三停穴，要宛然窝坦，可藏车隐马，乃是真穴。若平坦在上，是上停穴；在山腰，是中停穴；在低处，是下停穴。正面天人地三穴：天穴登风而下，要有窝藏聚；人穴避风而下，要上不急，下不陡；地穴就水而下，要四山低，来势猛。	侧面三才，乃穴星侧面处有窝坦。在高曰天穴，在中曰人穴，在低曰地穴。俱要立穴处不峻，有窝坦为真。侧坡天人地三穴：侧坡亦有三格，与正面穴法相同，皆要生成窝泡方是，若免强凿穴则非也。 

三停定穴法也取"天、人、地"。

要结合附近左右的山峰和案台。

取诸山相称，来避凶杀、合法度。

如果附近周围的山高，案山也高，就要寻高处，在平坦开阔处点天穴；如果点了人穴，会受山峰欺压，主出子孙顽钝、福禄不旺；如果点了地穴更糟，因受左右龙虎山、案山压倒穴位，主子孙衰绝、祸患连绵，久则人丁绝、财产败尽。

如果左右山峰低、朝案也低，就应该点地穴；如果误点天穴、人穴，就会把左右山峰和案台踏在脚下，便会出现财山不上手，定主破财、资财耗散；而且周围山低，而穴位高，穴孤露，被风吹射，主子孙孤寡。

所以不管是天穴、人穴、地穴，点穴时都要参考左右山和案山，穴位不高不低，这样才会财禄到手、丁财两旺。

另外三停定穴，还要注意如下几点：

①不能舍近就远，不能贪图远处的秀峰而误点天穴，这样穴高财源低，主冷退、破财、离乡败绝。

②三停的穴位，要开阔窝坦，可藏车、隐马，这才是真穴。

③天穴登风而下，要窝钳、藏雾；人穴，要避风而下，要上不急，下不陡；地穴，要就水而下，要四山低来势猛。

④要有窝凹、平坦。天、人、地三穴的立穴处，都要不峻陡，有窝坦的是真穴，都要生成窝、泡才是。

⑤三停点穴要诀：高用藏风，低莫失脉；太高则露，太低则沉；高则伤龙，低则伤穴；高则犯罡，低则犯荡，犯罡则杀，犯荡则绝。

（5）四杀定穴

所谓"杀"，就是指尖利硬直的总称。一是来脉入首结穴处带杀，二是穴星及左右龙虎峰带杀。

四杀是指用"藏、压、脱、闪"四字诀，避开穴场周边的杀气。

①藏杀

来脉。来脉悠扬和缓。

形势。穴星左右两脚之下，以及近穴两边的龙虎山都圆净，并无尖直，这是杀神藏伏。

此时穴宜居中，叫做"撞法"。

这是点藏杀穴。

②压杀

来脉。来脉直下，吐出尖利直硬之形，不可回避，又难剪除。

形势。穴星左右或脚下尖直，以及两边龙虎山有尖直，这叫杀神出现。

此时穴宜居高处，在看不见这些杀的地方选定，叫做"盖法"。

这是点压杀穴。

藏杀穴	廖公云："两边圆净名全吉,藏杀穴第一。无饶无减穴居中,妙用夺神功。"穴星左右两脚下皆圆净,并无尖直,来脉和缓,结穴自然,故曰藏杀。	压杀穴	廖公云："穴下如生直尖脚,压杀穴宜作。骑刑高下自无凶,挨金法一同。"穴星左右或脚下尖直,来脉结聚于上,以其穴在高处,故曰压杀穴。
		急 高则群凶降伏	

（上图：藏杀穴、压杀穴。）

③脱杀

来脉。来脉急，山势峻，四应下聚。

形势。穴星形势峻急，左右低下，这是杀神奔窜。

此时宜低处点穴。

这是点脱杀穴。

脱杀穴有"粘、缀、接、抛"四格。

这四种穴是最微妙的，也是最难以辨识的，大多见于山脚、山尾、水尽，以及水流交汇之处。总的来说，是由于龙势又雄又急，所以才有这样的穴。

根据穴与龙脉的距离来说，粘、缀、接、抛，是依次从紧挨着龙脉到渐渐离开龙脉，从近到远。

粘穴，是在龙脉将要至尽头处时，龙气来势很急，而慢慢乘气所用的穴法。

缀穴，是在龙体已到了尽头处，龙气又急又硬，脱卸龙脉而乘气所用的穴法。

接穴，是在星体已经形成处，再另外微微突起形状，龙气虽然已尽，但又再来，称为牵连若重的气象。

抛穴，是指在星体已经形成，同时又另外成形，老气完尽又起新气，称为界限实分之规模。

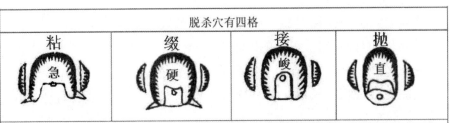

（上图：脱杀穴四格。）

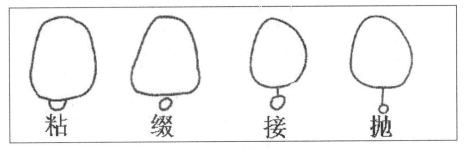

（上图：粘、缀、接、抛，示意图。）

④闪杀

来脉。来脉直出头尖，不可粘脱，四势中聚。

形势。穴星及龙虎山，有一侧有尖直，这是杀神偏露。

此时穴挨着圆净的一边下，闪恶脉以趋吉避凶，叫做"倚法"。

这是点闪杀穴。

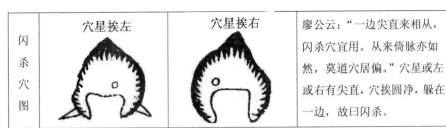

（上图：闪杀穴图）

（6）饶减定穴法

饶减者，消长阴阳之意，收左右砂水顾穴。

主要是针对左单提和右单提而言。

龙虎之砂，右短左长，叫右单提；左短右长，叫左单提。

龙虎之砂，哪个长股先转到穴前，即以哪个为主，并要有逆水在下方关拦，这叫收左右砂水到堂，为合局。

必须要长股逆水方为吉，若长股顺水则为凶穴。

右单提，右山先到，虎抱龙，穴向右枕左；为饶龙减虎，水要从左来往右去过堂，右山逆水，方合局。

左单提，左山先到，龙抱虎，穴向左枕右；为饶虎减龙，水要从右边来往左流去，左山逆水方合局。

饶减之法，逆来受脉；如果龙脉顺，不曾饶减，谓之伤龙，主枉死、少丁；如果穴无脉，坐虚立向，而饶减太过，接不着脉，谓之伤穴，主退败绝人。

气来而止，脉直而急；所以左山逆水转就减龙，右山逆水转则减虎；这个顺逆的确定，都是在本山的气脉上来论的。

饶龙减虎	右山先到虎抱龙，穴向右枕左，为饶龙减虎。要水自左来，从右去，右山逆水。	饶虎减龙	左山先到龙抱虎，穴向左枕右，为饶虎减龙。要水自右来，从左去，左山逆水。

（上图：饶减定穴法）

（7）聚散定穴法

气聚则吉，气散则凶。

点穴一定要选聚气的地方点。

聚散之法，站定穴场，由大势观起，由远及近、由外及内，均须一

一审定。

大局之聚散。首先选取大局聚气的地方，要众山团聚，众水相汇，罗城周密，风气融结，不陷不跌。

再看水的聚散。明堂来水，必定自然来汇，湖潭、池沼、溪塘，若非融注，定是特朝，这就是水势团聚之象。

再看明堂的聚散。但凡真气聚处，明堂决不宽旷；如果明堂宽旷，局势大，又必须有内堂，内堂有低田、小水、灵泉、池湖聚注，才是真融聚；"明堂容万马，亦忌旷而野。"，所以宽旷的明堂，必须有阴洲横列，关住内气，而元辰之水聚于明堂，外水或远朝，或横带，如此明堂才能虽旷而无妨。

再看穴场之聚散。大势已定，再考察受穴之山。看它的来脉止在什么地方；脉止气聚的地方必定有"窝钳乳突"，也会界水分明，上有分，下有合，前有应，后有乐，这是真气融结的迹象。气聚于上，则穴宜高；气聚于下，则穴宜低；气聚于中，则穴居中；气脉聚左，穴归左；气脉聚右，穴挨右。

（8）向背定穴法

看穴位周围的山形是否对我有情。

向我，即是有情，周边的砂水对我有回护之意，有情则吉。

背我，即是无情，周边的砂水或弃我而去，或尖利刺射，无情则凶。

向背定穴法，当审宾主是否有情；龙虎抱卫，要无他顾和往外之态；水城抱身无斜走；堂气归聚无倾泻；毡褥铺展无徒峻，等等，这样才是气聚融结、山水之情相向。有情则必有真穴融结。

无情者，定穴方位不对，方位偏移，砂水相对穴位的方位便会不同，就可能造成周边环境变成无情。

古云"一个山头下十坟，一坟富贵九坟贫，共山共向共流水，只看穴情真不真"就是这个道理。

所以咫尺之间，或高或下，或偏左偏右，周边山水不相照应，便非

正穴。

如果应当定在高处的正穴，却扦在了低处，就会被四面的星峰压迫；正穴当低而扦高，就会失去拥护和夹照；正穴当居中却扦在左右，那么案山、堂气皆偏，而白虎、青龙失位；这类情况便是周边环境背我而无情。

所以用向背之法，在穴场仔细审度，才能定下正穴所在。

（9）迎财接禄定穴法

水为财禄，迎接来水，就是迎财接禄。

"有财有禄须迎接，迎接来归穴。不迎不接不相干，空有万重山。或湾或曲窈荡过，迎取归向坐。"

点穴之法，审过龙脉之后，到地头看到眼前有好山好水，就要细心研究，反复考量，以立穴去受纳山水，把好山好水迎接进入穴场，如此才能为我所用。如果穴场受用不到，就不是真穴，不能发福。

站在穴场上，见前面山水从左边来，就于左边立穴；山水从右来，就从右边立穴；山水从正面当中来，就在中心立穴。

当然，真龙正穴，大自然必定有巧妙的配合，如果龙不真、脉不聚，勉强贪着奇山秀水，前面虽有好山好水，而坐穴却是虚无之气，也发不了福。

"坐下无龙，朝对成空。"

"坐下若无真气脉，面前空有万重山。"

"贪朝失穴，文笔变画笔，牙刀变杀刀。"

（10）枕龙耳角定穴法

就是看有没有夹耳峰。

夹耳峰在穴后的左右两旁，主要起挡风的作用，所以定穴位时，不要随便的移上、移下，应选在夹耳相对，藏风聚气最佳的地方。

经云："安龙头枕龙耳，隐而不露真可取，两边乐山在耳旁，下后自

然多富贵。"又云："两畔脱角，乐不照穴，非的穴也。"

枕龙耳	安龙头，枕龙耳，隐而不露。两畔取耳乐照穴，或两臂上下不拘，山峰肩翼厚处亦是。	枕龙角	安龙头，枕龙角，露而不隐。两畔脱角，乐不照穴，非的穴也。盖角耳之下，百尺之山，十尺相称，随山大小而分。
		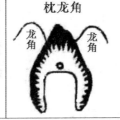	

（上图：枕龙耳、枕龙角定穴法。）

（四）证穴法

证穴，就是用一定的办法和物证，来证实所点的穴是真的还是假的。

在大体确定了穴的位置后，就要用证穴法来证实龙真穴的。

我们平常所用的证穴方法有：朝山、明堂、水势、乐山、鬼星、龙虎、缠护、唇毡、天心、十道、分合共十种证穴方法。

1. 朝山证穴

朝山证穴

真武仗剑形
剑上七星穴

平田　　　　帐山

高田　坪　高田
　　　山

亥龙右脉入首，为阴龙，则扦丙向，为阴向；阴龙阴向，龙穴脉气纯净。

朝山证穴，就是用穴位对面的近案与朝山来证穴、定穴。

原则是，应该以近处的案山为根本依据，先考虑近案，其次再考虑远处的朝山。"外洋千重，不如近身一案"，"欲求真的，远朝不如近案"。

朝山证穴之法，必以近案有情为主；如果近案与朝山都能做到有情登对，固然最好，但实际上，绝大多数情况难以做到如此十全十美；所以只要近案登对合格，其外洋远朝之峰，虽不太登对，却也无妨。

如果贪图外洋远处朝山，却失去近案登对的格局，就会让穴位由吉而变得少吉多凶。

2. 明堂证穴

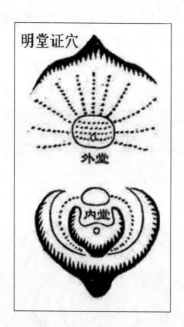

对明堂的要求，必须完整开朗、窝钳洁净、团聚。若明堂不正、不聚而倾泻，则真气不融结，纵有美穴亦须弃置。

小明堂：于圆晕下最为紧要，要平正，可容人侧卧，则真穴居此。不可左右上下，如误扦则为尖穴。

中明堂：在龙虎里，立穴要使其交汇，否则失消纳顺畅之机。

大明堂：在案山内，立穴要向融聚处为真，否则立穴不真。

3．水势证穴

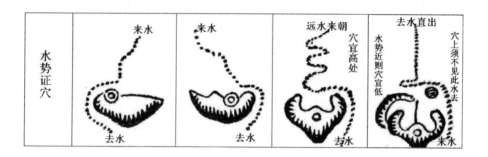

山属阴，水属阳，砂交水汇真气才能融结，所以"得水为上"。

未看山先看水，凡有真龙和正穴，必有潮源水合聚。

"山随水曲抱湾湾，有穴分明在此间"。

所以我们登山点穴一定要看水势。

如水聚于左堂，或水城弓抱在左边，则穴一定在左边；

若水势聚右堂，或水城弓抱在右边，那穴一定在右边；

若正中水潮，或正中融注，或正中水城圆抱有情，则知穴立居中；

若潮源远，明堂宽，穴宜高；或元辰长，局势顺，则穴宜低。

此是水势定穴之法。

（"元辰"：山势已缓，平平结穴，白虎与青龙之间，穴前与近案之前的一小块平地叫元辰，也可以叫内明堂。）

4．乐山证穴

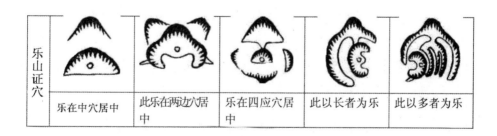

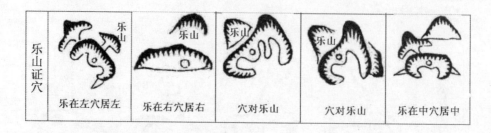

乐山证穴	乐山	乐山	乐山	乐山	
	乐在左穴居左	乐在右穴居右	穴对乐山	穴对乐山	乐在中穴居中

乐山，就是穴星后面左右的山。

它起着挡风的作用，所以有无乐则穴真不真的说法。凡横龙结穴，必要枕乐。

如果贴穴的乐山，成星体，如屏、如帐、如华盖、三合、玉枕、帘幕、覆钟、顿鼓等形状者，穴是非常贵的。

乐山在左，则穴在左，乐山右，则穴居右，乐山在中，穴居中。

如左右俱枕乐山，可能结双穴，或结一穴居中。乐山近则依近，短则取长，少则枕多，以乐而推，一定不易。

如果乐山太过高雄耸峙，有欺压之势，可畏之状，则不可以其为乐而依之。当回避立穴。如左山压穴，则穴居右；右山压穴，则穴居左；前山压穴，则穴归后；后山压穴，则穴居前；四周山皆均平，穴居中心。切不可取雄强可畏者为乐，犯之必凶危。

5. 鬼星证穴

鬼	鬼	鬼	鬼 穴居中	鬼 穴居中	鬼 穴居中
此鬼星撑于穴后正中，故穴安中。	此以鬼撑在左，穴居左。	此以鬼撑在右，穴居右也。	此两旁拱抱，名曰孝顺鬼，吉。	此一边逆抱托穴，吉。若顺托，贴身弯抱有情，亦吉。	此对穴护托鬼，吉。

鬼星和乐山的区别：乐山和来脉连在一起，而鬼星则表面看起来没有和来脉连在一起。

"横龙出穴必要鬼。"

横龙出穴入首环抱时，因为横向转身而出，所以其后背之处必然不再正对来脉，而是偏离来脉，因转身而在背后闪出一个空缺，所以这个空缺处，也就是穴后，一定要有鬼星。否则后宫空缺，而气不融聚。

以鬼证穴的法则如下：

鬼在此止，穴在此住，鬼在彼生，穴在彼处。

立穴不能有偏差，否则鬼夺气去，穴不能收，则为失穴，主败祸立至。所以鬼高，穴也高，鬼低穴也低，鬼出左，穴居左，鬼在右，穴居右。鬼不可太长，太长，则夺我之真气。

6. 龙虎证穴

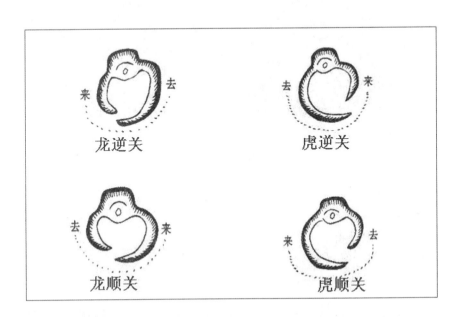

龙逆关　　　　　虎逆关

龙顺关　　　　　虎顺关

　　龙虎证穴法，主要是讲虎龙的护从、曲手之好坏，强弱与美恶，以此来定穴。龙强从龙，虎强从虎，这是定穴之大法。

　　龙山逆水，则穴依龙；虎山逆水则穴依虎。

　　左单提，则穴挨左；右单提则穴挨右。

　　龙山有情穴在左；虎山有情穴在右；龙虎皆有情，穴居中。

　　龙山先到则收龙，虎山先到则收虎。

　　龙山欺穴，避龙而依虎；虎山压冢，避虎而依龙。

　　龙虎山高，穴亦高；龙虎山低穴亦低。

　　无龙要水绕左宫，无虎要水绕右畔。

　　符合这些原则的穴为真，不符合的穴为假。

7. 缠护证穴

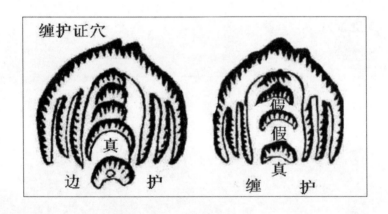

　　穴如贵人，缠护如侍卫。

　　缠护既然是侍卫，就不敢随便离开主人，也不敢近迫主人之身，所以护在此，穴也在此。

　　缠护实质上是指护送之砂。

　　左中护送之砂多且弯抱有情，穴位就越真。

　　另外还要注意，地如有三塔、两塔者，真穴当以送山定之；送短，穴在内；送长，穴在尽；送偏，穴亦偏；送尽穴即止。

8. 毡唇证穴

横龙结穴 穴下铺毡		凡穴下铺毡，宜平坦圆正。大者曰毡褥，小者曰吐唇。有此则穴真。

毡唇像人的嘴唇，是穴下余气的吐露。大的叫毡，小的叫唇。

如果真龙结穴，一定有余气吐露而为毡唇。

故毡在此铺，穴在此住；唇在此吐，穴在此定。

这是天造地设的自然现象，无此，不是真结穴；特别是横龙结穴，必须有此特征，不可忽视。

贵龙落处有毡唇，毡唇之穴富贵局。

问君毡唇如何认？穴下有坪如鳌裙。

譬如贵人有拜席，又如僧道毡具伸。

真龙到穴有裀褥，便是支龙也富足。

9. 天心十道证穴

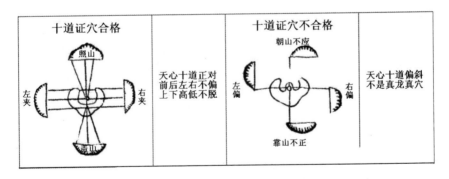

天心十道，就是前后左右四应之山。

穴法得后有盖山、前有照山、左右两畔有夹耳之山，就叫做四应登对。不可有一位空缺，否则，不是天心十道，就是以此来证穴。

点穴时一定要详细审视：夹耳峰，不可脱前，不可脱后；前后照山，

不可偏左、偏右。

经云："发露天机真脉处，十字峰为据。"

10. 分合证穴

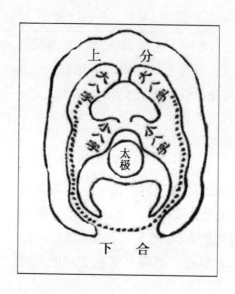

我们在点穴时，首先看：

（1）有否八字水分流；

（2）大八字内又有小八字水：

（3）两旁还要有虾须水，金鱼腮水分流，交到穴位下方合口流去方为真穴，这叫阴阳交度。

上有分下无合，则是阴阳不交，穴是假穴。

三分三合是点穴之秘要。

（五）穴之富贵贫贱

在风水上，阴宅与阳宅的原理是一样的，所以阴宅点穴的方法可以用在阳宅上，如工厂、办公楼、商场、酒店、商铺、家居的风水布局等，也可以用在办公桌、收银台、睡床等重要生活设施的安放与布置上。

1. 富穴

十个富穴九个窝，　犹如大堂一暖阁，
八面凹风都不见，　金城水绕眠弓案，
四维八干俱丰盈，　水聚天心更有情，
下砂收尽源头水，　富比陶朱塞上翁。

2. 贵穴

十个贵穴九个高，　气度昂昂压百僚，
旗鼓贵人分左右，　狮象禽星带衔刀，
眠弓案山齐胸下，　临官峰耸透云霄，
三吉六秀并天马，　贵如斐杜福滔滔。

3. 贫穴

十个贫穴九无关，　砂水飞直不弯环，
头卸斜流龙虎反，　风吹气散常受寒，
漏槽淋头并割脚，　簸箕水去退庄田，
扦茔误犯诸般煞，　世代贫寒没有钱。

4. 贱穴

十个贱穴九反弓，　桃花射肋直相冲，
子午卯酉为沐浴，　掀君舞袖探头形，
更有抱肩斜飞类，　左右两边无缠护，
尤防离兑与巽位，　砂水反背秽家声。

（六）点穴禁忌

以下这些内容，在基本知识中已全部包括，择其要点，以歌诀记忆，就能避免最凶的风水。

1．穴之五不葬

（1）气以生和，童山不可葬。（童山，不生草木之山。）

（2）气因形来，断山不可葬。（断山，崩陷凿断，则气脉不能续。）

（3）气因土气，石山不可葬。（石山，崖岩焦黑，青板顽硬者。）

（4）气以形止，过山不可葬。（过山，气因形而止，形未止则穴未结。）

（5）气以龙会，独山不可葬。（独山，独立之山，无来龙则无脉气无依靠，风吹气散。）

2、穴之六戒

（1）莫寻去水地，立见败家计！

（2）休寻剑背龙，杀师在其中！

（3）忌怕凹风吹，决定人丁绝！

（4）最嫌无案山，衣食必艰难！

（5）坐怕明堂缺，决定败家业！

（6）偏嫌龙虎飞，人口两分离！

3、穴有十忌

（1）忌后山无靠。

（2）忌前案无拦。

（3）忌龙虎缺陷。

（4）忌白虎回头。

（5）忌前水直冲。

（6）忌前水反弓。

（7）忌前高后低

（8）忌右高左低

（9）忌淋头割脚。

（10）忌砂峰凶恶

三、砂

砂是穴场、明堂周边的山峰，有大有小，形状有美有恶。

砂在左右、前后，环拱护卫穴场与明堂，重重叠叠，就如帝王出巡，又如百官朝拜，可以聚气催贵。

砂是龙穴之护神，龙穴若无砂，则风不能避，气不能聚，龙穴风吹气散，则不成地。

砂者，龙之余气，朝拱环抱则有情，斜飞反去乃无意。

其形尖圆平正，秀丽端庄、圆润肥厚者吉。破碎欹斜，形状丑恶者凶。

最基本的有四象砂：玄武为后方之砂，前朱雀之砂，左青龙之砂，右白虎之砂。

还有诸多富贵之砂：赤蛇绕印之砂，文笔之砂；三吉六秀之砂，贵人砂等。

总之除龙入首之山，穴场周边诸峰都称为砂。又分官、鬼、禽、曜、乐、托、护卫、罗星、北辰、华表、捍门等。

吉砂近穴场者，主速发，在远及不见者迟发。凶砂在穴场可见到者主祸速，在远及不见者主祸迟。

肥圆方正高大之砂，主出人大富大贵。

尖秀高耸之砂，主出人大文贵、文名显赫。

吉凶应期，太岁到方，主出贵、出丁、出富，或者出凶灾，太岁管一年之吉凶。

但以龙穴为主，如果来龙为衰、病、死、恶，不能结成龙穴，或龙穴为凶，单有吉砂是无效的。

天门、地户：乾为天门，巽为地户；艮为鬼门，坤为人户。

（一）十五种砂

按砂的重要性，把砂的种类一一说明。

1. 朱雀砂

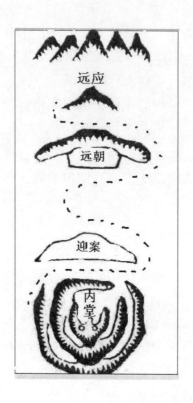

在穴位的正前方之砂，朝着穴位朝拜，它宜动不宜静。要成飞翔气势方吉，还有朱雀砂如起山峰或排列成品字，或旗鼓之状，或三峰五峰相拱峙，必主出大贵人，如果朱雀砂冲心，歪斜，散乱，无序者大凶。

2. 玄武砂

在穴场后面来龙入首处，如星峰圆静迭起，一台高过一台，有三台以上者，必主青云及第，如仓库重重，必主堆金积玉，如端正肥园，定出忠臣孝子，玄武不宜摆头，不宜反背，不宜露头，宜静不宜动，如反背乱动者主凶。

3. 青龙、白虎砂所主房份、年代

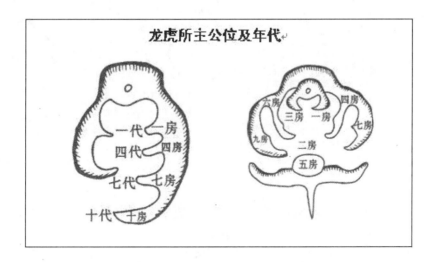

4. 青龙、白虎砂二十二种类型

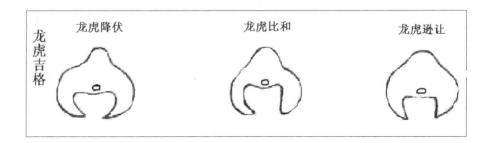

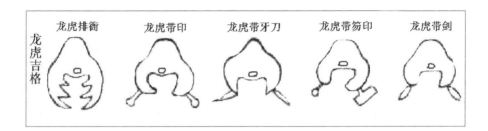

龙虎凶格

| 龙虎相斗 | 龙虎相争 | 龙虎相射 | 龙虎飞走 | 龙虎推车 |

两边高昂相对，主兄弟不和。　主兄弟争财失义及目疾。　主兄弟相杀为军配。　主父南子北，兄东弟西，夫妇生离。　主退尽田产。

龙虎凶格

| 龙虎折臂 | 龙虎反背 | 龙虎短缩 | 龙虎顺水 | 龙虎交路 |

主残疾绝嗣　妻逆子拗兄弟不和　孤寡伶仃贫寒无依　卖尽田宅离乡绝嗣　牢狱自缢疯颠残疾

龙虎凶格

钻怀　　**拭泪**　　**掌拳**　　**槌胸**

　　是在穴庭的左右(左为青龙，右为白虎)相互呼应，环抱低平，左右不交合，此砂对穴位尤为重要。但亦有穴星无龙虎砂而吉者，亦有穴星有龙虎俱全者而凶的，这要通过水和砂的组合，以及砂的形状善恶来判断。

　　以上"前朱雀，后玄武，左青龙，右白虎"是砂的基本格局。

5. 案砂十九种类型

在穴庭前横栏之星丘叫案砂，它或成几案，或成笔架，或成马背，或成笔直尖顶之状，一层高过一层，直立排列在朝山之下，此砂最贵，主产文武之贵人。

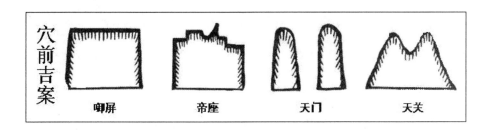

土星耸立对峙，方正骨立，称为御屏；土星两肩上又垂方正的土星，称为帝座。这都是大贵的格局。朝案山有两种：如贵人、文笔，这是他来朝我；如龙楼、帝座，是我去朝他。这大概是由于近君而朝关，乃是臣子至贵的格局。另外还有天门、天阙，也主大贵。

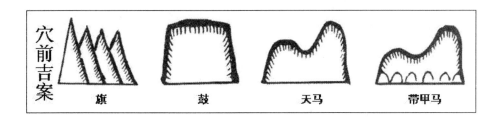

砂山有旗、鼓、天马、被甲等形状，家中能出武贵、出将军，功绩显赫。

遇顿枪、顿鼓，镇守边关，会拥有统帅之权。

左侧有旗，右侧有鼓，家中有人做官，而且一定是武将。

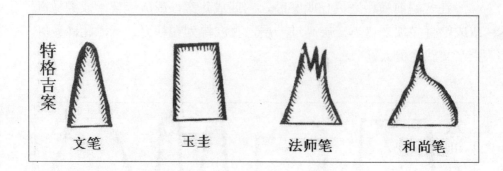

笔山本来是火体，如果又正又近，就会有火灾。而火头拖木脚的，更不能犯。

火山秀美却不适合直对，否则会招损。

土堆高高耸立，称为玉圭，一定要顶部平、身要直，要厚重，而且不倾斜。只要挺然清秀，就是上等格局的龙体，这样的地方能出学问渊博的大儒、学者。如果玉圭倾斜瘦削，就不合格局，一定会出奸邪的小人。

法师笔，是指在高大的山峰上，连开好几个叉，与天笔相比，又更多，这是法师显应，能够驱使鬼神。

和尚笔，是指在尖峰的旁边，有山形看起来像驼背一样，这是上等格局的龙脉，这样的地方会出高僧。

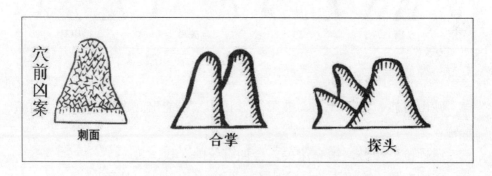

如果两座山像手掌一样相合，这样地方生的人为人处事会逾越于常理，会让人诅咒。

如果山外有小山斜露，称为探头，这样的地方家中后代会出盗贼。如果后山窥垣，称为暗探头，如果祖山在穴后，并且呈窥探之状，称为内探头，都主凶患。总之，在穴的前后左右，都不适合有山窥探。如果有山窥探，这样的地方出的人非奸即盗。

山体抱肩开脚，帏薄不修；山体掀裙献花，闺闱不严谨。

如果案山外面有抱头出现，一定会有男女淫乱私奔。

山体开脚掀裙，女子会犯奸淫之罪。

露体献花这样的地形非常不好，女子一定会卖身。

6. 朝砂

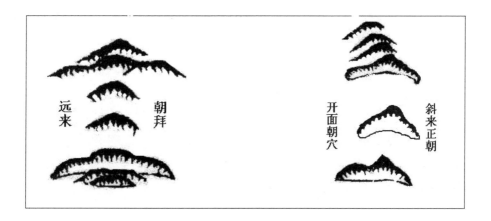

在案砂的后面，比案砂高，排列有序，有情，有如下属官员站在前

面听令一样。有情清秀、高大完整者吉；无情残缺破败、草木不长者凶。

7. 鬼砂

指穴后出山，主山背面支撑者。

鬼居穴后，护持穴场。

鬼要就身不宜太长，长则截气，无鬼不富。

横落者要鬼，直落者不要鬼。

孝顺鬼，主家道福寿康宁；夫妻鬼，主仕宦如意、封爵及第；凤尾鬼，文章俊逸；品字三台鬼，主文章科第，等等。

8. 官砂

官星是指前案背后凸起拖出的山峰。官要回头，不宜太耸，耸则照穴，无官不贵。

隐生在案外的叫暗拱。

如果在龙虎两砂生至穴前作案的是"现面官"，但是不要太长，要回头环抱有情，所谓官要回头。

在穴前龙虎上同时突起两官星，叫卓笔文星，主父子同科，兄弟同科，文章盖世，出状元、神童。

在穴前龙虎砂后突起一星峰，叫见面官，还有穴前龙虎砂外，有一圆山突起成一横案叫金钟玉釜，都是很贵的官星。

9. 印砂

取官印之名，印砂最讲究方位，在穴庭前朝山处，在天干己土方位印砂耸起，为最贵，因为己土为螣蛇，所以这个方位的印砂名为"赤蛇绕印"；其次在天干庚酉辛方有印砂均主出高官，印砂必完整，像覆锅一样才叫印，但反背反弓而去主凶。

10. 侍砂

从来龙后面两边拥护送迎的砂，如卫兵侍立两侧，能抵挡外来凹风

吹射，聚集内气，此属吉砂。

11．迎砂

环抱于穴前，左右，排列有序，圆润清秀，像朝着穴作揖打拱状，关拦着去水，此砂吉。

12．人丁砂

指朝山的左右前后，有山峰尖圆秀美、挺拔俊英、面向有情、不反背弓者，主后代人丁兴旺、发达，如人丁砂不现或反背反弓，必主后代丁败不发。

13．水口砂

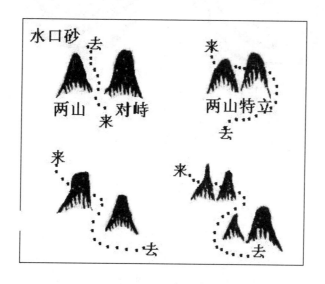

指水流去处的两岸之山，切不能空缺，令水直出。

此砂为最重要之砂，狭而塞，高而拱，如犬牙交错。

此砂分三大类：砂体肥、圆、正，为富局；砂体尖锐秀丽，为贵局；砂体歪斜肿胀，为残局。

14. 禽兽砂

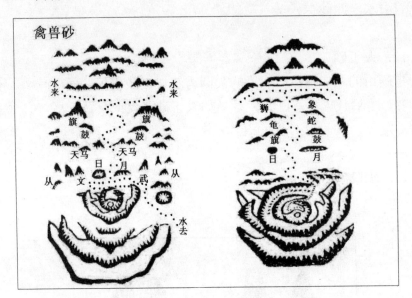

禽兽砂

像飞禽走兽，守卫在水口旁边、生于水口中间者，凡有小石小山，有情于穴者吉，无禽不荣。

华表：水口中间挺立之山峰，或者是横拦高镇窒塞水中的石山，水中有华表必为大地。

捍门山：就是水口间两边对立的山，如捍卫门户之形，捍门重重，必出朝员。

左边圆，右边回落下砂嘴边，为狮象；左边微长带圆，右边山低，屈曲的叫龟蛇；山高耸带欹斜，分数高山而下，左右高圆者为鼓，欹斜者为旗；两山星峰对峙，左右两山开面相对，为捍门；一山微高而圆，一山略平而圆，叫罗星；圆长而背拱为龟形，长而直为游鱼，长而屈为蛇形，等等。

凡观察禽星，必须先观察水口是否凝聚，后观察禽兽砂是吉是凶，

有用无用。一般原则，禽要清秀而回头，兽要特耸而能回顾，砂之形态非常复杂，在操作时全凭灵巧观察应用。

15、曜砂

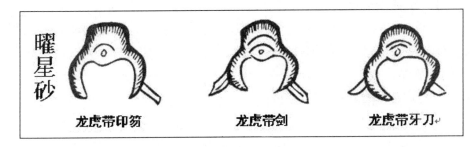

曜星砂　　龙虎带印笏　　　　龙虎带剑　　　　龙虎带牙刀

生于龙肘外者，凡有小山小石屹立，有情于穴星者，无曜不久。

在官、鬼、禽、曜四星之中，曜星是最贵的亦是最难辩认的，"龙真穴真若无曜，穴有星峰重迭照，纵绕积玉与堆金，儿孙终主登科少"。

曜星是从龙虎砂上生出来的，从头嘴所出的叫"明曜"，而且尖利和刑煞相似，唯一的区别是看对穴位是否有情，逆水横在穴前的叫曜星，直射人堂冲穴位的叫刑杀。

一侧是圆墩，一侧是直埠，这是带印、带笏；又尖又利的，则是刀、剑；这些都是曜气。印、笏如果生在青龙、白虎身上，这样的地方一定会出名扬天下的才子、英雄，而且他们会远在万人之上。

青龙上有山峰崛起，家中子孙会出统帅三军之人才。

龙畔牙刀，这样的地方主出身着紫袍的贵人。

白虎上的笏带牙刀形状，这样的地方能出将帅。

白虎上有山峰崛起，而且山峰尖，家中一定会出倾国倾城的女子。

如果在青龙、白虎山的山腰上生峰，这就是夹耳峰。青龙的腰上生峰，如果直入云霄，家中子孙一定会科甲高中，金榜题名；如果白虎山上的高峰看起来像顿枪一样，会因为女儿而作高官。

在青龙头上生峰，称为生角，这就是立曜，必须有喜色，开面要有情，这样才吉祥。如果反背，而且开面有怒色，就会主凶患。白虎山上

生秀丽山峰，或者看起来像弓箭袋一样，家中一定会有武贵人。

（二）二十四山砂的组合应用

1．平洋地砂法

平洋地论砂与山地不同，山地要立起看，平洋看砂要倒地看，如两路夹一土角，此土角可作旗鼓、刀枪、圭笏、仓库，名称为倒地文笔，或倒地旗星。

再如有房屋宙宇，也作仓库、旗鼓，印星分析。

平洋之地论贵人禄马与山地不同，山地要山峰作贵人（当然要合理气）平地论贵不必看穴有无山峰。平洋之地，有山以山论贵人，无山以水论贵人。

2．二十四山砂法吉凶组合

以下为二十四山单砂主应之事，与二十四山砂峰组合所应之事。

以下砂峰吉凶论断，以峦头形法为主，还未配合三元环境的理气，没有配合地运与流年。只有峦头形法与三元理气两者配合，秀峰得元当运生旺，才能应吉，如果处在元运衰死煞地，反主失贵，如果峦头有煞，在死煞之运还会有发生凶灾。

（1）单砂峰

乾山。高而肥，主男人高寿；形如天马，催官最速。

坎山。高而肥，主家人富贵、贤良。低陷，在穴后主夭亡；在龙砂，长房有人无财；在穴前，中房劳苦不利。

艮山。高而肥，人丁旺，发横财。低陷，不利少男，生病。

震山。高而肥，出武官，多生男，少生女。低陷，少生男，多生女，人丁不旺，多无后人。

巽山。高而秀，人清秀，发科甲，发女贵。低陷，妇人短寿。

离山。山形破损，主眼目之疾，对中年妇女不利。

坤山。高而肥，出文武双全之人，利文途，女人富贵。低陷，多生

女少生男，女人不长寿。

兑山。高而秀，少女聪慧，出贤婿。

（2）组合吉格砂峰三十三格

1．四神全：乾坤艮巽四神位，皆有峰峦高耸者主贵，缺一亦减福力，故曰四神全。

2．八将备：艮丙巽辛兑丁震庚，八方有峰峦齐起，主大贵。

3．三角峙：艮巽兑为三角，有峰对峙，主贵富。"奇峰列笋有三角，黄金白壁尚华侈。"

4．四维列：乾坤艮巽四维之位，有峰高秀，主贵；低而重迭，主富，"催官之砂维四方，云霄屹立官爵强，四维低峰迭迭起，千仓万箱耀州里"。

5．三阳起：巽丙丁为三阳。

6．八国周：甲庚丙壬，乙辛丁癸，曰八国。皆有峰峦周密极贵，要八位具全，若缺一二位，则不合格。

7．四势高：寅申巳亥曰四势，皆有高峰，主贵。

8．日月明：离为日，坎为月，故子午有峰对峙，名曰日月明，主贵。或有午峰而无子峰，若得子水来亦吉。

9．禄马聚：艮丙主财禄，又甲龙以寅为禄，乙龙以卯为禄之类，此方有高山耸名禄马聚。

食禄砂：巡山游禄要君分，乾兑搜求坎是尊，震巽寻乾为正路，坤离却向巽向论，要知坎艮推坤卦，福德排来却可珍，若见峰峦尖秀出，子孙车马满朝门。

正马砂：乾用甲为真正马，坤来寻乙最为强，艮从丙上寻其位，巽向辛峰是马乡，若得双峰连不断，儿孙两府配金章。

10．子息宫：艮震坎三男，三方有峰人丁大旺。

11．女子贵：巽离兑为三女，若是其方有高秀星峰，主女贵。

12．财帛丰：艮为货财之府，若其位有高大山峦且丰厚丛簇，主多财帛。

13．寿星崇：丁为南极老人星，若兑山见丁峰高大，主高寿。

14．金马上阶：乾在天为天廊，是为蓄马之所，故乾峰为金马；午峰为天马；乾、午二位有秀峰，更得兑峰高耸，谓之马上金阶，主贵。

15．赤蛇绕印，已为赤蛇，有印形砂峰居之主贵，"赤蛇绕印如圆平，腰悬平印才纵横"。

16．太阳升殿：虚星房昴四日，宿在子午卯酉之位，若此四位有太阳金星四面相照，谓之"太阳升殿"，主极品之贵，倾国之官妃。

17．太阴入庙：心毕张危四月，宿在甲庚丙壬之位，若此四位有太阴金星又四面相照，谓之"太阴入庙"，主男为驸马，女作官妃。

18．五气朝元：火星在南，水星在北，木星居东，金星居西，土星结穴坐北朝南，谓之五气朝元，又曰五星守垣，主极贵。

19．三火并秀：离为天干火、丙为地禄火，丁为人爵火，三方位有峰并秀，极贵，丙午丁三位，正值南方朱雀之位，而星柳张三宿在此，故曰火星宜起应天宿也。

20．尊帝当前：丙丁有峰双峙，是也，主贵。

21．禄马拱后：艮禄乾马二位有山高耸，主贵。

22．更点明：巽为更点有峰耸秀，主贵。

23．天鼓振：卯酉艮巽为阳鼓，丙、丁、辛为阴鼓，有峰方圆主贵．

24．文笔秀:：巽辛二方有尖秀之峰，谓之真文笔，主贵显科名，"天乙太乙真文笔，秀入云宵状元位。"

25．鱼袋塞：庚酉辛方有鱼袋砂，谓之"金鱼袋"主贵，宜居水口（此为水口砂之一），主贵。

26．玉带现：辛巽有带曰玉带，庚兑曰金带，有此砂宜为正案最贵。

27．金印浮：酉兑庚巳辛乾有印，皆为金印，主贵，必在水中为真，故曰浮："印浮水面唱，唤其有文章"。

28．赦文起：丙丁庚辛之位有秀山，谓之赦文星，主其家永无凶祸。

29．判笔攒：庚兑辛有峰或立或卧曰判笔："判笔庚兑辛为艮。"

30．马上御朝：巽位有马山，兼有巽山来朝，曰马上御朝，主近帝王，"马蹄踏破御朝水，秀才出去状元回"。

31．贵参天柱：乾为天柱，若贵人之峰，高耸乾位，主极贵，"玑入云宵生宰辅，也登要路重玑峰"。

32．官国圆：子山官国在戌乾，丑山在亥壬，每间位是也。若有圆峰者主贵。

33．谷将高天仓起：子山，谷将在未，天仓在酉，丑山谷将在申，天仓在戌，每顺一位便是，若有高山主贵。

（3）凶砂二十五格

1．五星受制：火北、金南、土东、水居四库，谓之受制，纵吉地亦无大力量。

2．四杀擅权：辰戌丑未四位，若有高压恶山带杀迫穴。大凶恶逆必遭诛夷，有赦文照者，可减其凶。

3．八门缺：乾坎艮震，巽离坤兑，八卦之位，若是凹陷，谓之"八门缺"。

4．四面凹：辰戌丑未回四金，最忌凹陷，"四金砂陷风一人，翻棺覆椁人遭殃"。

5．三火低：丙午丁三火低陷，主失贵，"火星不起官不显，不握重权或闲散"。

6．四神朔：乾坤艮巽之砂有点剥，主凶，"四神鸟石生点剥，家道终须见消条"。

7．魁罡雄：辰戌丑未曰魁罡，忌高压逼宅，"魁罡高耸压家宅，出贼乞丐沿街埋"。

8．阳关陷："申田阳关，不宜低陷，主兵厄，阳关山陷困阵亡"。

9．子宫虚：坎震艮三男之位。凹缺曰子宫虚，主人丁不旺，女多男少。

10．禄地缺：禄位见面，又巳、午、艮、亥亦曰禄位，若无山，主不贵，"禄位缺陷马空倚，催官贵人山低倾，虽有文章不显达，禄马不起金阶平"。

11．金阶平：乾兑低隐也主不贵。

12. 文星低：巽星为文星，低陷不吉，主贵而无禄。

13. 天柱折：乾为天柱若凹陷，谓之"天柱折"主夭亡，有戌乾风吹尤甚。

14. 寿山倾：丁为寿山，若低缺谓之寿山倾，主夭亡。

15. 天母亏：坤为天母宜高，若低陷谓之天母亏，主寡母，损阴人。

16. 贼旗现：辰戌有旗曰贼旗，主出大盗，"贼旗斜侧为魁罡"。

17. 煞刀出：辰戌丑未有尖山倒地曰煞刀，主屠剑劫财。

18. 回禄来：寅午戌三位有缺陷，风吹穴主灾，谓回禄之气随风而来。

19. 衡星压：卯为阳衡，忌有高压，主名利蹭蹬，"阳衡高压，福禄呆滞"。

20. 仓库倒：辰戌丑未四墓之山斜侧，破碎斜倒，谓之"仓库倒，主贫穷"。

21. 财帛散：艮为财帛，其方之砂山散乱或凹缺，谓之财帛散主贫乏。

22. 横尸见：鱼袋砂在坎癸曰横尸，主客死。

23. 堕胎生：子癸丑有墩埠谓之堕胎山，主堕胎。

24. 马不上街：虽有马山而无御街水来朝，谓之马不上街，主不贵，马不上街人不贵，秀才空自说文章。

25. 禄无正位：寅午巳卯申酉亥子此正禄之地，缺陷谓之禄无正位。不贵，甲禄在寅，乙禄在卯，丙戊禄在巳，丁己禄居午，庚禄在申，辛禄到酉，壬禄在亥，癸禄在子，此八位之砂，宜端正来朝，决不可缺陷，有水流破，如丙向忌水流巳去，巳位，天山之类。

四、水

（一）水法要点

水随山行，山为阴，水为阳。

水流交汇、环抱之处，是龙止之处。

山水相交，山水环抱之时，　山龙阴极而一点阳生，水龙阳极而一点阴生，旧去新生，太极运转，生旺之气汇聚于明堂。

所以山水交汇之处，乃是地理山水"雌雄交媾"而孕育新生之处，一轮新的"生、旺、休、囚、死"周期刚刚开始，这就是我们要乘借的"生旺"之气。

水是气之子，有气才有水。水聚气聚，水散气散。

水来送龙脉而行，水合界龙而止。来水有长短的不同，水合有大小的分别。观察水源的长短，就能知晓龙脉的远近。观察水势的大小，就能明白龙脉的支干。大致上说，水走而飞，生气就已经消散；水融而聚，内气就已经完结。所以，得水为主，藏风为次。

水贵在欲来不来，水喜在欲去不去，曲折悠扬。

九曲之水聚到明堂之处，家中一定有人成为当朝的宰相。

水直来带有杀气，水如果像枪一样直入，立刻就能看见灾祸。

如果朝水旺，而自身微弱，家人中一定会有小孩夭折。

逆水的龙脉原本就是贵重的。然而，逆水前来朝迎，一定要穴星高大并且有余气，或者要看砂山的遮拦，才不被水所欺压。

朝水的格局，穴必须仰高，只有穴高才能胜水。

凡是外水特地来朝，必须有盖砂遮拦，如果来水直接冲入明堂，牵引内水而上，就会使内气泄尽，反而为凶。

水直去是呈破败之景象，水如果像箭一样射出，就会有灾祸临头。去水直，最容易伤人。

堂水倾泻，而且水声很响，真气会全部跟随流水而去。在这样的地方点穴，一定会有祸患，家人会四散五离如同被当作羊一样驱逐，并且家中还会有孩子身亡，会有产妇难产而死，做官之人会失去官职，变卖田庄。

水荡然直去没有关拦，家人一定会逃亡异乡，家一定会败绝。

顺水之穴原本是无所取的，然而，如果顺水之穴有砂山枝脚交缠稳固，或者有山势关截，也是吉祥的。

有的干龙夹两水而来，并不回顾，直接在水顺流处结地，这是因为

必定有两处不同的缠护，而且一定有缠护关拦相交。

元辰之水当心直出，只要有外面的山脉转向横拦，反而吉祥。

凡是去水的格局。必须作地穴，如果穴高的话，就能看见水流，主败绝。

开始凶险而后来发福之地，一定是顺流之宅；这是因为去水之地，刚开始的一段是没有关拦的，所以会初始退败，当水行到山脚交关的地方才能开始发福。只有穴前紧夹不见水去，或者在平坦之地不见水流，在开始几年才会顺利。

先贫穷，后富裕，一定是洋朝之乡。朝水，发福快。朝水在于是否有情，而不在于是否远大。大朝要斜受，小朝要高受，尤其需要谨慎识别。

（二）水法四种类型

1. 合襟水

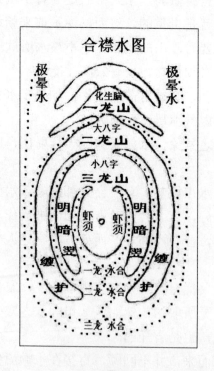

合襟水图

穴前界脉的上分下合之水。

脉来有水分以引导，脉止有水合以为界。

其融结有三分三合。穴位的前后为一分合；父母主山至龙虎为二分合；少祖山到山水交汇之处为三分合。

一分合为穴前的小明堂，也叫墓埕水，阳宅指室内的上下水；二分合为龙虎内的内明堂，阳宅指院子里的来去水；三分合为龙虎外的外明堂、大明堂，阳宅指房子院外的自然河流来去水。

虾须蟹眼两水，从穴后绕到穴前，上分下合，阴阳交济。

2．元辰水

龙虎之内，穴前合襟处的水。

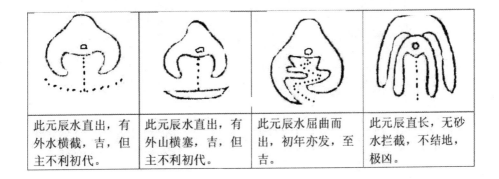

此元辰水直出，有外水横截，吉，但主不利初代。	此元辰水直出，有外山横塞，吉，但主不利初代。	此元辰水屈曲而出，初年亦发，至吉。	此元辰直长，无砂水拦截，不结地，极凶。

3．天心水

穴前明堂正中处叫做天心。有水融注，叫水聚天心，主巨富显贵；如果此处的水穿心而直过，叫水破天心，主财不聚而人丁稀少。

	水聚天心 富贵双全		水破天心 贫穷破败

4. 水城

所谓水城，是指穴前的江、河、溪，所以界内的水不出，外水也不进入。水城贵在弯曲环抱，忌讳反背无情。

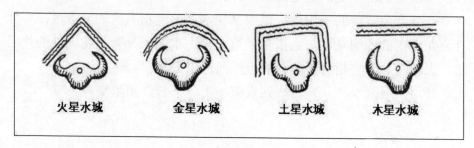

火星水城　　金星水城　　土星水城　　木星水城

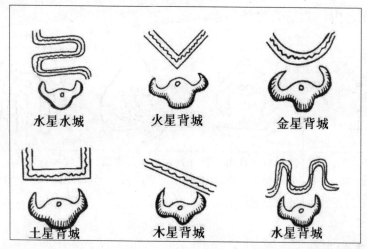

水星水城　　火星背城　　金星背城

土星背城　　木星背城　　水星背城

不论是穴左还是穴右，水从一边来，称为天门，水从一边去，称为地户。天门一定要开畅、宽阔，并且要山明水秀，地户一定要高嶂、紧密、闭塞、重叠。如果天门闭塞，地户宽阔，这是山水不交汇，绝对没有结作。

水城必须弯曲环抱，反背则凶险；水口必须坚固而收，直荡则主败落。

水城的形状不一样，用五星来与之相配最精确恰当。

抱身弯曲的称为金城，金城圆转如同绕带一样的形状，有这样的格

局，家中不但显贵尊荣，而且会非常富裕，家人和睦，世代康宁。

险峻、又直又急的称为木城，形势如同冲射，是最无情的，遇到这样的格局，家人会充军，会流离失所，子孙年纪轻轻就会夭折，家人贫穷困顿孤苦伶仃。

屈曲弯绕的称为水城，水城盘桓顾穴，看上去很多情，有这样的格局，家中会出贵人，能官至极品，而且享有好名声。

破碎尖斜的称为火城，火城或者像交剑一样，水急互相争流，还能听见水流的湍急澎湃之声，这样的地方没有好穴可寻。

方正横平的称为土城，土城有凶有吉，是最详细分明的，土城悠扬深潴的才好，如果水争流声响，那么祸害不浅。

五星城水如果反背都主凶险，与卷帘水是一样的，遇到这样的格局，即使龙穴砂都好，最终家中的儿孙也会一贫如洗。

水口处的砂要成形才主贵。或者两边要相结，看起来像犬牙一样交错，像群鹅一样互相钻穿；或者水中有异石，看起来像印、笏、禽、兽，或者如鱼、笋、龟、蛇；或者左右高山相对，看起来如狮、象、旗、鼓，或者如仓、困、日、月，都是成形的。遇到这些情况，其中必然有大贵的穴地。

（三）吉凶水格局三十五种

1. 吉水格十五种

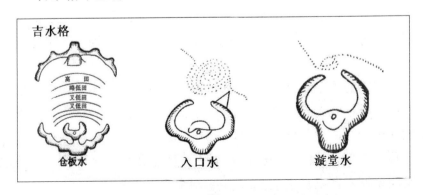

仓板水，是指穴前的田一层层低下向穴，看起来如同仓板一样。与卸街水是一样的，都主贵，家人会发财，会富及一乡。

在青龙、白虎两掬以内，称为内堂，此处只有去水，没有来水，这是千古定理。入口的水，是水上中堂，而且有拦收逆砂。如果水自远处而来，将要到中明堂处，却又流走，称为水不到堂；如果水到堂后，却没有下关收水，称为水不入口。总的来说都是没有好处的。所以，水要到堂入口才贵，而水的大小都没有关系。

漩堂水是指回流水，必定有深潭，并且有石拦砥，才有漩转回环。如果水有去而再回的意思，这样的水相当吉祥。然而，也只有在盖砂以外、中堂之中，内堂却不能有这样的水。

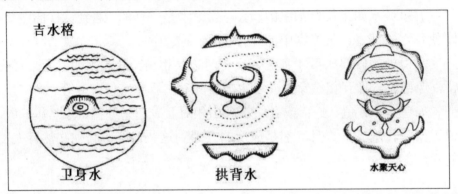

卫身水，是指龙脉奇异，忽然在湖水之中，突起墩阜结穴，穴的前后左右都汪洋滔滔，水既澄静不流，也没有冲刑的态势，更没有悲切之声，所以最吉祥。

拱背水，是指水绕于穴后，就是水缠玄武，这种情况主富贵绵长久远，这大概是因为水能聚集龙气的缘故。如果发福久远，一定是有水缠玄武。

穴前明堂的正中之处称为天心，此处应该平坦干净。如果有水穿堂而过，或者横，或者直，或者斜，或者乱，都是破局，称为水破天心。水既然穿破天心，真气就不凝聚，家财会败，人丁凋零。如果此处有水融聚，称为水聚天心，家中会巨富显贵。如果此处有水环抱，叫做水抱堂，又叫金城水，主富贵双全。

聚面水	停聚水	拱背水

聚面者，乃诸水融聚于穴前也。《赋》云："水聚天心，孰不知其富贵？"盖水本动，妙在静中。聚则静矣，静则悠深融潴，无来无去，为水法中之上格也。	一水曲缓独来，自小而大，深聚于穴前，主富。停左则长房富，停右则小房富。	拱背者，乃水缠穴后，即水绕玄武。《赋》云"发福悠长，定是水缠玄武"是也。主富贵绵远。盖水能聚龙之气，水缠尤胜山缠，故尔。

朝怀水		卫身水
	朝怀者，当面曲缓而来之水。因来龙来脉处必定是高地，故朝怀之水必定是回龙顾祖之局才能出现。朝怀之水逢水里龙神当元当运，得此水的阴阳宅必主速发致富。"大水洋朝，无上之贵。"	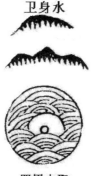 卫身者，龙身奇异，龙行之时前方见大水，龙脉入水而行，忽于湖中起墩埠，结为形穴。穴之前后左右都有大水卫身，如明月现江、如江豚拜浪，水清而静，无急流噪声刑伤，大贵。
当面特朝 九曲入怀		四周水聚 静卫最贵

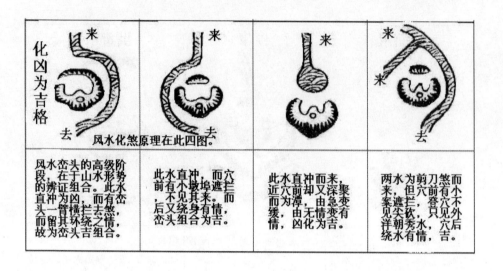

风水化煞原理在此四图。

化凶为吉格			
风水峦头的高级阶段，在于山水形势的辨证组合。此水直冲为凶，而有山峦头一臂横拦为救，而留其环绕之情，故为峦头吉格组合。	此水直冲而前，穴前却又深聚见其身有情，峦头组合为吉。	此水直冲近穴前却而来，聚急变缓由无情变有情，凶化为吉。	两水为剪刀煞而来，但穴前有案遮拦，只见尖砍，尖见洋秀水绕水有情，吉。

2．凶水格二十种

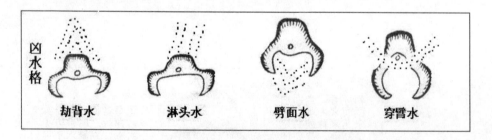

凶水格　　劫背水　　淋头水　　劈面水　　穿臂水

横结的穴，后面没有乐山，背后有水劫，称为劫背水。

穴上没有脉界，水流进穴中，称为淋头水。遇到这样的情况，都主家中人丁不兴旺，会导致绝嗣。

如果水势浩荡汹涌，穴不能胜水，称为荡胸水。如果青龙、白虎之上被水穿断，称为穿臂水。这些情况都主家人会患顽疾，家人会孤寡，或者会上吊自杀。有的人把荡胸水当作吉水。水没有遮拦，水直来荡胸，穴不能受，难以为吉。

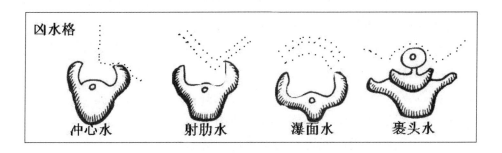

如果面前有急流，而且水急流入怀，称为冲心水。

如果水或者横，或者斜，射左右两肋，称为射肋水。

二者都主有凶祸。水急泻或者急流，都不能聚财；水直来或者直射，都会损伤家中的人丁。水如果左射，家中长房一定会遭殃；水如果右射，家中三房会有祸事；水如果从中心射，二房会有祸事。

如果本穴的地势低矮，水比穴高，水光照穴，称为瀑面水，主家中人丁不旺，家人会落水身亡。

如果穴后有高山托乐山，则不忌讳。如果水回旋裹头，称为裹头水，主家人会患瘟疫，会受贫赛，孤弱无依，家业不振。

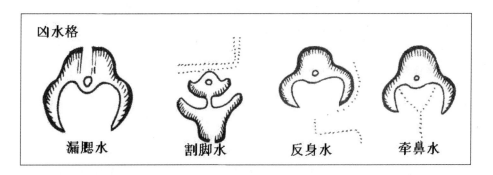

在穴的两旁或者一侧，开发泉宝，泉水清冷长流，称为漏腮水。这是漏气的龙脉，没有融结，如果在这样的地方误扦穴下葬，家业会败落，家中男女会有痔漏之疾。这和真应水不一样，真应水澄洁不流，甘美而不冷冽，是很乏奇异的。

穴中没有余气，水前来扣脚，称为割脚水，家人会贫寒、孤苦伶仃，立不住脚，久后就会灭绝。如果家中有儿子出家，一定是水冲城脚。如果水城横来直割脚，家人寿命不长，家道容易败落。如果上聚于仰高之穴，就不用忌讳了。

水流到穴前后，又折转而去，称为反身，也称为反跳水，主家中会败落，家人一贫如洗，会流离失所，成为乞丐，并逐渐灭绝。

如果元辰水直出，或者元辰水斜出，并且一往直前，没有遮拦，称为牵鼻水，家业会败退，家中子孙年年轻轻就会夭亡，家人会孤寡，家业不兴。穴前水流，牵动土牛，土牛一动，子孙伤亡。

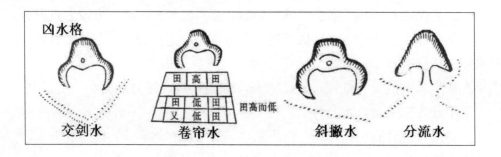

凶水格

交剑水　　　　　卷帘水　　　　　斜撇水　　　分流水

所谓交剑水，是指穴前有两条水流相交。凡是在龙脉大尽之处，一定会有交剑水为界，两水相交穴受风，这样的地方龙脉尽，龙气绝，不能作为穴地。

卷帘水，是指穴前的水一步比一步低，一步步倾跌而去。向前低去的，称为堂卷；向左侧低去的，称为左卷帘；向右侧低去的，称为右卷帘。都主家人会孤寡，会招人入房，家人中子嗣会逐渐断绝。卷帘水出现，会有人入舍填房。

水并不到堂，而是斜撇而去，称为斜撇水。或者水逆来斜去，或者水顺来斜去，都与穴无情，所以都主凶。登山看见一水斜流，此家人会失去官职。

穴前的水呈八字分流，这称为分流水。水既然分流，没有相合，说明龙脉行度却没有停止，由此可知没有结作。儿孙不孝，是因为穴前有

八字水流。只有骑龙穴不同于这种论断。

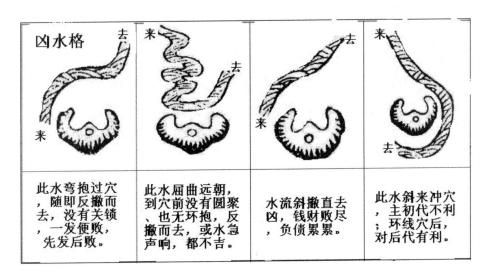

凶水格			
此水弯抱过穴，随即反撤而去，没有关锁，一发便败，先发后败。	此水屈曲远朝，到穴前没有圆聚、也无环抱，反撤而去，或水急声响，都不吉。	水流斜撤直去凶，钱财败尽，负债累累。	此水斜来冲穴，主初代不利；环线穴后，对后代有利。

（四）明堂

1．明堂要点

大明堂有三种，取用必须合乎实际。

小明堂在圆晕之下，立穴时要辨识它的真假；青龙、白虎内是中明堂，交汇处一定要仔细斟酌；大明堂在案山之外，必须有四水交汇。

内堂应该紧凑，外堂应该宽阔，这样的地方一定会世代出官。

内堂要紧凑，必须提防内部过窄，真气急促；外堂要宽敞，更要坚固，而且局势要完整。

如果内堂宽敞，真气就不凝聚；如果外堂紧凑，局势就不开明。

明堂交锁周密的吉祥，明堂直荡旷野的凶险。

明堂要宽阔能容纳万马，但是也忌讳空旷如同旷野，外面的拦护如果在远处渺茫之间，明堂纵然开阔，也终究没有什么用处。

明堂方正广阔，可以容纳万马，这样的地方适合作王侯陵寝，能雄霸天下。如果明堂内千骑簇立，四周环绕翕集，这样的地方会出将相公辅，封侯会代代传承。

明堂如果破碎，家中子孙年纪轻轻就会夭亡，而且田产败落，百事无成，儿孙都是过继的。

如果明堂倾斜朝向一边，家中妻子不能团圆。如果明堂倾斜从穴前过，那么年年岁岁都会有祸患。

如果明堂倾倒，就会有砂山随水而去，遇到这样的地方，家中会卖尽田产，家人会远走外乡，而且家中儿孙年纪轻轻就会夭亡。

如果明堂倾斜，生人一定奸险，让人心畏；如果堂局又浅又狭窄，生人一定会心胸狭隘。

如果明堂前有大石或者小山，它们都方圆平整干净，出于水面，称为印，这样的地方一定会出文章之士。如果印浮于水面上，那么更加吉祥，会因文章闻名天下。石印浮于江湖水面，家人富贵，会做官。

明堂之间如果有散乱的小山，都是驳杂。顽山生在穴下，家中女子有堕胎的隐忧；圆峰出自怀中，家中子孙专过房的灾厄。

穴前如果有深坑，称为阴泉，这是没有余气，主家中子孙年纪轻轻就会夭亡，并且会有飞来横祸，家人百事无成。如果明堂中有土堆，家人会患目疾。

明堂中如果有尖砂射入穴中，称为劫杀明堂，主家人会有刑杀、阵亡、恶死。

明堂内忌讳有凶山，忌讳有恶石，忌讳有土堆，忌讳长荆棘，忌讳作亭台，忌讳种植，忌讳有路相冲射，忌讳有水流湍急。

2. 明堂分房份

凡是在明堂中所看见的，最是祸福的关键。如果在明堂的左侧，会在家中长房应验；如果在明堂的右侧，会在家中幺房应验。如果水聚于明堂右侧，家中幺房昌盛；如果水聚于明堂左侧，家中长房繁荣。

以明堂中的位置来分公位，左侧代表长房，中间代表次房，右边是第三房。如果水居于明堂左侧，长房会兴盛；如果水聚于明堂中部，家中每个儿子都会富有；如果水位于明堂右侧，家中幺房会昌盛。

3. 明堂八种吉格

广聚明堂　　　　　　大会明堂

案山众水团团汇聚，称为广聚明堂，是明堂中最富的。

群龙自几十里外，或者几百里外前来，在明堂处大尽，众水也迢迢而来，在此处归堂，称为大会明堂，是明堂中最富贵的。这样的地方，主贵至王侯，富可敌国。

交锁明堂	周密明堂	绕抱明堂

交锁明堂，指明堂中两边有砂交锁。"众水聚处是明堂，左右交牙锁真气。"此种明堂主巨富显贵。

周密明堂，指四围拱密无泄。堂气周密，生气自聚。"明堂惜水如惜血，堂里避风如避贼。"

绕抱明堂，指堂气绕抱，使水城全身弯曲。"内堂绕，发越极速；外堂绕，富贵悠长。""明堂绕曲如绳样，绕向穴前弯内向，内向之水绕身曲，对面抱来弓带象。"

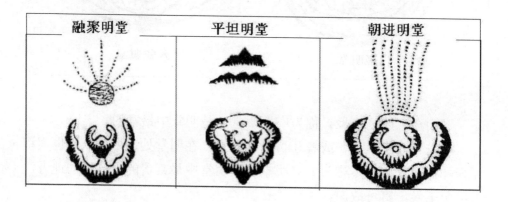

融聚明堂，指明堂之水融聚。"明堂如掌心，家富斗量金。"

平坦明堂，指明堂开畅平正，而没有高下杂乱。"真气聚处看明堂，明堂里面要平畅。"

朝进明堂，指特朝之水，汪汪万顷朝入穴，至吉。田源水自高而下，层层级级朝入者尤吉，主巨富、位极人臣、满门兴旺。此种水只有回龙顾祖之穴才能出现，因顾祖之时，玄武山转身顾祖，穴朝来脉，才能迎到特朝之水，也才能因为玄武山的地势高，而使来脉地势高处的朝水停聚于穴前明堂；否则就会形成前高后低山水反背、来水射穴的凶局。

劫杀明堂 4、明堂九种凶格 	指明堂中的形煞，或碎石、或乱峰、或凶砂、或恶水。尖砂顺水，主退财、离家；尖砂射穴，主恶死、刑杀、阵亡、自杀。
反背明堂 	穴前宜环抱拱身，若有反背水、路或反背的地形就成为反背明堂。主忤逆、流离、破败、伤残、死亡。
窒塞明堂 	明堂中有碎石、墩埠等物塞住，使本应平整宽阔的明堂变得拥堵、杂乱，主气量狭小、顽浊，又主难产、坠胎、目疾等病，还伤男丁。要人工平整。
 倾倒明堂	指明堂水倾泻，龙虎随之而去，这样的明堂很凶，败尽钱财、飘泊、儿孙多夭亡。
狭窄明堂 	指案山紧逼穴前，造成明堂面积狭小。主人愚蠢凶顽、气量小、没财运、没事业。

偏侧明堂 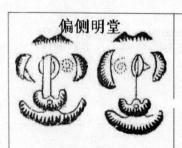	指明堂倨倾侧，偏于一畔，一边高，一边低，不平正。侧势斜来向一边，妻子不团圆，斜是敧从穴边过，岁岁长生祸。
破碎明堂 	指明堂地带有坑、有包，或有尖石、杂树，或脏、或乱。主百事不成，祸盗频出，少亡孤寡，退败田产等。
陡泻明堂 	指穴前峻急而水流倾泻，这是极凶的明堂。主刑伤、恶死等飞来横祸。倾泻明堂不可安，穴前陡峻不弯环，纵然真龙能有用，卖尽田房始发福。
旷野明堂 	指穴前一片空旷，没有案山或朝向关拦，穴位收不到堂气，此为极凶之明堂。主后代败尽家业。此类明堂以其眼前宽阔，远处多有秀峰，故而最能惑人。明堂无案堂气散，千重秀峰也枉然。如果是回龙顾祖，有逆水朝堂，方不畏阔荡。

第六章

环境学进阶

——"理气"之"立向、格局、元运"

一、立向原理

1. 什么是立向

立向，就是依据环境的峦头形势，结合三元风水的"先后天八卦方位格局"与"三元九运"地运周期，选定坐山与朝向的八卦方位、二十四山方位、分金度数。

坐山朝向一旦确定下来，阴阳宅周边的山、水、建筑、道路等立刻各归其位，并同时开始具备自身的方位理气与地运理气。

不同坐山朝向，其方位理气与地运理气是不同的，对吉凶的影响也不同。

立向形成峦头山水的方位格局。峦头方位格局的合局与反局，决定阴阳宅的吉凶，并决定吉凶应于何人、何事。

立向形成峦头山水的地运周期。地运周期决定山水的吉凶、旺衰，决定什么时间段旺运富贵，什么时间段衰运败退。

2. 立向的目的

立向的目的：一是确定峦头形势空间方位的吉凶格局，选择吉局，避免凶局；二是确定峦头形势时间周期的旺衰，乘借生旺，制化衰死。

（1）空间方位

通过立向，让周边山水的形之美者，尽可能归于先后天八卦的吉格之位；形之恶而为煞者，或清除或改造，或通过立向使其避开凶煞之位，避免峦头形煞与曜杀方位叠加引发重大灾祸。

美形合吉局，催富发贵，恶形临杀方，催灾发难。

（2）时间周期

通过立向，选择三元九运中，元、运当旺的方向作为朝向，纳入元运的当旺之气，助起当下气运，这是乘借时间五行的生旺之气。

生旺临向，富贵当前；衰死临向，祸患连连。

二、立向基础

先天八卦、后天八卦、二十四山方位，是三元环境理气的重要基础。

1. 先天八卦方位

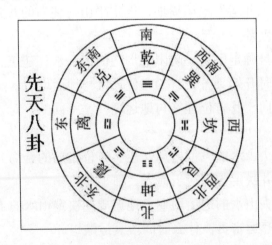

先天八卦反映自然界八种自然现象，分别是：天、地；山、泽；雷、风；水、火。

这八种现象分成四对：天地定位，山泽通气，雷风相薄，水火不相射。

天为阳为乾，地为阴为坤，阴阳相交而万物生，天地定位；

山为艮为止，泽为兑为润，山泽通气；

雷为震为动，风为巽为飘，雷风相薄；

水性润下为坎，火性炎上为离，水为阴为夜为月，火为阳为昼为日，月日不同时照射，水火不相射。

先天八卦对应自然：乾天，坤地；艮山，兑泽；震雷，巽风；坎水，离火。

先天八卦对应方位：乾南，坤北；离东，坎西；艮西北，兑东南；震东北，巽西南。

先天八卦对应序数：乾一，兑二，离三，震四，巽五，坎六，艮七，坤八。

五行对应八卦：木—震、巽；火—离；土—艮、坤；金—乾、兑；水—坎。

2. 后天八卦方位

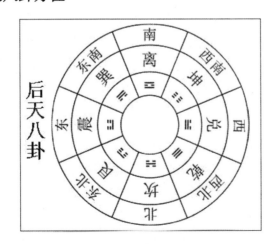

（1）后天八卦对应方位

南离北坎，震东兑西，乾西北巽东南，艮东北坤西南。

（2）后天八卦对应人物

乾为父，坤为母；震长男，巽长女；坎中男，离中女；艮少男，兑少女。

乾、震、坎、艮为阳，老父、长男、中男、少男；

坤、巽、离、兑为阴，老母、长女、中女、少女。

乾坤夫妻正配，震巽长男长女正配，坎离中男中女正配，艮兑少男少女正配。

（3）峦头形势与八方卦气断吉凶

先天为体，后天为用。

在风水实践中，一般用后天八卦来代表方位与家庭成员。后天八卦方位的峦头形势会以天人合一的感应，引发阴阳宅相关人物的吉凶。

比如说震卦，就代表正东方位；东方为震卦，震为长子，所以东方位就是长子之位；在阴阳宅风水中，东方位对家中的大儿子影响最大；如果住宅东方位峦形环抱有情，则家中长子出富贵；如果有反弓路为形煞，会对家中大儿子不利，反弓为刀，故主易有伤病，反弓为排斥，故主性格叛逆、离家远行、他乡谋生，反弓路主败财，故主财运差，少成多败。余卦仿此。

再比如，西北为乾卦，乾为父，为事业、为官；若乾西北方峦头山水合局，当元当运，定主父亲健康长寿，家中事业兴旺，又主家中出官贵；若西北峦头山水为形煞，砂飞水走，失令而衰，定主父病或早亡，或丈夫事业运程不顺，甚至有官灾。

3. 先后天八卦方位合图

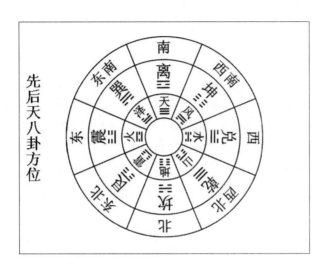

（此图由内向外，第一层先天八卦，第二层后天八卦，第三层地理方位。）

先后天八卦方位合图非常重要，后面很多风水断吉凶的知识都是对此图的运用。掌握这个图最好的办法就是在脑海中显示图像并反复记忆，直到可以一念之间快速推导。

（1）八卦圆周范围

八卦将圆周 360 度分成八等份，每一卦位占 45 度范围。

（2）先天八卦序数

乾一兑二离三震四，巽五坎六艮七坤八。

按此顺序旋转即成太极图。

（3）先天八卦对冲方位

离东，坎西；乾南，坤北；艮西北，兑东南；震东北，巽西南。

（4）后天八卦对冲方位

震东，兑西；离南，坎北；乾西北，巽东南；艮东北，坤西南。

（5）先后天八卦方位

东震离，西兑坎；南离乾，北坎坤；西北乾艮，东南巽兑；东北艮

震，西南坤巽。

（6）先天八卦在后天八卦的位置

离之先天在震东，坎之先天在兑西；乾之先天在离南，坤之先天在坎北；艮之先天乾西北，兑之先天巽东南；震之先天艮东北，巽之先天坤西南。

离在震，坎在兑；乾在离，坤在坎；艮在乾，兑在巽；震在艮，巽在坤。（离震，坎兑；乾离，坤坎；艮乾，兑巽；震艮，巽坤）

（7）后天八卦在先天八卦的位置

震之后天在离东，兑之后天在坎西；离之后天在乾南，坎之后天在坤北；乾之后天艮西北，巽之后天兑东南；艮之后天震东北，坤之后天巽西南。

震在离，兑在坎；离在乾，坎在坤；乾在艮，巽在兑；艮在震，坤在巽。（震离，兑坎；离乾，坎坤；乾艮，巽兑；艮震，坤巽）

4. 二十四山方位

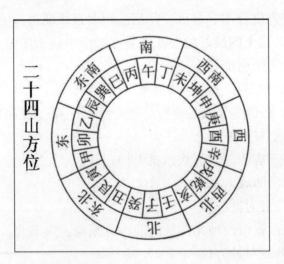

（1）二十四山范围度数

二十四山将圆周分成二十四等份，每一等份占 15 度范围。

（2）十天干

甲、乙、丙、丁、戊、己、庚、辛、壬、癸。

（3）十天干阴阳

阳干：甲、丙、戊、庚、壬。

阴干：乙、丁、己、辛、癸。

（4）十天干配五行、方位

甲、乙，东方木。

丙、丁，南方火。

戊、己，中央土。

庚、辛，西方金。

壬、癸，北方水。

（5）十二地支

子、丑、寅、卯、辰、巳、午、未、申、酉、戌、亥。

（6）十二地支生肖

子鼠、丑牛、寅虎、卯兔、辰龙、巳蛇、午马、未羊、申猴、酉鸡、戌狗、亥猪。

（7）十二地支五行

木：寅、卯。

火：巳、午。

土：辰、戌、丑、未。

金：申、酉。

水：亥、子。

（8）十二地支方位

子、午、卯、酉，四正位。

子北、午南；卯东，酉西。

辰、戌、丑、未，四库位。

辰东南，水库；戌西北，火库；丑东北，金库；未西南，木库。

寅、申、巳、亥，四隅位。

寅东北，申西南；巳东南，亥西北。

（9）十二地支相冲

子午相冲，卯酉相冲；辰戌相冲，丑未相冲；寅申相冲，巳亥相冲。

在风水中，十二地支相冲体现的是时间周期对空间方位的作用，简单讲，就是流年太岁对方位的作用。

比如，2013 年是蛇年，流年太岁是巳火，巳亥相冲，如果家宅大门开在亥方，或者亥方有直冲路、反弓路，或墙角冲射的形煞，这些形煞就会在这一年因巳亥相冲，太岁冲方位而引发，家中会出现诸多不顺，或意外伤病等情况。

还有一种引发煞气的方式就是太岁填实。比如住宅的东北方位有反弓路，反弓如刀，主伤病灾与意外横祸，东北为丑艮寅三山的方位，所以遇到丑年（如 2009 年）或寅年（2010 年）流年太岁填实东北方位，就会引动这条反弓路的煞气达到最强程度，从而引发住宅内人员发生意外伤病。

（10）二十四山方位

东方，甲卯乙；

东南，辰巽巳；

南方，丙午丁；

西南，未坤申；

西方，庚酉辛；

西北，戌乾亥；

北方，壬子癸；

东北，丑艮寅。

（11）二十四山定家族房份

八卦分八方，每卦占 45 度；一卦分三山，每山占 15 度。

每一卦之中，中间之山为天元，是一、四、七房份的方位；右侧之山为地元，是二、五、八房份的方位；左侧之山是人元，是三、六、九房份的方位。

子午卯酉，乾巽艮坤，长房，一四七；（天元中间）

甲庚丙壬，辰戌丑未，次房，二五八；（地元右旋）

乙辛丁癸，寅申巳亥，小房，三六九。（人元左旋）

（12）房份的用法

哪个方位峦头秀丽挺拔、山峰方位合先后天八卦格局，地运当旺，正神得位，哪个房份就出官贵；哪个方位水形秀丽环抱，水流来去合先后天八卦格局，地运当旺，零神得位，哪个房份就发旺财。

同样，哪个方位有峦头形煞，有水流破局，立向为衰运，零正颠倒，山龙下水，水龙上山，哪个房份的人家就会气运败退、伤病破财、凶灾横祸。

吉局应期在立向当旺的元运，凶局应在立向衰死的元运。

5. 三元罗经基础图

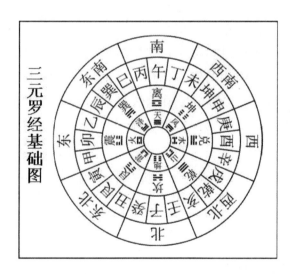

上图是标准的三元风水基础罗经图。

最内是天池，内置罗盘专用磁针，指示出地球南北磁极的正北、正南方位。所以罗经先天八卦、后天八卦、二十四山的指向都是地磁方位。

三元罗经的二十四山，又叫做地盘正针，显示的是地磁方位。

三元风水测量山、水方位，格龙、立向、消砂、纳水，都只用地盘正针的二十四山。

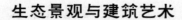

　　强调这点的原因，是因为风水学有很多流派，每个流派都有自己较为完整的理论与实践体系；比如三合派，格龙用地盘正针，消砂用人盘，纳水用天盘；比如天星派，用二十八星宿的五行生克来分析砂峰的吉凶，等等。但从实践来看，目前对峦头形势、方位理气、时间周期，综合运用准验度最高的，就是三元风水学。

6. 峦头、理气辩证

　　峦头为体，理气为用。

　　自然地理环境的山水为体，立向确定空间方位、时间周期的理气为用。

　　城市中已有的建筑、道路是人工的山水环境，为体，将要建造的房屋通过不同的立向，使这些周边建筑对自身产生不同的理气影响。

　　峦头与理气，在风水学应用当中要辩证地配合使用。

　　对于有能力、有条件自选土地建阴阳宅，以求"龙真穴的"的人家来说，寻龙、点穴、立向时，当依峦头、理气辩证应用之法。

　　对于阴宅，如果点穴时遇到龙真穴的，峦局合格，而且有缘点到了太极晕，则立向只能在太极晕范围内作小角度的移动，如果以二十四山干支立向不理想，不能使峦头乘得旺气，就只能以分金坐卦，或抽爻换象之法立向，在几度范围内作微小调整，以使峦头乘得旺运理气。如果没有高深的理气功夫，做不到这一点，也不能为了让峦头配合当元当运的理气而把穴位点在太极晕外，否则必定会因龙穴偏移晕外而承受龙脉煞气，给主家后人带来祸事。对于这样的天然穴位，如果不能立得元运当旺的山向，只能说明此穴地运未到，主家福在后人，不在当代，当顺天意，不可强求当代发福。如果非要求得当代发福，只能另寻其他可以使峦头配合理气的穴位。所以说，山结形势，遇有天然一定之向，不可移易左右，有天然一定之穴，不可移易上下，只能就势立向，立向坐线位分金时，注意避开最凶的空亡线度即可，日后地运当旺时，自有后代发福。

　　无论阴宅、阳宅，在自身能力可选择的范围内，能得到峦头与理气

的配合，做出当旺元运的的风水当然是最好的结果；如果不能做到最好，那就向比较好的档次去做努力；如果条件很差没有选择，甚至没有改造的财力，甚至连立向也不能由自己决定，比如有块地建房，立向要和政府规划统一，那么立向只能在微小的范围内确定，这种情况，只要避开最凶的立向线位就可以了，剩下的风水布局全部都依峦头合局来建造，而室内的风水布局是完全可以做到峦头理气的有效配合的。总之，有什么样的条件，就做什么样的风水，以后条件改善了，再进一步调整就可以了。

对于选择公墓的人家来说，当依峦头理气相较，理气配合峦头之法。现代公墓有一些是请堪舆师选定的符合风水原则的自然环境。这一点与古代不同，古代王朝时期，建筑环境学是为帝王或富贵人家服务的，所以在点穴时只选最符合环境条件的穴位，这在过去叫做"龙真穴的"，葬后家族后代出帝王将相，或出高官，或出巨富，或出科甲连登。实际上以风水学的实践来讲，一块环境好地，吉穴不止一处，其中最好的真龙穴，相当于帝王穴，这样的穴位不是什么人都有缘寻到的，但帝王之下还有朝堂的一品大员、二品大员等大富大贵之穴，而后还有许多小富小贵、普通富足之家，或损丁败财的穴位。所以如果以现代人的观念来选择环境穴位，可以选择的范围就大了很多，能让后代衣食富足的环境穴位还是很多的。对于阳宅的环境选择也是这个道理。

现代公墓，一般是在一片地理环境优美的山区，有在平坦地势上的，多数在山的半坡上。山地的穴场当中，穴位环绕山坡纵横排列。其中横排的穴位是环绕山体的，位置不同，朝向也不同；纵列是从坡上到坡下的，位置不同，朝向大致相同。由于规划整齐的要求，只能在规划范围内选择位置与朝向。

公墓穴位的选择，一个是位置的选定，一个是朝向的微调。

位置的选定。一个穴位，从原位置前移十米，或后移十米，那么下罗经时就可以判断出，周边同样的山峰、水流，以致树木、建筑等的方位、卦位、干支位就都发生了变化。比如公墓的规划是坐西向东，即坐兑卦向震卦，它的东南方巽卦位有棵青松，高大秀丽，巽为长女，又是

文昌位，树高而秀为秀砂为秀峰，主这家人后代的大女儿定有文贵；同样是这棵青松，在另一个穴位的正北方坎卦，如果此家人有二房后代，定主二房出富贵，如果只有一个儿子，定主这个儿子中年发达，这就是坎卦秀砂的天人感应。

所以立向，起到的第一个作用，就是定位空间方位。也就是说，不同的定位、不同的立向，它周边山水的方位、卦气、干支之气不同，会形成不同的吉凶格局，从而影响到后代不同人物的吉凶。

对于精通建筑环境的专业人士来说，可以在已有峦头环境的情况下，结合主家后代的房份情况，酌情定位、定向，兴旺起主家相关房份、相关人物的气运。如果不了解这些建筑环境知识，一个家族，如果坟或住宅的立向错误，那么虽然在一个好的地理环境当中，但也许因为环境发富贵的是女婿，而自家的儿子却败落。如果阴阳宅的立向坐在了空亡线上，即使在一个好的地理环境，但家中定会出凶事，比如有了富贵却随后产生牢狱之灾，男主人有了财运名气但妻子、儿女却有灾祸等等。

立向起到的第二个作用，就是通过立向，确定时间周期。也就是说，通过立向，乘纳地运的旺气，避开衰死的煞气。

地运是有时间周期的，穴场周边如果有一座秀丽的山峰，有一条环抱的吉水，对主家什么房份的人最好，由前面的格局来定，但在什么时间段发富贵，哪个流年发财发贵，这要通过立向来乘纳当元当运的旺气才能实现。如果立向不对，周边的吉峰秀水不能乘纳到当元当运的旺气，那么空有好山好水，但当前却不能为我所用，也许几十年后才起作用。所以选公墓也好，建房也好，尤其是建房、买房，在选好峦头环境的前提下，利用已有的周边环境，辩证分析，开工之前立一个可以乘纳当元当运的向，买房时选一个当运立向的小区或住房，才能兴旺起当下的气运。

三、 立向的"不易"之理——"先后天八卦"方位格局

"先后天八卦格局"又叫"龙门八局"，也被称为"三元水法"。

　　龙门八局，取意在阴阳宅的八卦八个方位立向时，如果峦局山水符合先后天八卦格局，就能使家族气运如同鱼跃龙门一样，富贵双全、兴旺发达。

　　在我们定下阴阳宅的建造位置，并确定了其坐山与朝向的那一刻，就形成了一个风水的太极系统，这个系统的中心就是太极点。

　　这个太极点的坐山朝向一确定，它周边的山、水、建筑、道路等立刻各归其位，形成了相对这个太极点的先天八卦位、后天八卦位、二十四山干支位，同时，每个方位的事物，都立刻具有了这个空间方位的先天卦气、后天卦气，以及二十四山干支的五行之气。也就是说，立向之后，阴阳宅周边的峦头便具备了方位理气。

　　这样，就又回到了本书开篇所讲的风水理论核心——"太极阴阳"。八卦——四象——两仪（阴阳）——太极，五行——阴阳——太极，八卦之气与五行之气的本源都是相同的太极之气，所以，当立向确定之后，这座阴阳宅空间方位的环境太极场产生，并因本源相同而开始对阴阳宅发生作用，这种作用影响到阴宅的后代，影响到阳宅的住户，并由此产生吉凶。

　　因为阴阳宅一旦开工建成，其坐山朝向就不再变化，所以立向后的阴阳宅，它周边的空间方位也是恒定不变的，所以当周边山水、建筑、道路等峦头没有改变的时候，它们的方位理气是不变的，总是对阴阳宅形成固定的气场影响，所以说先后天八卦风水格局所形成的环境吉凶大体上是恒定不变的。立向吉的格局，最终一定因天人合一的感应而应吉，立向凶的格局，最终一定会应凶。因此可以说，峦头的先后天八卦格局，体现的是《易经》"简易、不易、变易"之道中的"不易"之理。

　　也正是由于因立向所形成的格局好坏对人的吉凶影响非常大，而且无论是阴宅还是阳宅，一旦立向开始建造后，就难以更改，所以在建造之前考察地理环境或城市环境的"龙、穴、砂、水"，并仔细斟酌，才能立出最有利的向。

　　"先后天八卦格局"以坐山、朝向所居的卦位为体，以先后天八卦方位为用，定出太极点八方的"坐山位、先天位、后天位、宾位、客位、

天劫位、地刑位、案劫位（朝向）库池位（聚水财）正窍位（出水口）三曜杀位"共十一种风水格局位，以此来堪定水流的来去、道路或建筑形煞的位置，并推导男女人丁、财运好坏、健康疾病、房份兴衰、富贵灾祸等事，以八卦断吉凶应于何人，以二十四山断吉凶应于何房份。

但"先后天八卦格局"只能断吉凶、断事，不能断发生事情的时间与应期，时间与应期要通过"变易"之理，即以"三元九运"的时间旺衰周期来推断。

龙门八局有两个最突出的重点；对于山，最要避免山的形煞出现在三曜煞方位，三曜煞方位见形煞定主疾病伤残、飞灾横祸、精神异常等凶事；对于水，最重过堂之水的来去方位，来去水合局，主丁财两旺、富贵双全，来去水破局，破先天主男人夭折，破后天主钱财败尽。

龙门八局中的方位格局有：先天位、后天位、宾位、客位、天劫位、地刑位、辅位、库池位、正窍位、案劫位、三曜煞位。

（一）先天位、后天位

先天位主人丁，后天位主妻财。

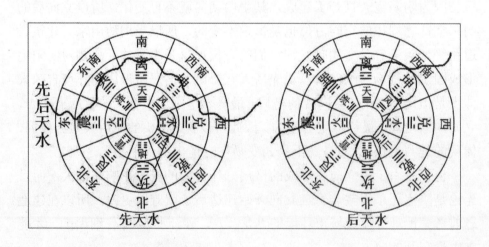

（以上两水是从坐山来论的。）

1. 先天位

以坐山来论，每一个坐山都有一个先天位。

"坐山"用后天卦定位，它的先天卦位来去水为"先天水"。

来水吉，去水凶。

先天水主人丁与官贵。该方来水主人丁兴旺，去水主夭折损丁。

"先天来水旺人丁，荣华富贵值千金；去水流破先天位，人丁败绝主夭贫。"

如果要家中的男子事业有成，就要选先天水朝堂的环境。

如上左图。坐山在北方，为坎卦（后天卦位），坎的先天位在西（后天兑位）；水从兑西方而来朝入面前（南方），为先天来水，先天水朝堂，大旺人丁；如果水从西方流出，为流破先天，损伤人丁。

八卦坐山先天位：

坐山东震，先天卦位在艮东北；坐山西兑，先天卦位在巽东南；

坐山南离，先天卦位在震东；坐山北坎，先天卦位在兑西；

坐山西北乾，先天卦位在离南；坐山东南巽，先天卦位在坤西南；

坐山东北艮，先天卦位在乾西北；坐山西南坤，先天卦位在坎北。

震在艮，兑在巽；离在震，坎在兑；

乾在离，巽在坤；艮在乾，坤在坎。

2. 后天位

以坐山来论。

"坐山"用先天卦定位，它的后天卦位来去水为"后天水"。

来水吉，去水凶。

后天水主财富与妻子。该方来水主财源茂盛，去水主破财伤妻。"后天来水主旺财，财源茂盛滚滚来；如若流破后天位，破财伤妻又生灾。"

祖坟、住家、店铺，或者工厂，要想财源旺盛，就必须选后天水朝堂。

如前右图。坐山在北方，坎坤位，其先天卦为坤，坤的后天位在西南；水从西南来朝入面前（南方），为后天水朝堂，主发财；如果水从西南流出，为流破后天，破财伤妻。

八卦坐山后天位：

坐山东震离，离后天在南；坐山西兑坎，坎后天在北；

坐山南离乾，乾后天在西北；坐山北坎坤，坤后天在西南；

坐山西北乾艮，艮后天在东北；坐山东南巽兑，兑后天在西。

坐山东北艮震，震后天在东；坐山西南坤巽，巽后天在东南。

东震离，离在南；西兑坎，坎在北；

南离乾，乾西北；北坎坤，坤西南。

西北乾艮，艮东北；东南巽兑，兑在西；

东北艮震，震在东；西南坤巽，巽东南。

（二）立向八大吉格——先后天水朝堂

以立向纳来去水，或依水的来去立向，原则都是收先后天水朝堂，而后水出正窍位主房房皆发，也可以水出天劫位、宾客位。

在有两条或多条河流、道路交汇的地方，坐山立向首先要考虑收先后天水朝堂，然后再考虑去水的方位，之后再考虑诸如辅位水、宾客水、天劫、地刑、库池，水流的二十四山干支位，周围的峦头等情况。

1. 东方
（1）以向收水

震向（坐兑坎），兑先天在巽东南，坎后天在北；收巽东南来水，为收得先天兑水，收坎北来水，为收得后天坎水。

（2）以水立向

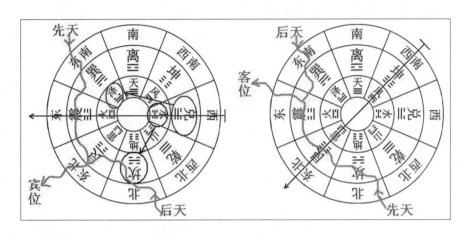

巽坎两方有来水，巽兑、坎（东南取先天兑水，北方取后天坎水），先后天合成兑坎，坐兑坎，立震向，收得巽水为先天，收得坎水为后天。

巽坎两方有来水，巽、坎坤（东南取后天巽水，北方取先天坤水），先后天合成坤巽，坐坤巽，立艮向，收得坎水为先天，收得巽水为后天。

2．西方

（1）以向收水

兑向（坐震离），震先天在东北艮，离后天在南；收艮东北来水，为收得先天震水，收离南来水，为收得后天离水。

（2）以水立向

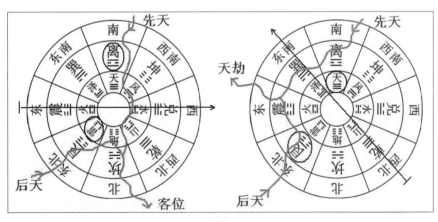

艮、离两方有来水，取艮震、离（东北收先天震水，南方收后天离水），先后天组成震离，坐震离，坐东，向西兑，收得艮水为先天，收得离水为后天。

艮、离两方有来水，取艮、离乾（东北收后天艮水，南方收先天乾水），先后天组成乾艮，坐乾艮，坐西北，向东南巽，收得离水为先天，收得艮水为后天。

3. 南方

（1）以向收水

离向（坐坎坤），坎先天在北方兑，坤后天在西南；收兑西来水，为收得先天坎水，收坤西南来水，为收得后天坤水。

（2）以水立向

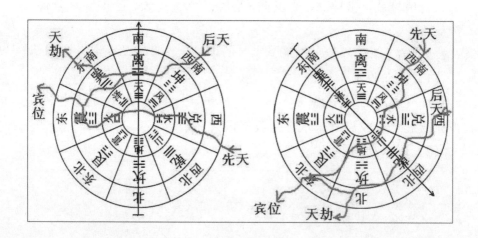

兑、坤两方有来水，兑坎、坤，坎坤，坐坎坤，立离向，收得兑方先天水，收得坤方后天水。

兑、坤两方有来水，兑、坤巽，巽兑，坐巽兑，立乾向，收得坤水为先天，收得兑水为后天。

4．北方

（1）以向收水

坎向（坐离乾），离先天在东方震，乾后天在西北；收震东来水，为收得先天离水，收乾西北来水，为收得后天乾水。

（2）以水立向

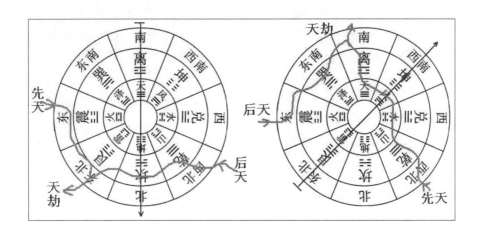

震、乾两方有来水，震离、乾，坐离乾，立坎向，收得震水为先天，收得乾水为后天。

震、乾两方有来水，震、乾艮，艮震，坐艮震，立坤向，收得乾水为先天，收得震水为后天。

5．西北方

（1）以向收水

乾向（坐巽兑），巽先天在西南坤，兑后天在西；收坤西南来水，为收得先天巽水，收兑西来水，为收得后天兑水。

（2）以水立向

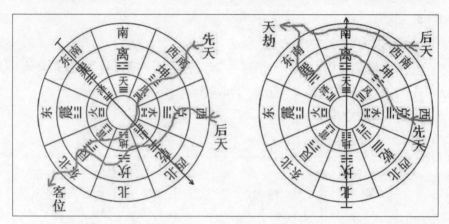

坤、兑两方有来水，坤巽、兑，巽兑，坐巽兑，立乾向，收得坤水为先天，收得兑水为后天。

坤、兑两方有来水，坤、兑坎，坎坤，坐坎坤，立离向，收得兑水为先天，收得坤水为后天。

6. 东南方

（1）以向收水

正推。巽向（坐乾艮），乾先天在南方离，艮后天在东北；收离南来水，为收得先天乾水，收艮东北来水，为收得后天艮水。

（2）以水立向

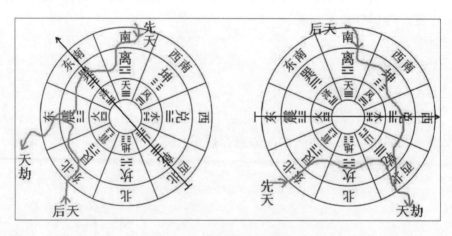

离、艮两方有来水，离乾、艮，乾艮，坐乾艮，立巽向，收离水为先天，收艮水为后天。

离、艮两方有来水，离、艮震，震离，坐震离，立兑向，收艮水为先天，收离水为后天。

7．东北方

（1）以向收水

正推。艮向（坐坤巽），坤先天在北方坎，巽后天在东南方；收坎北来水，为收得先天坤水，收巽东南来水，为收得后天巽水。

（2）以水立向

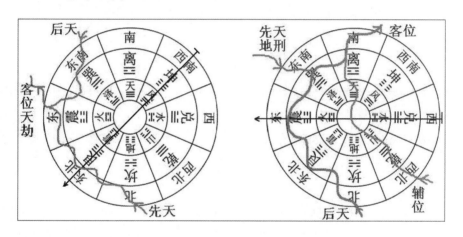

坎、巽两方有来水，坎坤、巽，坤巽，坐坤巽，立艮向，收坎水为先天，收巽水为后天。

坎、巽两方有来水，坎、巽兑，兑坎，坐兑坎，立震向，收巽水为先天，收坎水为后天。

8．西南方

（1）以向收水

正推。坤向（坐艮震），艮先天在西北乾，震后天在东方；收乾西北来水，为收得先天艮水，收震东来水，为收得后天震水。

反推。乾、震两方有来水，立坤向（坐艮震），能收得先天艮、后天震两水同时朝堂，为大吉向。

（2）以水立向

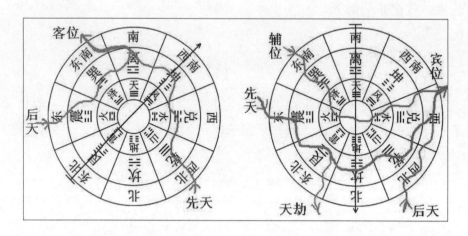

乾、震两方有来水，乾艮、震，艮震，坐艮震，立坤向，收得乾水为先天，收得震水为后天。

乾、震两方有来水，乾、震离，离乾，坐离乾，立坎向，收得震水为先天，收得乾水为后天。

如果能在立向时收先后天水同时朝堂，配合峦头的"龙、穴、砂、水"格局，必然大地大发，小地小发。不仅丁财两旺，而且出官出贵。

如果八局先后天水朝堂会聚，再有干龙结穴，龙水相配，峦头合格，后代主出状元宰相；如果是支龙出脉结穴，定出少年科甲；如果干龙、支龙无结穴，而在龙虎砂处结穴者，为小地结穴，小结之地也主大富大贵，丁财两旺。

（三）消亡败绝水

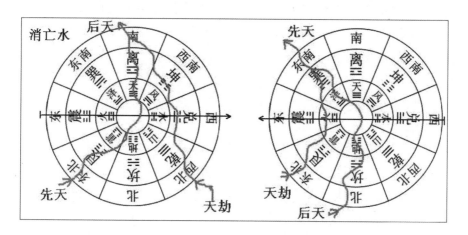

以坐山卦起出先、后天位。

先天位来水，后天位去水，为先天破后天，为犯"消水"。

后天位来水，先天位去水，为后天破先天，为犯"亡水"。

天劫位来水，先天位出水，或后天位出水，为犯"败绝"。

举例说明如下：

1．不论坐山朝向的消亡水

东方来水（先天离）南方去水（后天离），为先天破后天，为消水；南方来水（后天离）东方去水（先天离），为后天破先天，为亡水。余仿此。

2．论坐山朝向的消亡水（如上左图）

一阳宅，坐东向西，即坐震卦向兑卦。先天位在艮东北，后天位在离南。艮水来离水去，为先天破后天，为消水；离水来艮水去为亡水。

3．论坐山朝向的败绝水

天劫位来水流出先天位主败绝人丁，流出后天位主伤妻败财。如果两条水来，艮、乾来水，离方出水，既犯先天破后天，又犯天劫破后天，成为消亡败绝水。

阳宅（如上右图），坐西向东，坐兑向震，坎（后天位）艮（天劫位）

来水，巽（先天位）出水，同时犯后天流破先天亡水、天劫流破先天败绝水，大凶之水，主家中少年、壮年恶疾或意外伤灾死亡。

消亡败绝水很凶，如果水形反弓或者峦头形势有煞气，为害更严重，时间一长，定出祸事。

（四）宾位、客位

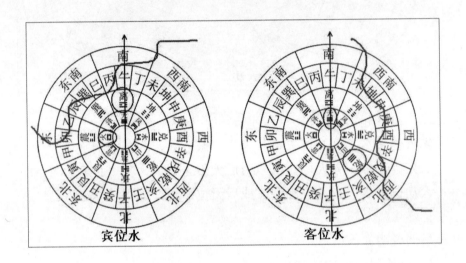

宾位水　　　　　客位水

1. 宾位

以朝向来论。（上左图）

"朝向"用后天卦定位，它的先天卦位来去水为"宾位水"。

宾位如果有来水，不利主家男丁，主自家男人败绝；但却旺女人、旺主家之内的外姓子孙（比如招赘的女婿）。

如坐北向南，朝向在南方，为离卦（后天卦位），离的先天位在东（后天震位），为宾位，东方有来去水，为宾位水；此位有来水，不利家中的男丁，但利女口及外姓子孙；此位有去水，利主家男丁，震为长男，利长男。

（1）八方朝向宾位（向首先天是宾位）

向震东，震之先天在东北艮，艮水为宾位水。

向兑西，兑之先天在东南巽，巽水为宾位水。

向离南，离之先天在东方震，震水为宾位水。

向坎北，坎之先天在西方兑，兑水为宾位水。

向乾西北，乾之先天在南方离，离水为宾位水。

向巽东南，巽之先天在西南坤，坤水为宾位水。

向艮东北，艮之先天在西北乾，乾水为宾位水。

向坤西南，坤之先天在北方坎，坎水为宾位水。

（2）宾位速推口诀

震在艮，兑在巽；离在震，坎在兑；

乾在离，巽在坤；艮在乾，坤在坎。

2. 客位

以朝向来论。（上右图）

"朝向"用先天卦定位，它的后天卦位来去水为"客位水"。

客位如果有来水，不利家中男丁，但利女口，利外姓子孙。

如坐北向南，朝向在南方，南离乾，用先天卦定位，乾为先天卦位，乾的后天位在西北，为客位，西北有来去水，为客位水；此位有来水，不利家中男丁，乾为男主人，不利家中男主人，乾为官为事业，不利男人事业，但利女口及外姓子孙；此位有去水，利主家男丁，乾为官为事业，利官贵事业。

（1）八方朝向客位（向首后天是客位）

向首东震离，离后天在南，离南为客位。

向首西兑坎，坎后天在北，坎北为客位。

向首南离乾，乾后天在西北，乾西北为客位。

向首北坎坤，坤后天在西南，坤西南为客位。

向首西北乾艮，艮后天在东北，艮东北为客位。

向首东南巽兑，兑后天在西，兑西为客位。

向首东北艮震，震后天在东，震东为客位。

向首西南坤巽，巽后天在东南，巽东南为客位。

（2）客位速推口诀

东震离，离在南；西兑坎，坎在北。

南离乾，乾西北；北坎坤，坤西南。

西北乾艮，艮东北；东南巽兑，兑在西。

东北艮震，震在东；西南坤巽，巽东南。

（3）宾客水吉凶断

宾位水与客位水的主要吉凶都应在家中的女人和外姓人身上。

宾位水主应女人，因为先天主人丁；客位水主应客财，因为后天主妻财。

家中出嫁的女儿、女婿、养子、外姓子孙、长住的房客等，只要不是直系血缘，都应在宾客位。

宾客位来水朝堂，而无先后天水朝堂，同时峦头格局山清水秀，主家中出女贵，女儿美貌、多才艺、嫁豪门。

宾客位来水，只发外姓人，对本家不利。只要外姓人与本家人一起同住，就会发达兴旺，尤其最旺上门女婿。但这也要外姓人和主家的人一同居住，如果主家无人居住，则外姓人反客为主，宾客位来水的不利会全部应在外姓人身上，而没有外人以应其吉，这会导致外姓人出灾祸。

如果先天位、后天位，以及宾位、客位，都有水来朝堂，龙真穴的，峦头合格，就是风水宝地，主阴阳宅丁财两旺，富贵绵长。

如果先天水与后天水朝堂；宾客位有来水，但宾客水不朝堂，而是向他处流失；则家中宾客不旺，福力渐减，但对女口影响不大。

如果先天水朝堂，而后天位与宾客位都有来水，但都不朝堂而流失，则此阴阳宅旺男不旺女、旺丁不旺财。

 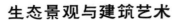 

如果先天水不朝堂，而后天水和宾客水朝堂，旺女不旺男，女的出息，女人发财或嫁豪门，不利男丁，或后代没有男孩。

（五）天劫位、地刑位

天劫、地刑的位置都在坐山的斜前方，两者左右对峙，分列在朝向两侧；一般先推定天劫的位置，而地刑的位置就自然在朝向的另一侧。

天劫的位置，在坐山后天位的后天位。

推导天劫、地刑的位置，如下图。

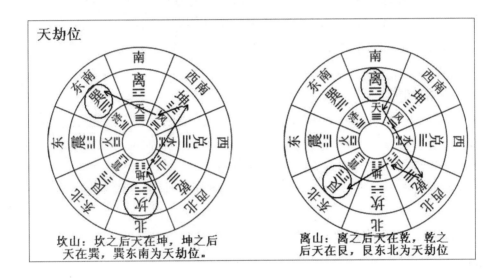

比如坐北朝南，北为坎坤（坎为后天卦、坤为先天卦），坎之后天在坤，坤西南，坤之后天在巽，巽东南，所以巽东南就是天劫位。

朝向为南离，巽居左为天劫，则坤居右为地刑。

1. 天劫位

天劫水，来水凶、去水吉。

原因是，天劫水或者居于宾客之位，或者居于先后天的正窍位，所以只可出不能有水流入。

但要注意，天劫水的去方如果与消水或亡水的去方合为一股，则成为"消亡败绝"水，极凶。

天劫来水凶，水势越大、越急，其凶越大。犯者主人口有病，主有吐血痨伤之病，或出风流无耻之徒，严重的会伤人口。

天劫方宜静不宜动，如果来水有声，来路相冲，或有机器轰鸣、水塔等，主家人头痛、血光，或出疯颠之人。

天劫位有峦头形煞，诸如高大压迫的建筑、大树、烟囱、电线杆、变压器等，主家中人生病，长期不愈。

天劫方诸般形煞，平时持续对人侵袭，会在太岁填实、冲、刑，五黄飞临之年月爆发最强力量，而成为凶事发作的应期。

天劫方来水或形煞引起的阴症较多。

2．地刑位

地刑水，来水吉、去水凶。

原因是，地刑水或者居于先天位，或者居于后天位，或者居于辅卦位，这些卦位，来水朝入吉，去水流破凶。

地刑去水凶，水大、水急，凶的程度严重。犯者疾病不断，损丁伤妻。

地刑位有峦头冲煞之物，主家中诸事不顺，形煞越恶劣，越有凶事连绵。

地刑位去水或形煞引起身体疾病、伤灾的情况较多。

吉凶应于家中何人，以地刑卦位推之，如坎卦山地刑在坤，坤为老母，此方有冲煞，主家中母亲多病，何病以物与人合而成卦推之。

（1）天劫、地刑位置推导原理

坐北向南，坐坎坤，坤巽，巽东南为天劫；巽离坤，坤西南为地刑；左天劫、右地刑。

坐南向北，坐南离乾，乾艮，艮东北为天劫；艮坎乾，乾西北地刑；右天劫、左地刑。

坐东向西，坐震离，离乾，乾西北为天劫；乾兑坤，坤西南为地刑；右天劫、左地刑。

坐西向东，坐兑坎，坎坤，坤西南为天劫，此天劫、地刑在坐山左右两侧，不是在坐山的右前方，故弃而不用，取其对冲方位，坤冲艮，重取左前方艮东北为天劫，艮震巽，巽东南为地刑。

坐西北向东南，坐乾艮，艮震，震东为天劫；震巽离，离南为地刑；左天劫、右地刑。

坐东南向西北，坐巽兑，兑坎，坎北为天劫；坎乾兑，兑西为地刑；右天劫，左地刑。

坐东北向西南，坐艮震，震离，离南为天劫；离坤兑，兑西为地刑；左天劫、右地刑。

坐西南向东北，坐坤巽，巽兑，兑西为天劫，此天劫在坐山左侧，不是在坐山的左前方，故弃而不用而取其对冲方位，兑冲震，重取右前方震为天劫；震艮坎，左前方坎为地刑。

说明：

坐山兑与坐山坤的天劫、地刑位是以向方左右两卦来定位的。

坐兑向震，艮天劫，巽地刑；坐坤向艮，震天劫，坎地刑。

（2）天劫、地刑位置规律图

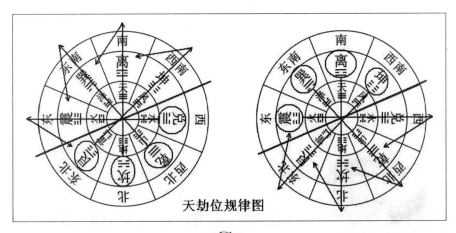

天劫位规律图

①天劫位朝向速记规律：

震巽离坤四个朝向，天劫位在朝向左侧；兑乾坎艮四个朝向，天劫位在朝向右侧。

震——艮，巽——震，离——巽，坤——离。

兑——乾，乾——坎，坎——艮，艮——震。

②地刑位速记规律：

天劫位和地刑位固定分布在朝向两边，所以只要定下了天劫位，朝向的另一侧就是地刑位。

震巽离坤向，天劫在左，地刑在右。

兑乾坎艮向，天劫在右，地刑在左。

（六）案劫位

案劫位就是坐山对面的方位，也就是朝向的方位，也叫做明堂方或朱朱雀方。

坐山前面正中位置的空地是内明堂，内明堂要有近处的案山横拦，兜住堂气；案山之外有外明堂，外明堂外要由朝山兜住堂气。

案山的位置要中正，必须要在天劫、地刑两者中间。

内明堂。阴宅穴位或阳宅房屋，前面近处的空地为内明堂。

外明堂。案山之外，朝山之内，为外明堂。

内明堂与外明堂应事的时间不同，内明堂先应事，外明堂后应事。

内明堂与外明堂吉凶的力量不同，内明堂力量小，外明堂力量大。

大地大发，小地小发，就是指明堂的格局大小。

明堂要端正，或方，或圆，或环抱形，大小合适，主儿孙健康、成材、富贵双全。

明堂不能太过狭窄或阔荡；狭窄壅塞者，会令人心胸狭窄、目光短浅、事业无成；阔荡无收者，会使人志大才疏、散漫挥霍、败尽家业。

明堂要平整，洁净；不能倾斜、坑洼、破碎，或有乱石尖射。明堂

偏斜，主妻离子散；一侧倾倒砂飞水走，主败散家业；破碎坑洼，主子孙夭亡；乱石堆弃，主女子堕胎，子孙过房；明堂有尖砂射穴冲宅，主家人有刑杀恶死之灾。

先天水朝入明堂旺人丁，应在家中男子气运旺；如果先天位被去水流破，主家中男丁不旺，小口难存。

内明堂先天位被去水流破，主损小口，多为损伤十六岁以下男孩。

外明堂先天位被去水流破，主损壮男，多为低于五十岁的中年人短寿。

内外明堂先天位都被去水流破，不仅家中人丁短寿，而且容易无嗣绝后；这样的人家如果人丁兴旺，那兴旺的子孙一定不是正嫡，而是庶出，或者是招入门内的外姓。

明堂、案劫方的水宜蓄不宜直来直去，来水直冲最凶。对于阳宅来说，路也是水，所以道路、小路、水沟冲来也是非常不利，主家门不宁、损伤少年人、容易诱发意外血光之灾。

案劫方如果有屋角冲射，家里的小孩不听话、又主出凶狠子孙，还主后代夭折，家中凶灾、官非不断。

案劫方有形煞之物，在逢五黄、太岁飞临的年月，必定会出现程度不等的凶事。

（七）辅卦位

将八个卦位中的先天位、后天位、宾位、客位、天劫位、地刑位除外，剩下的位置就是辅卦位。

如果上述八个卦全被占满了，那么地刑位就是辅卦位。

辅位来水为吉水，它的重要性排在第三位；先天水、后天水，然后就是辅位水。

辅卦是辅佐之意，是贵人位，有来水朝堂，去水方位合局，则必得贵人帮助，还会有好的人缘，有好的用人之道，能得到人才辅佐而事业兴旺。

辅卦位来水吉去水凶。最喜此方有清秀之水深聚，主人丁兴旺、大

发财源；又主出贵人、出女强人。

辅卦位过堂的水，不能从先后天位流出，如流破先后天之位，主一时风光而最终败绝。

辅卦位的水势如果超过先天位、后天位的水势时，不能做墓地，因为先后天是主位，辅位水势压过主位，这样会使主家不旺；这样的地势用在阳宅上，做家居也不好，家庭不兴旺；但做学校、工厂、庙宇等服务大众的行业，就会非常兴旺。

八方坐山辅卦位规律图：

（上图。坐山与辅位）

依照上图，坐山与辅位的关系规律，编成比较容易记忆的顺序。

坐山坤离巽震，逆时针，为一个记忆顺序；坐山兑乾坎艮，顺时针，为一个记忆顺序。

坤山辅在兑、离；

离山辅在巽；

巽山辅在震；

震山辅在坤。（地刑位）

兑山辅在坤、乾；

乾山辅在坎；

坎山辅在艮；

艮山辅在兑。（地刑位）

（八）库池位

库池位就是财库，影响到财富的多寡，有池水、湖水蓄积为吉，主旺财。

库池水宜澄清而深聚；形状要有情于我，忌反弓形；库池水在距离墓宅越近越好，在内明堂效力最强；库池水内有鱼游动，活泼有情，能大旺财运。

下面用两个图注明八方八卦不同坐山的库池位，有了规律，记忆起来就简单多了。

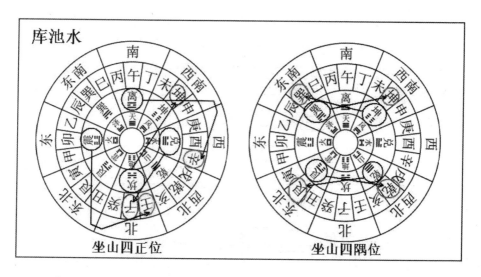

（上图。八卦坐山的二十四山库池水位。）

后天八卦每卦占45度；一卦有三山，每山占15度，共有二十四山。

库池方位都在二十四山的方位上。

（1）四正位坐山的库池位

离坐山——库在"辛"。

震坐山——库在"壬"。

坎坐山——库在"坤"。

兑坐山——库在"子"、"癸"二字。

（2）四隅位坐山的库池位

巽坐山——库在"坤"。

坤坐山——库在"巽"。

艮坐山——库在"乾"。

乾坐山——库在"艮"。

坐山四正卦：离辛，震壬，坎坤，兑子癸。

坐山四隅卦：巽坤，坤巽，艮乾，乾艮。

（九）正窍位

正窍位就是符合三元水法格局的出水口，是最吉的出水方位。

出水口的方位关系到风水对谁有利的问题，正窍出水，对"长、次、小"诸房份都有利，其他位置出水对哪个房份有利要具体分析。

出水口分为内局与外局，阴宅内局就是墓穴近处龙虎之内，外局就是龙虎之外，阳宅内局就宅院的出水处，外局就是远处视野可见的自然河流的出水处。

先后天八卦水法非常重视水口的方位，水口的方位关乎阴阳宅的重大吉凶。

阴阳宅的水路有来、有去；其中先天位、后天位、辅卦位、地刑位来水为吉；宾位、客位、天劫位、案劫位去水为吉。

正窍位是出水口，所以利于出水的方位，就是宾位、客位、天劫位、案劫位。

其中案劫位因为是在阴阳宅的正前方，是在明堂当中，所以出水的时候，不能直出，直出必凶；案劫位出水一定要曲折而出，回顾有情，

要有峦头形势的配合。

客位水的来去，在阳宅要看家中后代是否有女儿，如果有女儿，则阳宅客位水来旺女儿，如果家中没有女儿只有儿子，则客位水宜去不宜来。

正窍出水口的方位，以二十四山来论。

因为流年太岁为十二地支循环，与地理方位的十二地支有冲煞，如子午、卯酉四正冲，寅申、巳亥四隅冲，辰戌、丑未四库冲，所以在做风水时，出水口放水最好放在天干位上，这样就能避免流年冲煞的不利。所以正窍放水，喜水流天干，不喜水流地支。来去水都在天干位，叫一字纯清；加之水法合局，峦头合格，就能既富贵又平安，不会发生大的灾祸。

（1）八卦坐山——二十四山正窍位列表

	乾	坎	艮	震	巽	离	坤	兑
坐山	戌乾亥	壬子癸	丑艮寅	甲卯乙	辰巽巳	丙午丁	未坤申	庚酉辛
正窍	巽	巽	坤	乾	乾	艮	艮	艮
						艮辛	甲	甲

（上表，坐山位是八卦位，正窍位是二十四山位。）

（2）记忆口诀

乾坎在"巽"，艮在"坤"；震巽在"乾"，巽"乾艮"；

离山"艮辛"，坤兑"艮甲"；巽离坤兑，都有"艮"。

上述正窍位出水，水从明堂正中而出的有：乾山巽水，艮山坤水，巽山乾水，坤山艮水，庚山甲水。

这种水在明堂正中直出格局，在先后天八卦水法里，共有十二局：

壬山出丙水；癸山出丁水；艮山出坤水；甲山出庚水；

乙山出辛水；巽山出乾水；丙山出壬水；丁山出癸水；

坤山出艮水；庚山出甲水；辛山出乙水；乾山出巽水。

要重点说明的是，明堂正中去水，一定要合峦头；或者水流出之前，明堂有水聚天心，呈停蓄之形；或者水一定要曲折而出，水去之时要有曲折迂回之形，回顾有情之状；或者有龙虎排卫、犬牙交错，或者有秀美砂峰关拦交锁，这样，水去之时，必定曲折有情。

如果水流直出而去，为凶水，主破财及流徙他乡，所以，水直泄而去，龙虎反背，明堂旷而无案山收聚堂气，既使合乎理气，当元当运，也为凶地，尤其阴宅绝不可用之。阳宅用之，当元运时，可以速发，有一时之风光，但元运一过，短时期内迅速破败，所以阳宅如家宅、工厂，如若用之，要三元风水高手，提前定好速发速败之应期，在过运之前要提前搬离，否则发后即败，一无所有，伤损人丁，凶险异常。

（十）三曜煞位

三曜杀为正曜煞、天曜煞、地曜煞。

1. 龙上八煞
（1）龙上八煞的形理吉凶

龙上八煞也叫做正曜煞，是指八个坐山卦，每一个坐山都有一个煞气方位，八个坐山正好有八个煞气位，所以叫龙上八煞。

这个正曜煞位如果整洁平坦就平安吉祥，如果有峦头煞气，比如恶石嶙峋的山峰、乱石、墙角、电线杆、直冲路、丁字路等，就会令主家产生祸事。

龙上八煞，阴宅以来龙入首之卦位推定，阳宅以坐山之卦位推定。

阴宅八煞方不可立向；阳宅八煞方不可开门。

阴阳宅的八煞方立向、开门，或有峦头山水的形煞主凶。煞气不断影响阴宅的后代、影响阳宅的住户，平时诸事不顺或小病小伤不断，煞气积聚到一定程度，到了流年太岁填实或冲吊煞方之时，就是重大祸事

的应期。所以八煞方位，应期在太岁填实方位或太岁冲方之时。比如乾山巽向的房子，午方为八煞方位，午方再有反弓路或有其他房屋的墙角冲射为形煞，午年填实或子年冲吊时，家中会出现较重大的伤病或意外，如果峦头形煞为恶形，会发生意外伤亡或自杀事件。

（2）正曜煞定位歌诀

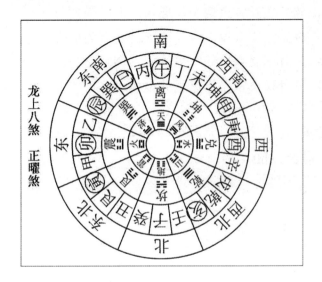

乾马坎龙艮虎头，震猴巽鸡离猪手；

坤兔兑蛇为八煞，宅墓逢之断肠愁。

说明：乾卦山，正曜煞为马，马为午，故乾卦坐山，正曜煞在午方。余仿此。

乾午、坎辰、艮寅、震申；

巽酉、离亥、坤卯、兑巳。

（3）龙上八煞原理

八卦每卦纳六爻配五行六亲，卦位被官鬼之爻所克；克卦位的地支之字，即是八煞方。

如乾卦，从初爻到六爻，所纳五行为子、寅、辰、午、申、戌，其

中第五爻为官鬼午火，官鬼午火克乾金，所以当坐山为乾卦位时，二十四山的午字方位就是煞气方。余仿此。

乾卦山，乾卦四爻官鬼午火克乾金，午字为煞方。

坎卦山，坎卦二爻官鬼辰土克坎水，辰字为煞方。

艮卦山，艮卦六爻官鬼寅木克艮土，寅字为煞方。

震卦山，震卦五爻官鬼申金克震木，申字为煞方。

巽卦山，巽卦三爻官鬼酉金克巽木，酉字为煞方。

离卦山，离卦三爻官鬼亥水克离火，亥字为煞方。

坤卦山，坤卦三爻官鬼卯木克坤土，卯字为煞方。

兑卦山，兑卦初爻官鬼巳火克兑金，巳字为煞方。

2. 三曜煞

（1）三曜煞方位

三曜煞为正曜煞、天曜煞、地曜煞。

正曜煞，就是前面讲的龙上八煞。

天曜煞，即坐山卦先天位之八煞。

地曜煞，即坐山卦后天位之八煞。

三曜煞位都为二十四山地支之位。

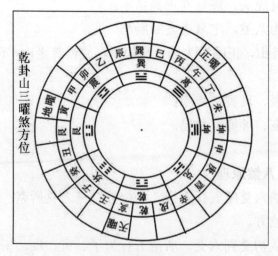

例如上图：乾卦山，正曜煞在午；天曜煞为坐山卦先天之位，乾之先天在离，离煞在亥，则乾卦山的天曜煞在亥；地曜煞为坐山卦后天之煞，乾之后天在艮，艮煞在寅，故乾卦山的地曜煞在寅。余仿此。

乾卦山，正煞午，天煞亥，地煞寅。

坎卦山，正煞辰，天煞巳，地煞卯。

艮卦山，正煞寅，天煞午，地煞申。

震卦山，正煞申，天煞寅，地煞亥。

巽卦山，正煞酉，天煞卯，地煞巳。

离卦山，正煞亥，天煞申，地煞午。

坤卦山，正煞卯，天煞辰，地煞酉。

兑卦山，正煞巳，天煞酉，地煞辰。

（2）三曜煞吉凶

三曜煞位见峦头形煞为凶，平坦整洁为吉。

如果三个曜煞方位当中的两个方位都有形状相近的峦头形煞相呼应，为祸极重，犯之主破财、恶疾、精神异常、疯颠、癌症、伤残、车祸、死亡等等凶事。

峦头形煞是指诸如枯树、孤木、碎山、恶石、反弓水路、直冲路、丁字路、井坑、屋角尖射、烟囱、发射塔、电线杆、变压器、乱石堆、垃圾堆、坟堆、臭水沟等等恶形之砂水。

三曜煞凶事所应之人，以后天卦位定之，如乾西北为父、震东为长子等；所应之房份，以二十四山房份定之，四正四维为长房，四库四阳为二房，四隅四阴为三房。

三曜煞所应凶事之期，以元运生旺该方为事发之期，以太岁飞临填实、冲吊该方为应期之流年。

如坎宅，正曜煞在辰，天曜煞在巳，地曜煞在卯；若房子的辰方有邻居屋角冲射，主伤家中二房，开刀手术或伤灾；巳方若有屋角冲射主伤家中三房之人；卯方在东为青龙方，若有路冲来，加之东边没有邻屋为青龙，必伤家中长子，主长子早亡，死于车祸等冲撞之灾，若有路反

弓而有邻屋为左青龙，则主长子离家谋生，在外飘泊。

峦头形法断事，如果不结合三曜煞也可断事，但没有那么细致，比如深圳富士康集团，在其总部东北方寅位有两道立交桥反弓叠加，2004年—2023年是八运艮卦当旺，所以这期间一定发生重大伤亡事件，2010年庚寅年，流年太岁填实此处，运、年两重旺气叠加，反弓路煞气发作为事发应期，这一年富士康工厂出现连续十三起员工因工作压力过大而跳楼自杀的事件，震惊世界。

阳宅周边形煞，结合三煞方位可以大致断出发生何类凶事，所应何人，所应时间，所以断得越细致，就越能找到问题所在，就能以风水方法化煞，避免不幸。

四、先后天八卦格局应用

龙门八局的八方坐山分坐八卦，乾、坎、艮、震、巽、离、坤、兑，而成八种格局。

每种格局当中，又有先天位、后天位、宾位、客位、天劫位、地刑位、辅卦位、库池位、正窍位、案劫位、三曜煞位。

峦头形势，在自然环境，有山、有水；在人工环境，建筑为山，道路为水；在家居当中，家具高处为山，平坦地面为水；高一寸为山，低一寸为水。

山有形之秀润者，为吉，有形之恶劣者，为形煞。水有形曲、悠扬、清澈者为吉，有直冲反弓、湍急鸣响、混浊恶臭者，为形煞。

形煞居于三曜煞位，凶上加凶。

水流有来去，合局者为吉，破局者为凶；水流来去之间又有弯转，弯转必定流过某个卦位，从而具备该卦位的吉凶之气；所以分析水流的来去方位固然重要，但更要进一步分析水流来去之间的弯转，以辩证水流格局的吉凶变化。

（一）乾卦山

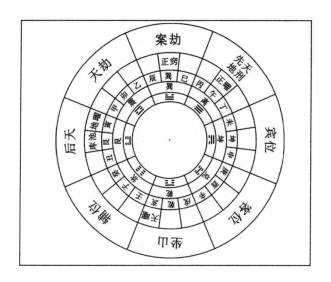

1. 定位口诀

先天在离后天艮，宾位在坤客在兑；

天劫在震地刑离，辅位在坎库在艮；

正窍在巽案劫巽，八煞在午曜亥寅。

2. 先天位吉凶断事

乾卦山先天位在离，离卦位也是地刑位。

离卦为先天位，来水为合局，为吉，旺丁；去水为破局，为凶，损丁。

（1）乾卦山，离卦先天水过堂，汇合艮卦后天来水，而后从巽卦正窍位出水，为合局为正局为大吉之局，主家运丁财两旺，富贵双全。

（如下图）

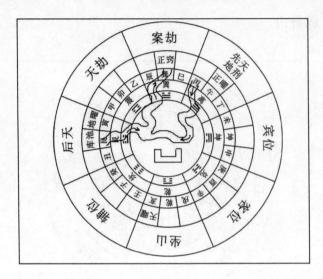

（2）内局离卦去水破先天，必损伤小男孩，外局流破先天，主壮男中年夭亡。

（3）乾卦山，如果坎卦（辅位）来水，离卦（先天位、地刑位）去水，必损人丁；流破先天主损家中成年男子，流破地刑主损伤家妻，此两者必有一方损伤或死亡，因为先天与地刑同位之故。（如下图）

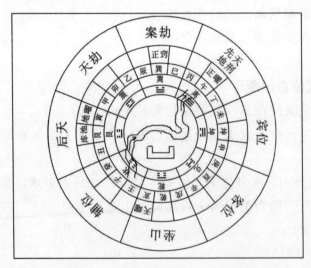

（4）离卦又为地刑位，不可有形煞，有形煞则凶。

（5）离卦分为丙午丁三山，其中午方为八煞方，是正曜煞方，此方

有刀状尖角形煞，诸如斜峰、屋角、墙角等，必定伤人。

（6）午方有刀煞、尖煞，再有宾（坤）客（兑）水，或天劫水（震）来，流破先天（离），主家中人被伤害、被杀害，原因是，宾客水破先天，是外人伤我人丁，劫水破先天，是劫杀、刑杀伤我人丁，再加午方刀煞临八煞，主被外人杀害。（如下图）

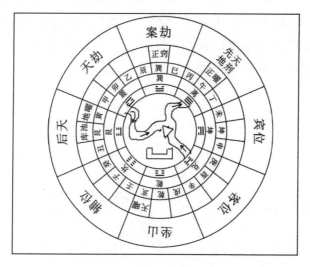

（7）午方有刀煞，再有离卦先天水来，汇合震卦天劫水，而流出宾位（坤），或客位（兑），是刀煞带劫伤宾客，是我去伤害他人，结果给自身带来灾祸。（如下图）

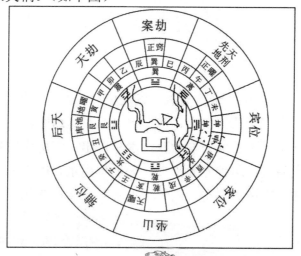

（8）先天离水来，本主旺丁，但如果从艮方流出，为流破后天，后天主妻财，所以会破财伤妻，轻则破财、离婚，重则家中妇女易发生难产死亡；艮卦流出，艮分丑艮寅三山，从中间艮流出败长房，丑流出败二房，寅流出败三房；此流破后天之水，只有一法破解，如果艮方有大池蓄水，既深且广，则为后天位蓄水，能解水破后天，变凶为吉，主发大财、巨富；所以后天位去水为凶，若有大池聚水停蓄则为吉水，主大富，可以人工修建大池蓄水，若是村庄、工厂可以修建人工水塘、游泳池，既可成为景观又可环境旺财。

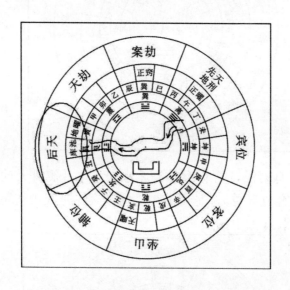

（9）离水（先天位）来，从震（天劫位）流出，初始会大旺人丁，家财丰厚，久后会因天劫位出水、水形反弓而家运退败，人丁由稀少而致败绝；水从卯出，主长房先发后败，水从甲出，二房先发后败，水从乙出，三房先发后败；这种先天来水，天劫位出水，因水形反弓，叫做"忤逆水"，如果忤逆水过堂，则子女不孝顺，会打骂父母。（如下图

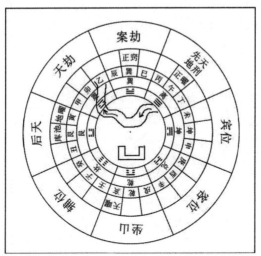

3．后天位吉凶断事

乾卦山，后天位在艮卦。

艮卦位，既是后天位，也是库池位；后天位主妻财，库池位是聚财的位置。

（1）艮卦位（后天位）水来过堂，然后从坤位（宾位）或兑位（客位）流出，主发财。（如下图）

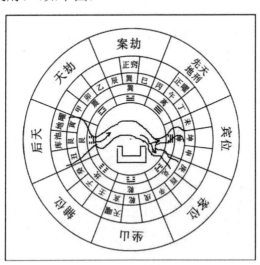

（2）艮卦（后天位）水来，离卦流出（先天位），为破先天，有财无丁，损伤人丁，内局流破伤少年人，外局流破伤成年人，还会造成只

有一个男孩传宗接代，或者没有男孩的情况；水从午出败长房，水从丙出败二房，水从丁出败三房；破解此种败局的方法，只有离方有池水蓄积才能变凶为吉，能旺起人丁，但因水去而积聚，而且离方为桃花位，所以会出浪荡之子，在职退职，在官退官。（如下图）

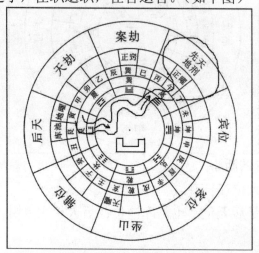

（3）艮卦（后天位）水来，而震卦流出（天劫位），初始吉，大旺钱财，但因艮来震去，水形必为反弓，故久后必定主人丁稀少、家运退败；如果艮水来，过堂前环抱而后再反折出震，而且震位有水池蓄水，则丁财两旺。（如下图）

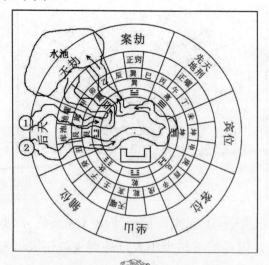

（4）艮卦水来，而曲折流过堂前，从坤卦（宾位）出，这是从左到右横过之水，为木城水形，后天位来，宾位出，形理皆吉，为大吉的水，主财运大发。（如下图）

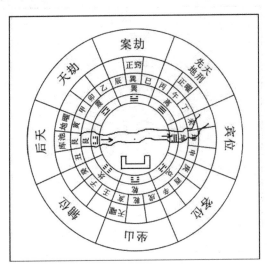

（5）艮卦水来，流过堂前，从兑（客位）流出，主财运大旺，但因兑位在坐山的右后方，在形态上左前来水过堂，而环抱转到右后出水，使峦头右后方有缺，而峦头右后白虎方主三房，故而久后主三房伤损。（如下图）

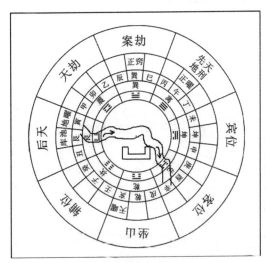

（6）艮卦水来（后天），流过堂前，汇合坤位（宾位）兑位（客位）来水，而后水出巽位（正窍），主八方来财，出巨富。（如下图）

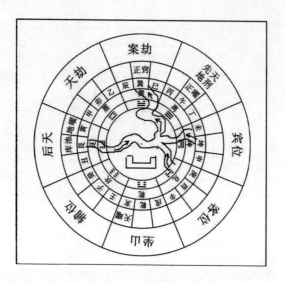

（7）艮卦水来，流到堂前，同时坤（宾位）兑（客位）来水交汇后转到离卦（先天）再转堂前与艮水汇合，而后水曲折出巽卦（正窍），这是宾客之水汇先天再汇后天，主富贵双全，丁财两旺。（如下图）

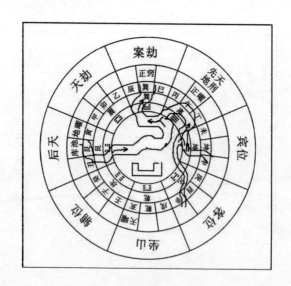

（8）艮卦（后天）水来，坎水（辅卦）水来，离卦（先天）水来，三水交汇堂前，而后曲折出巽（正窍），主富贵双全，丁财两旺。

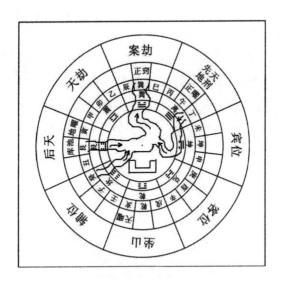

（9）艮卦水来，流过堂前，再汇合震卦（天劫）来水，最后从坤位（宾位）或兑位（客位）流出，主大富，出做事果断之人，但天劫来水为凶水，虽主出有魄力之人，但也主灾祸，所以会主家人出凶事，诸如吐血、恶病、意外伤亡。（如下图）

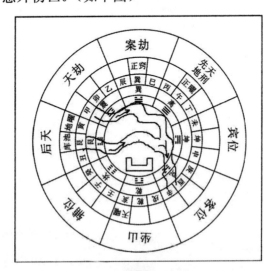

（10）艮卦（后天位）水流出，为流破后天，主损财伤妻；艮卦有丑艮寅三山，若水从丑、寅地支位流出，主妇人有筋络之疾；内局水破后天而出，主妇人有筋络或子宫之疾，外局水破后天而出，主妇人因虚劳、堕胎、血崩等疾病而伤损。

艮卦（后天位）有树木、围墙等物，为后天位阻塞，财气阻塞，财运不好，破财。艮卦位有树木，或有屋角等尖锐之物，主产生胃病肝病；此卦位如果有水流破后天，也主胃肝之病，原因是艮为土为胃，艮中丑艮寅三山，而寅木为地曜煞之位，也为肝。（如下图）

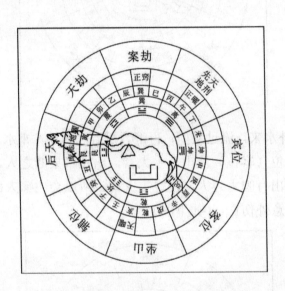

（二）坎卦山

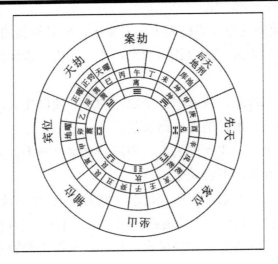

1．定位口诀

先天在兑后天坤，宾位在震客位乾；

天劫在巽地刑坤，辅位在艮库在坤；

正窍在巽案劫离，八煞在辰曜巳卯。

2．先天位吉凶断事

坎卦山，先天位在在兑。先天兑位主人丁。

（1）兑方来水，如果不到堂前，起不到旺丁的作用；兑方先天位来水过堂，而后水出巽卦正窍天劫位，主旺人丁。（如下图）

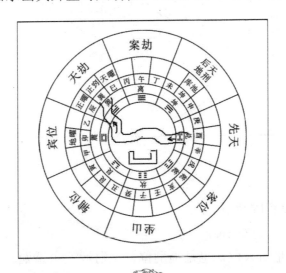

（2）水流破兑方，为破先天，必损丁，而且损伤的是幼丁、儿童。

外局水流破先天，或内外局的水都流破先天，说明没有后代，没有男丁。

内堂水（墓埕水，或房屋前空地上的水）流破先天，损幼丁；水在天干位，伤男孩，水在地支位伤女孩。

如果宾位来水，先天位去水，即震卦来水兑卦去，为宾位水来破先天，说明多生女孩，不容易生男孩。

如果宾位（震）来水，接天劫水（巽），汇合之后流破先天（酉）；家中生不出男孩（宾位、天劫流破先天，绝男丁），或者有了男孩但身体有疾病而无法延续香火；此种风水，宾位震水接天劫巽水朝堂，为家中必招男人入赘。（如下图）

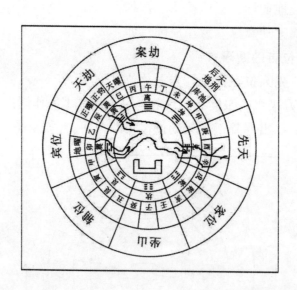

3. 后天位吉凶断事

坎卦山，后天位在坤。

坤卦位既是后天位，也是地刑位，主财运、主婚姻。

坤卦后天来水过堂，出水在天劫、宾位，主有财运，但若只有后天水朝堂，主靠劳动、体力、技术等辛苦拼搏发财。

（1）后天来水，如果视野之内能看到的水流较短，会因离婚或妻子过世而再娶，或者会有冥婚的情况出现。（如下图）

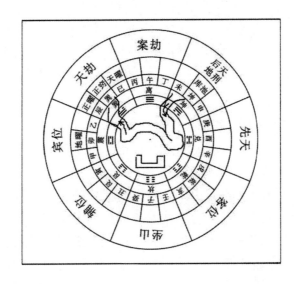

（2）去水流破后天坤位，后天为妻财，坤卦为女、为腹、为子宫。

内局水流破坤位，家中女人会有月经、子宫方面的疾病；外局水流破坤位，会有破财、损妻、再婚，或者家中妇人突发重病、血崩、妇人虚劳损伤、胃肝之病。

（3）如果明堂较长，天劫水（巽）来流破后天（坤），同时先天水（兑）来也流破后天（坤），这种情况，先天来水能生男丁，但流破后天会有破财、伤妻的情况。

（4）在内局坤方如果有墙角尖射，或水池边缘尖角形冲射，家中妇人会有子宫疾病、开刀手术、甚至癌症；如果此方地势坑陷，或者有井，主女人子宫下垂。（如下图）

4. 先后天组合吉凶断事

坎卦山，兑先天，坤后天，两方来水，过明堂而出巽位（天劫位、正窍位），为大吉水，主丁财两旺，富贵双全。

但此种水，会因水的形状，而产生其他吉凶之应；如果在明堂前环抱，然后再从巽位出，就像紫禁城太和殿前的金水河一样，形理都好，主富贵双全；但自然条件下的水，坤来水，巽去水，很容易形成反弓形。反弓形的水，得地运为零神水时，主发暴发不义之财，同时会有子孙性情叛逆不孝，一旦到了失运的时候，会出逆子败家，更会使家人有伤灾、刑罚、屠戮之祸。所以格局为不易之理，地运为变易之道，建筑环境学以阴阳矛盾对立统一为核心，处处体现着辩证的精神。（如下两图）

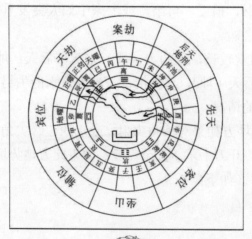

5. 宾位吉凶断事

宾位是朝向的先天位。

坎卦山，离卦为朝向；离之先天在震，震卦为宾位。

宾位水的原则是来水不利主家而利外姓，去水对主家有利，但具体的吉凶，要根据水流来去的路线来定。

（1）宾位（震卦）水来过堂，然后从正窍（巽卦）流出，因其水朝堂，又因其去水为吉方，所以主多入外财，也主有贵人帮助主家；如果震水宾位朝堂后，流转到兑卦先天位，再流转坤卦后天，而后出天劫位，则为既收宾水之助，又收得先后天水之助，是丁财两旺又得贵人的富贵格局。（如下图）

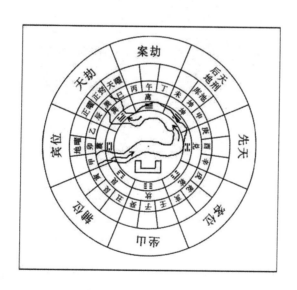

（2）宾位（震卦）水来，先天位（兑）流出，则会多生女孩，少生男孩，而且多半要招女婿上门才会有男孩传宗接代，旺上门女婿的财运。

（3）震卦水来，兑卦去，兑有庚酉辛三山，水从中间酉字出，败长房，从庚字出败二房，从辛字出败三房。

（4）震卦来水，兑卦出，本为损丁的格局，但如果兑方有水停蓄，比如湖、池、水库等，则又主儿女双全，既旺男丁又旺女丁。

如果城市、村镇，有天然的河流形成水破先天，就会经常有少年、壮年人夭亡，如果是工厂，就会经常出各种伤亡事故，而村镇、工厂建成了又无法迁移，就可以在兑方修建人工湖，让去水停蓄，这样既化解了自然环境风水的不利，又形成了让人身心舒畅的人工景观，一举两得。（如下图）

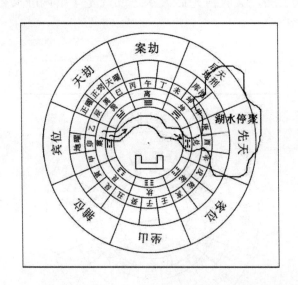

（5）宾位水（震卦）水来，后天位（坤）流出，主人家的诸事败退，而外来的客人、外姓人住在这里却会丁财两旺，为"破主旺客"之局；如果水形是环抱的吉形，那么元运当旺时财运还可以，但过后既败，属于先发点小财，然后再破财；如果水形是斜飞而去的凶形，比如人工水渠常常会形成直直斜飞的形状，元运当旺时有意外之财，但元运一过，会因投资失误而败光家产，而且会欠下巨额债务，难以翻身。（如下图）

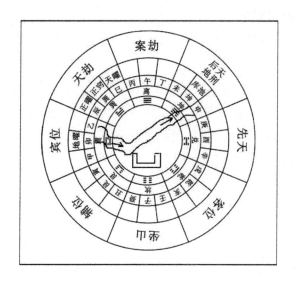

（6）震卦含甲卯乙三山，如果甲山小屋上有树干横过，主恶死。

如果收到的形煞占据甲寅两方位，会遭木石压死，因为甲在震卦为木，寅在艮卦为山石。

卯山为地曜煞，如果卯方有孤树，已方（天劫方、天曜方）再有孤树相应，会有头脑疾病，会出精神病人。（如下图）

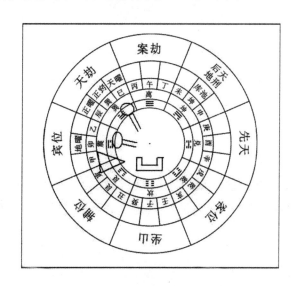

6. 客位吉凶断事

客位来水旺外姓人而不旺主家，客位去水旺主家，但也要在此基础上看来去水的流向与组合。

（1）对于阳宅来说，如果家中只有女儿，那么阳宅选择宾客水（或道路）过堂，同时宾客水汇先天或汇后天水，就会旺起女儿的气运，客水汇后天水主女儿成为企业家发财，客水汇先天水主女儿有贵气，女儿会事业有成就，嫁贵夫。（如下图）

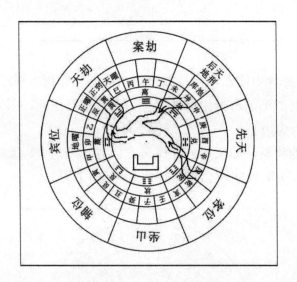

（2）如果收到宾位（震）水朝堂，而后水流到坤位（后天），再转到客位（乾）流出，主丁财两旺，这是"宾客助主"，主家和客人都旺的格局。（如下图）

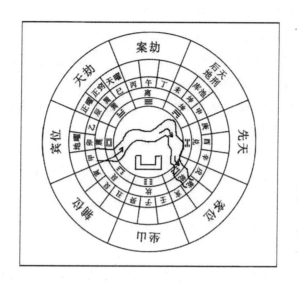

（3）震、乾两方来水，坤方出，为宾客朝堂而破后天，主家破财败退，而外姓兴旺，但如果坤方有水停蓄，有湖、池、水库，流年地运行到，反而是宾主两旺的格局，男女皆旺，女儿、儿子都贤孝有出息，而且为巨富财局。（如下图）

客位乾卦有戌乾亥三山，亥方有形煞主犯鬼怪。（如下图）

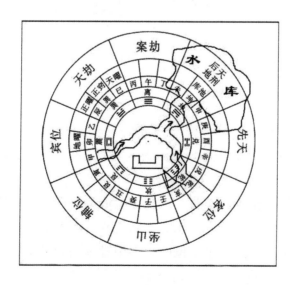

7. 天劫位

天劫位在巽卦位，此方来水凶，去水吉。

巽方为天劫、为正窍，阴宅出水大吉，若收先后天水朝堂，而后出巽窍，则后代房房丁财两旺。

巽卦天劫水来，主家人吐血、重病；又主家中出狂人，出意外横死，不得善终，没有后代。

（1）巽卦位有辰、巽、巳三山。

辰巳来水，主出精神病人、妄想症病人。

辰山来水既为天劫水，又是八煞水，主男子应灾；辰水冲射而来，当地运行到时，家中阴气重主闹鬼。

巳山来水既为天劫水，又是天曜水，主女子应灾。（如下图）

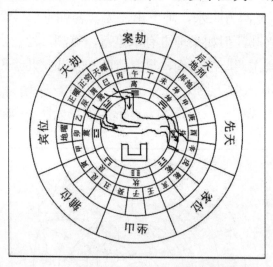

（2）辰山为八煞为正曜，巳山为天曜，这两个方位，阴阳宅都忌山水的形煞，犯之灾祸严重。（如下图）

辰山有孤树、枯木、来路、来水、屋墙尖角、大石头等物，家中会有人出现精神异常、幻觉、妄想症，因为巽卦主人的神经系统，这个卦位的辰字为八煞方，所以个方位的形煞很容易引起精神方面的疾病。巽卦为女，家中女性多病。

辰方有丁字路，主凶灾死亡。

辰方有树，树下有屋，而树干横于屋上方，这种形态也主凶灾死亡。

巽卦为风，如果辰方有巷道，而且有风顺着巷道吹过来，或者辰方有较小次门有风吹入，家人易患麻痹的病症。

辰方的物体如果形状像一只伸出的手臂，主出盗贼。

辰方的物体如果形状像锁住犯人的刑具，主牢狱之灾。

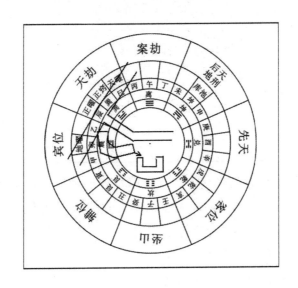

（3）巳山，为天曜方，有尖角物体冲射，主患呼吸系统疾病。

巳山有井，主恶死。

巳山为天曜，卯山为地曜；如果卯方有孤树，巳方也有孤树相应，两者组合会加大巽卦方煞气的力度，巽主神经系统，所以这两方的孤树会引起家人精神异常，会出现妄想症，而且发病之人较为凶悍。如果卯方没有树，只有巳方有孤树，主失忆。

巳山有成堆的碎石，会引发记忆力减退。

基本上正曜方或天曜方有形煞，而同时在地曜方也有形煞相应，会加重为害的程度，出凶悍的精神病人。

巳山有丁字路，主意外横死。

巳山有反弓路、水，主因犯罪而受刑罚。

（4）辰巳方位有刀形的房屋，或有墙角如刀形劈来，并有水流破先天（兑卦）位，家中会有人被杀害而损人丁。（如下图）

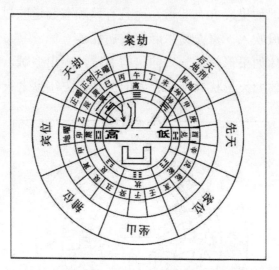

（5）辰巳方位有刀形房屋，或有墙角如刀形劈来，并有水从先天来（兑卦），从宾位去（震卦），主家中有人犯法杀害他人。（如下图）

辰戌丑未方又称为"刀位"，此方若有刀形建筑物或物体，会发生杀人或家人被杀之事；杀人者宾、客位被水路冲破；被杀者，先天位被水冲破或者先天位有路而且地势较低。

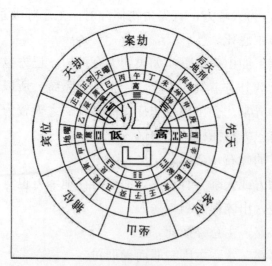

（6）辰戌午三个方位，又叫做牢狱方。

辰午两方，有吊颈树，主家人自缢而亡，而且发生在年轻人身上居多。（如下图）

辰午方，有形煞如刑具或绳索形状，主出犯罪坐牢之人。

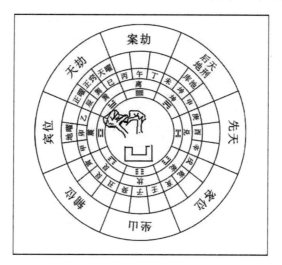

（7）巽山（巽卦含辰巽巳三山）即是坎卦坐山的天劫位，也是正窍位，来水凶，去水吉。阳宅巽山正窍位如果有电线杆、石柱、墙角、屋角、反弓路冲射，主眼疾；有圆形凸起的物体，主腹痛；如果有多种形煞叠加，主伤灾重病。（如下图）

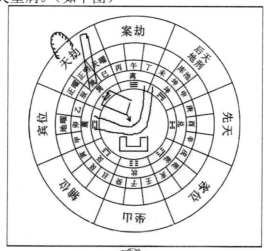

（8）巽山来水，主多病。

如果巽山来水，在先天兑卦流出，为天劫来水破先天，婚姻会离婚再娶，而且妻子会难产见血光；如果这种情况发生在外局，水破先天伤人丁，青年男子会夭折，也会发生吐血、重病、没有后代的情况；如果水破先天从天干出，主损伤男丁，水破先天从地支出，损伤女丁。（如下图）

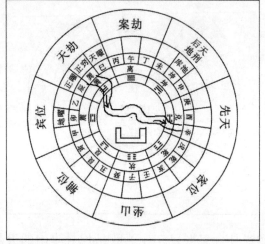

（9）如果巽山来水，在后天坤卦流出，为天劫来水破后天，主离婚再娶；如果水流出坤卦时，坤卦方有大河、水库、水池聚水，反主旺财旺妻，为巨富水，因妻致富。（如下图）

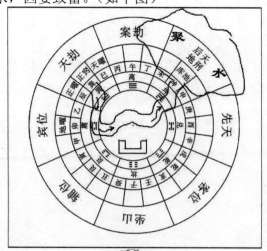

（10）先天兑水、后天坤水来，汇于明堂，而后出于巽山，为正窍出水，阴阳宅主房房发福，其中长房丁财两旺发福最大。（如下图）

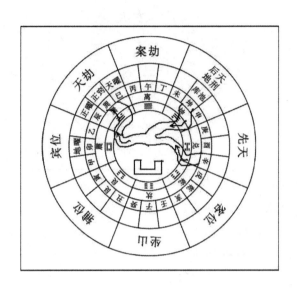

8．地刑位

坎卦山，地刑位在坤，地刑位来水吉，去水凶。

（1）地刑位在坤卦，为女为妻，此方位如果被去水流破，主刑损妻子，男子会因妻子过世而再娶。

如果地刑坤位有树木，代表女人多病，如果树木很高，主女人病痛在头部。

如果地刑坤位有墙角、水池边角、对面屋檐尖角、发射塔等尖物冲射阳宅，主流血、伤灾、手术；在高位冲射，主妇女头部病痛；在腹部高度冲射，主腹胃疾病、开刀；腹下部高度冲射，主生殖或肛门疾病、出血或手术。

如果地刑坤位物体形状破碎、杂乱，主家人身体酸痛。（如下图）

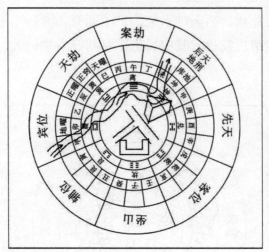

（2）地刑坤卦有未、坤、申三山。

未方有丁字路，为地刑煞，主意外横死。

未方有树，主自缢、恶死。

未方有路冲，主意外伤灾。

申方有丁字路，主意外横死。

申方为驿马方位（寅申巳亥为驿马），也为风声地，代表男人喜欢赌博、喜欢声色场所。

申主阴，此方形煞，也代表信奉邪教，而因此受害。（如下图）

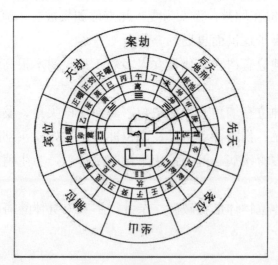

9．辅卦位

坎卦山，辅卦位在艮卦。

辅卦是辅助之意，也为贵人，来水吉，去水不利。

辅卦来水朝堂，主事业方位能得到人才、贵人相助而发财。

如果辅卦位水流出，或阳宅有坑陷、低洼，主事业方面得不到别人的帮助，单打独斗，如果再加上天劫方（巽）来水侵射，家人会有久治不愈的疾病。（如下图）

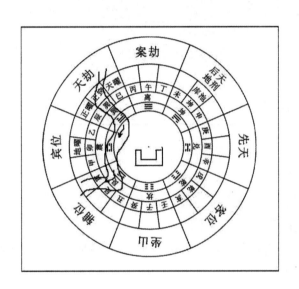

10．库池位

坎卦山的库池位在坤；坤卦位又是后天位。

库池位有水停蓄、深聚为吉，主聚财。

坤为后天位，来水朝堂主旺财，去水主败财，但如果此方有水库、水池停蓄聚水，就成为聚财的水。

如果艮方（辅卦）来水过堂，而后转兑方（先天），再从坤方（后天、库池）流出，为犯先天破后天消亡水，主败财损丁，久后必消亡、败绝；但如果在水出坤方时，坤方有深广的水面令水停蓄，呈湖、池、水库之形，则为库池聚财，反主发财，富贵绵延子孙，元运当旺时主巨

富。（如下图）

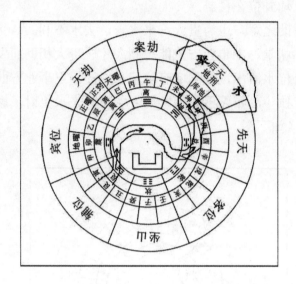

11．正窍位

正窍位是符合龙门八局的最吉出水口。

坎卦山的正窍位是在二十四山的巽字上。

出水的方位不同，则所应吉凶不同，一般情况，以宾位、客位、天劫位、案劫位出水为吉。

正窍位要么在天劫方、要么要案劫方，正窍位是二十四山之中的八干四维之位，因为正窍出水是水出天干，所以避免了太岁的冲刑，也就避免了某些流年的不利。

坎卦山，巽卦方为天劫方，出水为吉，但巽卦方有辰、巽、巳三山，其中辰为八煞为正曜，巳为天曜，如果水从辰字出为犯八煞，水从巳字出为犯天曜；辰字出水，逢戌年冲时，家中易有退财、血光等事，主要应在二房；巳字出亦然，逢亥年冲，寅、申年刑，也易有破财、伤病、损丁之事发生，主要应在三房；所以出水时，虽然卦位为吉，但若在地支出水，流年逢太岁冲刑之时，还是会有较大不顺，所以出水以天干出水为最佳，可以避免流年太岁冲刑的不利。

（1）坎卦山，水从先天兑卦来，从巽卦巽山出，为天劫出水、正窍出水，长房丁财两旺。（如下图）

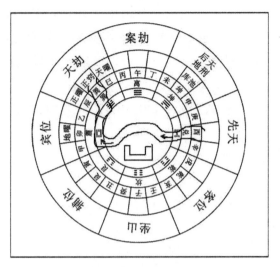

（2）坎卦山，水从先天兑、后天坤两处而来朝堂，而后转到巽卦位（天劫），再转到离卦位（案劫）而出，主房房富贵；如果从离卦午字方出水，长房最吉，但午方为桃花，久后会有女人外遇或有妇科疾病；如果从离卦丙字方出水，二房最吉；如果从离卦丁方出水，三房家运最旺。（如下图）

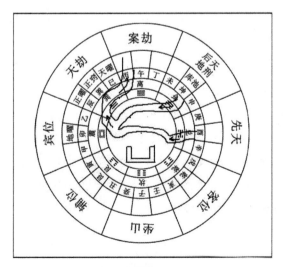

（3）坎卦山，宾位（震卦）客位（乾卦）来水，主不利家中男丁，大旺女人与外姓人；但细分析，若宾水（震卦）来，转到辅卦位（艮卦），而后再朝堂，为旺财水、贵人水；客位水（乾卦）水，主旺家中女子，如果乾水来，转到兑位（先天位），而后朝堂，兑为先天主人丁，故此水既旺女人，也旺男丁，也主生男丁；所以若震水来转艮再朝堂，乾水来转兑再朝堂，两水汇于堂前交汇，而后再转巽位（天劫），再转离卦（案劫）而出，水形曲折有情，是兴家旺业的富贵之局。（如下图）

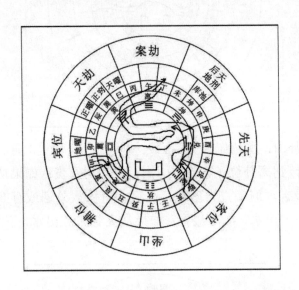

（4）阴阳宅风水之道，合天道阴阳，难以全功，所以富贵之家也有起落之时，富贵家族内的各房份之间也有强弱之分。

坎卦山，震卦（宾位）来水，兑卦（先天）来水，汇于明堂，出于坤位（后天）；要综合判断此水组合之吉凶；宾位来水旺外姓，兑来水旺家族男丁，两水交汇，则家族男丁奸诈狡猾，出坤水为流破后天，主破财败家，但若坤水流出之处有池塘水库聚水而不见水去，则此坤水为后天聚财之水，家族男丁当为商界枭雄，主巨富。

12．案劫位

坎卦山的案劫在离卦。

离卦有丙午丁三山。

丙方有形煞尖角冲射，家人会有心脏病。

午方有形煞尖射主开刀手术，开刀的部位可从尖射物的高低所对应的身体部位来判断，高处为头部、中间为胸胃部。

午方峦头建筑形状如果像刑具，说明家中有官司。

午方有树有小屋，树干横于小屋顶上，家中出凶死之人。

午方、辰方有吊颈树家中出自杀的人，多半发生在年轻人身上；如果形煞呈绳索状或刑具状，主官司牢狱。

午方、子方，两方有树，家人腰肾部位易患病。

午、子、卯、酉方如果有冲煞，男人有血光之灾，女人多淫欲、桃花泛滥。

午方有丁字路，家中出凶死之人。

午方有水来，为桃花水，主男女情色。

午方水来，流巽而去，坎卦山巽为天劫位，桃花水流到天劫，为"桃花游劫"，主男人采花，家中男人沉于女色、外遇。

午方水来，流兑而去，兑为先天位，为"桃花游魂"，为女人有桃花外遇，女人找男人。

13．三曜煞

坎卦山，正曜在辰、天曜在巳、地曜在卯。

曜煞方有形煞主家中人出重大疾病、灾祸。

辰方有山峰，形状无情或破碎，主出精神病人。

辰方有孤树，主精神异常，妄想症。

辰方有树，树下有屋，且枝干横于屋顶者，主凶死。

辰方有吊颈树，主自杀，多半应在年青人身上。

辰方建筑或物体，形状有如伸出的手臂，主家中出盗贼。

辰方物体如刑具，主官司牢狱。

辰方有路冲来、水冲来，有井，有屋角、池角、电杆、尖石等形煞，主出精神异常。

辰方有水流直冲而来，主家中煞气重，闹鬼。

辰方地势凸起，则水必流入，天劫正曜来水为凶，主女性多病。

因为辰在巽卦，为天劫方，巽为风，有形煞为疯神，而且情况严重，所以引发的精神病人会有骂人、打人的主动攻击行为。

辰方来水，水出兑方，此水为左水倒右，为天劫正曜煞来水，流出破先天，损伤人丁，主家人被杀害。

兑方来水，出辰方，此水为右水倒左，主家中出杀人犯，去杀别人。

辰方有丁字路，主凶死。

辰方有风顺巷道直吹而来，家人易患麻痹病症。

阳宅辰方有小门，有风直吹而来，亦主家人患麻痹症。

巳方有孤树、有乱石堆，为天曜煞，容易令人产生失忆症。

巳方有孤树，同时卯方地曜方也有孤树相对应，家中出凶悍的精神病人。

巳方天曜的形煞，与卯方地曜的形煞相对应出现，比如来水、来路、门冲、屋角相冲等等，极易出现精神异常的情况。

巳方有反弓路、反弓水，主因犯罪而获刑。（如下图）

巳方水来，或有屋角尖射的煞气，主呼吸系统疾病。

巳方有水井，主凶死之灾。

辰巳两方，正曜与天曜方，有蛇腰形建筑或路，家中容易遭窃。

辰巳两方，有建筑物或其他物体形如手臂伸出，家中出盗贼。

辰巳方有刀形峦头煞气，主杀人，水破先天是家中人被杀，先天水来流破宾位是杀害别人。

卯方为地曜，此方有树，同时辰巽巳方有树高耸来对应，会有头脑疾病，并引起精神异常。（如下图）

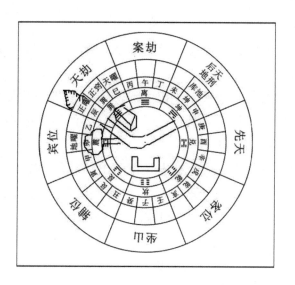

（三）艮卦山

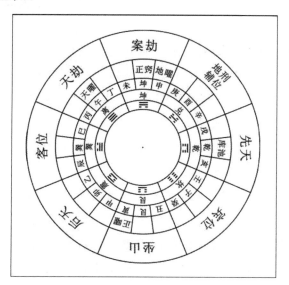

1. 定位口诀

先天在乾后天震，宾位在坎客在巽；

天劫在离地刑兑，辅位在兑库在乾；

正窍在坤案劫坤，八煞在寅曜午申。

2. 先天位

艮卦山的先天位在乾卦位，乾卦有戌、乾、亥三山，其中乾山为库池位。

先天位来水为吉，旺人丁；出水流破先天为凶，损人丁。

如果整个格局，只有先天位一条来水，要流过堂前才能旺丁气，如果没有流过堂前就不能旺丁气。

如果其他方位来水，从乾卦先天位流出，为流破先天；如果在内局，主损伤年幼男孩，主要指十六岁以下男孩；如果在外局，主损伤成年男子，主要指五十岁以下男子；如果内外两局都直流而破先天位，会没有后代子孙。

先天位如果无水，外局一定要山形秀美，如果有形煞为凶，不利健康。

乾山作为库池之位，如果有池塘、水库聚水，主大发财源与人丁昌盛。

阴阳宅坐艮卦，出性格果断、有魄力之人，而且容易出杀伐之人；艮卦为刀卦，如果艮卦山收得乾、震两卦先后天水来，为收得吉水，会出医生、公检法、部队军官之类的人物；如果乾、震先后天位被水流破，为凶水，易出屠夫、犯法之人。

如果震卦来水乾卦出，为收后天水破先天位，主损人丁，会损伤丈夫和儿子，严重的会有死亡之灾。

如果乾卦来水震卦出，为收先天水破后天位，主破财、贫穷，而且健康状况差，常常生病；因后天位主妻财，所以会对妻子不利，妇人易有伤病，严重的会导致妻子过世而再婚；又因震卦为长子，故流破震卦位会使长房退败；如果再兼收离卦天劫水来，则其人有才华却用在作奸犯科的事情上，专做损人利己的事。

收乾卦先天水过堂，艮卦后方来水转震卦后天位，两水交汇于巽位，而后流出兑卦地刑位，吉。

3. 后天位

艮卦山，后天位在震卦位，主财气；震卦位有甲、卯、乙三山。

震卦位来水为吉，水来过堂前，就能收得后天之气，既主旺财旺妻，又主妻子贤德，有才干；震卦去水为凶，破财伤妻。

如果只有一条水流，那么震卦来水要流过堂前才能起到旺财的作用；后天水来但不流过堂前，就起不到多大的旺财效果；大格局，大江、大河在后天卦位来水过堂主巨富大发，小格局，小河、小溪来水朝堂主小富小发。

震卦后天水分内外局，如果外局震卦来水不到堂前，而内局只收得震卦位短水到堂，会再婚，或者有冥婚的情况。

震卦后天位被水流破、道路冲破，或有形煞诸如奇形怪状的大石、屋墙的尖角等冲射，主家人多病，主要应在胃部、肝部，又主破财，形煞严重的会引发损伤人口。

震卦后天位被水流破，在外局主家中妇人流产，在内局主家中妇人月经方面病症，此为后天位代表妻子、妇人之应。

震卦位有井、坑，或地势低陷，主家中妇人易患子宫下垂之症，原因是后天位代表妻子、妇人。

震卦后天位来水，转巽位之后再过堂（或者汇合巽卦客位来水），再出乾卦位流破先天，主发财而不生男孩，只能通过收养子来传宗接代，原因是后天来水朝堂旺财，收客水而旺客，再破先天而绝男丁，主本家之姓衰败，女儿女婿这一方运气旺；当然现代社会男女地位平等，全看主家的选择，所以风水中的先后天水来去，是可以影响生男生女的概率，也可以影响后代不同房份的富贵贫贱。

如果收得震卦后天水过堂，汇乾卦先天水，而后出巽卦客位，主丁财两旺。

如果震卦后天位来水，流至巽卦客位，再流至坤卦案劫位，再转流经过乾卦先天位，而后从坎卦宾位出水，这种情况的水形，既收得震卦后天来水之气，也收得巽卦客位、乾卦先天位的封固之气，也主家中丁财两旺。

　　震卦水来过堂，而后从前方坤卦案劫流出，如果从坤卦坤山正窍出水，且水形曲折有情，为大吉，主发富贵，如果水形直去，会先发而后败，当元当运时发，失运时引动直水煞气，一败如洗。

　　震卦水来过堂，而后从前方坤卦案劫流出，如果从坤卦申山出水，为大凶，会出各种灾祸，原因是申字为地曜杀；所以出水方要注意，每个卦山的正曜、天曜、地曜的三曜杀方位，不可用做出水口，此位如果没有水，也不能有形煞，因为曜杀位加形煞必定会因起各种伤灾凶祸，应期的时间就是地运、太岁、流月加临之时，其中地运太岁加临应大事，地运太岁不加临只有流月加临时应小事。

　　震卦来水流过堂前半环抱，而后反折从左侧巽卦流出，初始小吉有财运，而时间一久，则家运退败，原因是艮山坤向，左侧水形反弓之故。

　　震卦后天来水过堂，从乾卦先天流出，为流破先天位，主损丁，家中小孩容易年幼夭折，最终导致没有后代。化解办法：如果能在乾卦先天位修建大池聚水，或者乾卦位有天然的池塘深广聚水，则能转凶为吉，形成丁财两旺的风水格局，震卦来水，震为长男、为后天为妻财，来水聚于先天，则主家中长房大吉丁财两旺，次房也吉。

　　震卦后天位来水，兑卦地刑位去水，后天来水主旺财，地刑流破主伤病，而且对于艮山坤向来说，震兑来去水必是斜过堂前，以形法而论为斜飞凶水，故而此水先主富有，而后斜飞出兑卦地刑位、辅卦位，辅卦位主官贵，故流破兑位会有丢官失职之应；兑卦为女人，地刑主疾病，故流破兑卦亦主家中妇人身体多病。

　　震卦后天来水，乾卦先天来水，两水汇于明堂，水形环抱，而后水出坤卦坤山正窍位，水形曲折有情，为正局，为三元不败格局，元运当旺时大发富贵，失元失运时也会因为先后天来去水合局且水形为吉而家运稳健，而且水出正窍合局对一个家族来说是房房皆发，其中最富贵的是长房；如果水出坤卦申方，申字主三房，利三房，但申字为地曜杀，故逢寅、巳冲刑之年会有不利，主损人口；如果水出离卦天劫位，天劫出水亦吉，但细分析离卦午字为曜杀，故水出午字时大发长房，但午字曜杀逢子、辰冲刑之年会有不利，如果水出丙字，丙为二房，所以二房

大发，此时对长房来说先有不利而后才变吉，如果水出丁字最利三房少房，也利长房，但对二房不利，二房就难以富贵了。

4. 宾位吉凶断

艮卦山，宾位在坎卦位，位置在阴阳宅的右后方。

宾位单独来水过堂，不利主家男丁，但旺女儿及女婿的气运；但如果宾位水来，转乾卦先天位则为宾来助主，大旺主家，如果宾位来水转震卦后天位然后朝堂，则主家得外人之助大旺财运；宾位去水对主家有利。

坎卦宾位来水过堂，而出坤卦坤山案劫正窍位，出水之时水形曲折有情，则会多得外财，会得到贵人相助，这是因为水归正窍出水大吉的缘故。

坎卦宾位来水过堂，而水出震卦后天位，为宾位水流破后天，主破财、伤妻，不利婚姻。

坎卦宾位来水，巽卦客位来水，两水交汇而出乾卦先天位，为宾客水流破先天，主损人丁，内局破先天损伤十六岁以下男丁，外局流破先天损伤五十岁以下成年男丁，内外两局都流破先天，主绝人丁，没有后代。

5. 客位吉凶断

艮卦山，客位在巽卦位，位置在左侧。

客位来水不利主家，去水对主家有利。

巽卦来水过堂而水出坤卦坤山案劫正窍位，出水时水形曲折有情，则为吉水，因水出正窍之故，所以能得到外人帮助；如果出水在坤卦的未、申二山，则主消亡败绝。

巽卦客水来过堂，或再汇合坎卦宾水来过堂，而水出乾卦先天，为旺客衰主之局，大利外姓人家，会旺女儿及女婿的运气，所以如果是阳宅风水，家中有女儿的话，可以采用这种风水格局，起到旺起女儿家丁财的作用；如果是爷辈或父辈的阴宅风水，或者是自家所建的新房，内

有二代人居住，这样的格局会令主家的儿子们运程衰败。

巽卦客位水过堂，水出乾卦，为客水破先天；乾卦有戌乾亥三山；水出戌字，主房房败绝，戌为二房，所以对家族二房产生的凶祸最大；水出乾字，乾为长房，所以长房败绝、损丁，三房亦然，二房平平；水出亥字，三房败绝，长房不利，二房平平。

巽卦客位来水，如果能汇合乾卦先天、震卦后天两水朝堂，而后水出坤卦坤山案劫正窍位，就会形成客来助主，丁财两旺的富贵格局，而且先后天水朝堂出于正窍位，如果来水环抱，去水曲折悠扬，合于峦头形法，就会形成三元不败的风水格局。

巽卦客位来水过堂，水出兑卦地刑位，地刑位来水吉去水凶，所以此局主家运退败；兑卦有庚酉辛三山，水出中间酉字败长房、不利三房，水出庚字败二房、长房三房平平，水出辛字败三房、不利长房、二房平运；长房、三房均为单数为阳，故风水上气运有联动，二房、四房为双数为阴，所以当水出酉字败长房、不利三房时，二房气运平稳。

6. 天劫位吉凶断

艮卦山天劫位在离卦位丙午丁，位置在左前方。

天劫位来水凶，去水吉。"天劫来水最为凶，破局犯之祸无穷，瘟疫痨伤癫狂病，破财伤丁代代穷。"

天劫来水，看其在地支何位，一般在太岁填实、冲、刑的流年，是天劫水凶祸发作的应期，如果是地运、流年两项叠加，必主死亡凶祸，其他劫煞应期仿此；丁、财、官等吉事的应期同理，均要峦头形法合局，而地运、流年临旺为应期，地运应吉为二十年，流年应期为一年，得地运临旺者必主大富贵，不得地运而只得流年者为一年之吉；若得三元不败之格局，则发富贵于地运临旺时，进阶于地运流年两者临旺时，平稳运行于地运过气之时，若要形成至少富贵三代的世家，必要三元不败之格局。

离卦来水为天劫凶水，如果水出乾卦先天，为天劫破先天，凶上加凶，主消亡败绝，横祸叠出；内局流破先天，主家中死亡少年人，外局

流破先天主家中死亡成年人；此种阴阳宅，久之人丁败绝，绝后；此种格局，如果坤卦申山有形煞，家中会出精神病人，因申字为地曜杀之故。

离卦天劫来水，水出兑卦地刑位，天劫来水凶，地刑去水凶，再加上天劫在左前，地刑在右前，故而来去水形状必定呈反弓形，所以形成"忤逆水"，主后代子女不孝；如果来水在离卦丙字，主男女淫乱，男子喜好色情场所，爱赌博，丙午位来水过堂为桃花水，尤其是午字为桃花，主女人淫乱。

离卦天劫位如果无水，一定要平整洁净，如果有电杆、枯树、变压器、屋角墙角、乱石等形煞，主疾病、开刀、阴症等，形煞不去则疾病难愈。

7. 地刑位吉凶断

艮卦山，地刑位在兑卦，庚酉辛方；兑卦亦为辅卦位。

地刑位与辅卦位来水吉，去水凶。

兑卦地刑位出水不利主家健康，尤其对家中妇女健康不利，疾病常年不愈，药不离口。

兑卦地刑位出水，且出水时内局、外局均被此水穿过，主筋骨疼痛之疾，或有离婚之应。

兑卦地刑位如果无水，最要平整洁净，最忌有诸般形煞杂物冲射，主疾病、官司等事。

兑卦地刑位有树，主妇人多病。

兑卦地刑位有墙角、屋角、池角等尖状物冲射，或有直路、反弓路冲射，主出血疾病，对应人体部位以形煞高度来定，高处冲射主头部疾病、中部冲射主胃、腹部开刀出血等病症。

8. 辅卦位吉凶断

艮卦山，辅卦位在兑卦，同时也是地刑位。

兑卦辅卦位来水吉，主得贵人相助，去水凶，主丢官失职无助之应。

兑卦辅位来水过堂而出坤卦坤山正窍，主一生之中多得贵人之助，

职务官运多得升迁。

兑卦辅位有水坑，是卦位失气，主事业不顺，又因临地刑位，故又主体弱多病。

9. 库池位吉凶断

艮卦山，库池在乾卦中的乾山，乾卦又为先天位。

库池为财库，有水塘聚水为吉，又与先天位重叠，故此位有来水朝堂大吉，即旺丁又旺财。

乾卦库池位有天然水塘或湖水会大旺财运，如果是住宅、别墅、酒店、工厂、旅游区等，可修建人工水池，或人工湖景观以旺财运；库池水的流向，以环抱朝堂汇聚为吉，出水的方向，以坤山正窍出水最佳，房房发富；如果库池水流出时，是向乾方流出，会使钱财外流，主子孙奢侈浪费，散财之应。

10. 正窍位吉凶断

艮卦山的正窍位在坤卦的坤山。

作为出水口，首选在案劫的天干位，其次是天劫的天干位，然后是宾、客位的天干位；原因是天干位出水，能避开流年太岁的冲刑，所以来去水以在天干为最吉。

艮卦山，作为出水口，案劫位的坤山最佳，坤山出水房房皆发，最发长房；离卦天劫位做出水口也吉，离卦丙午丁三山，其中丙、丁二字为天干，丙字出水发二房，丁字出水发三房，中间午字出水发长房，但午字出水，逢子、辰年冲刑时会有不利。

水口出水时要通畅，无论内外局，最忌堵塞或有障碍物阻挡，如果有杂树、乱石令水流不畅，时间一久，会引起眼部疾病。

11. 案劫位吉凶断

艮卦山，案劫位在坤卦。

案劫位在坐山的前方，是明堂的方位，也是前方案山、朝山的方位。

案劫方的水，去水吉，但水去之时，水形一定要曲折悠扬、欲去还留，如此才为形法合局，如果水形直去就是凶水，主家运退败；案劫方来水为凶，如果水形直冲而来，就是凶上加凶，主家人有心脏衰竭之病，日久暴疾而亡，多应在妇女身上。

坤卦案劫位来水，去水出于兑卦地刑位，为凶水，这种格局多半会形成反弓水，家人易得心脏病、暴亡之疾，久后小房人口凋零，家运退败；案劫来水流破地刑位，也是消亡败绝水的一种。

坤卦案劫来水到堂前，去水出于坎卦宾位，久后必人丁稀少，也主消亡败绝。

坤卦案劫位有来水，或有来路，主家中被阴煞侵袭，家中闹鬼。

坤卦案劫位如果没有水，而在坤卦未字有形煞，也主家中被阴煞侵袭、闹鬼，家人会遭遇横祸凶灾，难以善终；未方有乱石、孤木、枯树，家中易出精神病人、老年痴呆症，尤其是是家中最有才华能力的人最容易出现精神方面的疾病。

如果坤卦申山来水，申字为地曜杀，案劫来水凶，再并曜杀则更凶，如果此时离卦午山天曜杀位再有形煞，家中就会出现妄想症，或精神病人。

如果坤卦申山来水，同时离卦午山来水，申为地曜杀，午为天曜杀，再加上明堂有形煞为劫，家中会出精神病人、疯人；其中午方天曜来水，主家人被刀刃凶器所伤，或遭歹徒伤害；午水直冲而来，或有丁字路，主家中男人上吊自杀，应期在流年太岁填实或逢太岁冲刑之年；午水来，或路来，其形状有如绳索，或午方山形、屋形如监牢，主家人有牢狱之灾，严重的会判死刑。

坤卦案劫位当中的未坤山来水，不论出水何方，都主易患流行性疾病，原因就是明堂中心被来水冲射。

12. 八煞方吉凶断

艮卦山，正曜在寅，天曜在午，地曜地申。

三曜方以平整洁净、峦头秀美为合局，如果有形煞为破局，必定主

有疾病灾祸，应期在太岁填实或冲、刑之年，或五黄飞临之年。

正曜、地曜之形劫多应于三房，天曜之形劫多应于长房。

寅山在艮卦坐山的左后方，为正曜方。

如果寅字方有孤木、枯树，而午字、申字方也有孤木相应，家中就会出精神异常，或者幻觉妄想症的人，尤以寅、午两字都有孤木相应最为严重，容易出现精神错乱；如果只是寅方有孤木，而午字、申字方没有孤木相应，就不会出现不利的情况。

寅方有水、路冲来，或有巷道强风来吹，主家人得麻痹之症，或被动物咬伤；寅方有树，易患足部疾病，如跛足；寅方有峦头、建筑、物体，形状如手臂探出，主家中出盗贼；寅方有水、路，形曲如绳索，主家中易遭贼偷；寅方有丁字路，主家人易出伤灾横祸，尤其容易发生在年轻人身上。

午山在艮卦坐山的左前方，为天曜方。

午方天曜位在离卦，为天劫方，出水为凶，出水流破午字，主牢狱之灾或易有火灾；午方有水冲来，加辰戌方有水冲来，主家中男人上吊自杀；午方有屋，而午方之树枝横与小屋之上，主家中出上吊自杀之人。

午方天曜杀，又为天劫位，又为桃花位，故午方出水为桃花水；午方来水为天劫凶水，也是桃花凶水，如果午字来水过堂前，再出酉字，酉字也为桃花，就构成游魂桃花水，因女人而生灾。

午方天曜位，有形煞如尖角、乱石、枯树等，主疼痛之疾，其中尖角冲射主开刀手术或伤灾。

午方天曜位，有形峦如手臂探出，主家中出盗贼；有形峦如蛇腰曲折，主家被偷窃；午方有形煞如手铐、刑具、绳索，主有牢狱之灾。

午方天曜与寅方正曜各有一孤树相应，或者午方天曜与申方地曜各有一孤树相应，均主精神异常之症。

午方有尖角或乱石形煞，申方亦有尖角或乱石形煞，两者同时出现而相应，主家中出精神异常之人；午方、申方都有丁字路、反弓路及尖角冲射，主出伤灾死亡之人或阵亡之人。

午方天曜位有形煞如刀形，诸如墙角、屋角、池角等，主伤灾凶祸，如果同时申方也有此类形煞，凶祸程度加重；如果再有坎卦宾位来水流破乾卦先天位，主家人被杀害，如果是乾卦先天位来水而流破坎卦宾位，主家人杀害他人。

申山为地曜，在前方案劫位。

虽然案劫位来水为吉，但如果来水在申字位，就引动了地曜杀，容易给家中带来阴煞，出现闹鬼的现象。

案劫位去水为凶，如果去水又在申字位引动地曜杀，家中妇女容易患月经方面的病症。

其他形煞位于申字位，吉凶结果与寅、午方有形煞相同。

（四）震卦山

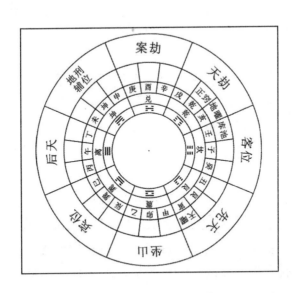

1. 定位口诀

先天在艮后天离，宾位在巽客位坎；

天劫在乾地刑坤，辅位在坤库在壬；

正窍在乾案劫兑，八煞在申曜寅亥。

2. 先天位吉凶断

震卦山，先天位在艮卦；先天位来水朝堂旺人丁，去水伤损人丁。

去水流破艮卦方，主损伤小口；内外局都流破艮卦，主没有后代。

如果巽卦宾水来，而从艮卦流出破先天，家中会多生女孩，不容易生男孩。

艮卦先天水来，然后呈反跳出坤方地刑位，初运丁财两旺，但久后大败，财来财去，出未败二房，出坤败长房，出申败三房。

3. 后天位吉凶断

震卦山，后天位在离卦，后天位来水旺财运，去水损妻财。

后天位离卦水流到堂前，主旺财；如果后天水不流到堂前，就起不到旺财的作用。

离卦水流到堂前，不但能旺财，也能旺丁，这是因为震后天在离，而离先天在震的缘故。

去水流破离卦，即破财伤妻，也损伤小口，而且女人容易得月经方面的病症。

一般不论何山向，都以收得先天水为重点，但震卦山以收得离水（丙山）来为为重点。

离卦水来过堂，流出乾卦，为水出正窍，主富，为第一的来去水法，但这其中有一个要点，就是水的形状一定得是木城水或环抱水，如果水形是斜飞的，就会吉中藏凶，一旦失运，就会使家运破败。

离卦后天位有水流直出，有树，有路冲，有屋角尖角形煞等，主胃肝之疾。

离卦水来过堂，再汇先天艮卦来水，出乾方，主房房大发富贵。

离水或坤水来，汇艮水而后出兑方，主房房大发富贵。

离水来，汇艮水，而后出乾山，为水出正窍，主房房大发富贵。

离水来，汇艮水，而后出坤方地刑位，主发财富有，赚的是体力的辛苦钱，但因水出坤方，主女人健康情况不佳。

离水来过堂，归坎方去，主败二房；如果坎方有大池蓄水，主房房大发，二房发富最巨，但如果有树木乱石等物遮住去水口，则难以发达，此为闭煞不清，主事业难成。

离水来过堂，从艮方流出，后天破先天，为消亡败绝水，但初运仍会大发，久后定会损丁败绝。

艮水来离水去，先天破后天，为消亡水，主败财，妻子血光难产或离婚，阴宅流破后天，主代代贫穷。

4. 宾位吉凶断

震卦山，宾位在巽卦位。宾位宜去水，不宜来水。

巽卦宾位来水朝堂，水出艮卦先天位，因为巽在左后方，艮在右后方，所以水形多为环抱形状，成为峦头形法中的金城水，这是一种吉形，但因为宾位来水流破先天位，这样的金城水并不旺主家，反而是衰主旺客之局；此种格局的水法，如果是阴宅，久后会绝男丁，家中多生女孩，招了上门女婿之后，会旺起外姓女婿的气运，而自家姓氏的人会衰败；如果是阳宅，建造入住之后，会渐渐衰败，不但财运变差，而且没有男孩传宗接代，如果房屋转卖之后，再住进来的人就成为后来之客，反而会旺起丁财。

5. 客位吉凶断

震卦山，客位在坎卦。客位水来利家中女子，不利男子，客位水去，利家中男子。

坎卦客位水来，流破艮卦先天位，主损丁。

坎卦客位水来过堂，流破离卦后天位，并且没有艮卦先天水来朝堂，就会家贫，而且生好多个女孩，没有男孩。

坎卦有壬子癸三山，子山为桃花；如果子山客位来水，水出离卦午方后天位，午字也是桃花，加上水形弯如娥眉，主家中出美女，桃花多风流。

坎卦子癸二方来水，水出流破坤卦地刑位，为重妻水，主离婚再娶。

坎卦水客位水来，水出坤位地刑，这是先天坤水流破后天坤位，是消亡败绝水，主损男丁，没有后代。

坎卦水来，水出兑卦，这是后天坎水流破先天坎水，是消亡败绝水。

如果巽卦宾位来水，去水出坎卦客位，主家中丁财两旺，如果再收得艮卦先天来水，还会增加贵气，让主家有较高的社会地位。

如果巽卦宾位来水，坎卦客位来水，两水汇于堂前，而后出乾卦天劫位，宾客来水旺女丁与外姓人，天劫去水吉，所以这个格局是旺家中女子的，是旺客衰主之局，家中的女人有才能富贵双全，能嫁富贵之夫，但本家男丁会衰落退败。

6. 天劫位吉凶断

震卦山天劫位在乾卦位，乾卦有戌乾亥三山，其中乾山为正窍位，亥山为地曜。

天劫位来水凶，去水吉；天劫位若见诸般形煞则凶。

乾卦天劫有路及水流直冲而来，主出血病症或血光伤病；戌山、乾山被来水、来路冲破，主出聋哑疯跛之人，又主家人易得流行性疾病。

乾卦天劫位有水来，出水流破艮卦先天位，为消亡败绝水，为祸严重，主伤灾横祸，损丁绝后。

乾卦天劫位有水来，出水流破离卦后天位，也是消亡败绝水，破大财、光血光伤灾，损丁。

乾卦天劫位有形煞如墙角、屋角、池角、乱石冲射，主有伤病，出血症状，在高处主头部、肺部疾病，在中部主胃部疾病，在下部主肛肠疾病；如果阳宅在此方位有坟墓侵射，主有血光之灾。

戌山，天劫位；有水来，主家中阴煞气重，出灵异事件、闹鬼；有路斜冲或反弓，主因犯法而坐牢，或有伤灾横祸；有路直冲，或有丁字

路而无遮挡，主有横祸意外死亡，或男性上吊死亡；此方峦头建筑等物有尖射，主有血光之灾；此方建筑物形状有如探出的手臂，主家中出犯法之人，犯偷盗之罪；此方建筑或水路形如绳索，主家中被盗。

乾山，既是天劫位又是正窍位；有水来为凶水，如果水出酉方，水形多半为反弓水，酉为桃花，故为桃花煞，主因淫乱女色败家招灾；此方为正窍出水位，如果有井、水坑，或杂物阻塞此位，主家人有眼病如白内障等；此方外局如果有树或有建筑的尖角冲射，易患肝病；乾山正窍本为出水口，如果有树，同时戌山天劫位再有大石，主家中出聋哑疯跛之人。

亥山，既是天劫位又是地曜位；有水，或路流入直冲，或有丁字路在亥字曜杀位，没有遮挡，则主家中出意外横死之人，家中年轻女性易有上吊死亡之灾；有峦头形状如手臂探出，家中出作奸犯科之人；有峦头路况如蛇形，主家中常被盗；如果亥山地曜位有孤树、枯树，或电线杆，而同时天曜寅山也有孤树，主家中出精神异常，或幻想症的病人。

7. 地刑位吉凶断

震卦山，地刑位在坤卦位，坤卦位也是辅卦位。

地刑位来水吉，去水凶，有形煞则凶上加凶。

坤卦地刑位有道路直冲而来，主家人易出车祸。

坤卦地刑位来水虽吉，但如果出水时是在艮卦先天位，就在格局上形成破先天的凶水，时间一久，主家运败退、损人丁，尤其对三房或小房不利，原因是艮卦为小房，而且震卦山，艮位在右后侧，在峦头形法上为三、六、九房份的位置。

地刑位的形煞，多引起家中女人多病，如果是建筑的尖角冲射多引起身体受伤或开刀手术，如果是破碎乱石之类，多引起疼痛疾病。

因为地刑位是坤卦，坤主女人，所以主家中妇人多生病；坤又为胃肠，所以所生疾病多与胃肠有关，如胃痛、胃出血等症；又形煞的高度与冲射的位置，与生病的部位有关，如果形煞冲射在高处，主头部疾病，如果在中部，主胃腹之病，如果在中下部主肛肠疾病。

坤卦有未、坤、申三山；未山地刑位有丁字路，主意外横死之灾。

坤卦坤山，如果在外局有树，主肝病；有水来或有路来，主男人容易嫖赌、外遇。

申山，是正曜杀的位置，有形煞在此位，主家中出精神异常的人、幻想症病人；申山有丁字路，成为曜杀丁字路，为祸严重，主横死之灾；申山有巷道风直吹，主皮肤溃烂之症。

申山有形煞形如刀状，如附近大厦的侧面墙角正对劈来而没有遮挡，再收得巽卦宾水、坎卦客水汇合而后出艮卦先天，主家中有人被他人杀害致死，如果是收得艮卦先天来水，流出巽卦宾位坎卦客位，主杀死他人而犯法。

申山为地刑位，虽然来水为吉，但如果是笔直的枪水冲射，就会引动曜杀成为凶水，地运水龙逢生旺时无妨，还主吉，如果一旦失运落入衰死，就会成为阴煞之水，主家中闹鬼，出恶死之人。

8. 辅卦位吉凶断

震卦山，辅卦位在坤卦，坤卦也是地刑位。

辅卦位来水吉，是贵人水，去水凶。

其余吉凶断法与地刑位相同。

9. 库池位吉凶断

震卦山，库池位在壬山。

壬山在坎卦，坎卦是客位，所以壬山既是库池，又是客位，库池有水深聚为吉，为财库主财运，客位则来水利外姓，去水利主家，但如果来水能转先天，或者转后天位而后再过堂，则为客来助主之局，所以具体看水的格局时，要看朝堂的水从哪个卦位流入，在朝堂之前又流经了哪几个卦位，并依此来进行综合判断。

10. 正窍位吉凶断

震卦山，正窍位在乾卦乾山，此位也是天劫位。

乾卦乾山正窍位出水，只要来水是先天或后天朝堂，或者先后天水汇辅卦水朝堂，或者先后天水汇合宾客水朝堂，来水合局，水去正窍，为大吉之局，主房房皆发，而长房最荣。

11. 案劫位吉凶断

震卦山，案劫位在兑卦，兑卦有庚、酉、辛三山。

案劫位在坐山的正前方，为明堂、朱雀方，最忌有形煞尖射，也忌有水来流入直冲，会引动劫杀，给主家带来伤病灾祸。

案劫位出水为吉，但出水的水形一定要曲折而出，直出为凶，失运时应凶。

兑卦来水坎卦出，为先天坎水流破后天坎水，为消亡败绝水，又水形反弓主伤亡；兑方案劫来水直冲入明堂，为穿心水，主家人得心脏疾病、吐血、暴亡之病；如果是兑卦酉山来水，坎卦子山出，为犯桃花煞，淫欲败家。

兑水案劫来水，艮卦先天出水，为案劫破局，先天破局，主桃花淫乱、损人丁，小房最凶，因艮为小房，艮在坐山右后也为小房。

庚山被来水流破主凶，如果来水大而急，主怪异凶死。

庚山有丁字路，主横死；有来路冲，主意外祸事，难得善终。

甲庚壬丙四阳字，峦头山水的形状如果为形煞，定主不利，如果山水破局更会主凶死之事；所以峦头山水之形一定要秀美有情，山水之位一定要合先后天卦位，水的来去流转要合局，最后要合地运，形吉而合局的山水在当前元运生旺，才能在当代发起富贵。

甲庚丙壬四字，如果龙水形恶为煞，再有水破局，极易发生死亡凶事。

子午卯酉四字，如果龙水形恶为煞，再有水破局，男人会有血光之灾，女人则犯桃花，淫欲重，严重者为妓。

酉山为桃花方位，子午卯酉四正位为桃花位，桃花位无论来去水皆主桃花风流，合局者会因桃花而旺起气运，破局者会因桃花而败坏气运。

兑卦酉山水来破局，流出离卦午字破后天，是游魂桃花水，既淫且

凶，主淫欲私奔，家财破败。

如果坎卦客位来水，流到堂前曲而出兑卦兑山案劫桃花位，客位来水主旺女，案劫出水曲折为吉，桃花位出水主生美女，而且主女人桃花运重，此种水，因来去方位的原因，多半为反弓水，反弓者，多有叛逆之心，为游魂桃花，为女人主动招桃花，生性风流。

12．八煞位吉凶断

正曜在申字，天曜在寅，地曜在亥。

同样的峦头形煞，位于曜杀位所引动的力量最凶，相当于天劫、地刑、案劫三处形煞的力量之和。

曜杀位最忌有墙角、屋角冲射、道路直冲、天斩煞凹风直吹、巷道风直吹、丁字路、乱石怪石、孤木枯树、电线杆、变压器、发射塔、垃圾堆、污水坑沟等。

曜杀位的形煞多会引起家人精神异常，严重的会出精神病、疯病、意外伤灾、车祸、自杀、被杀、牢狱等。

（五）巽卦山

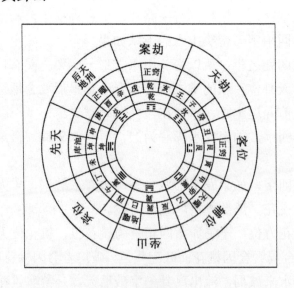

1. 定位口诀

先天在坤后天兑，宾位在离客位艮；

天劫在坎地刑兑，辅位在震库在坤；

正窍乾艮案劫乾，八煞在酉曜卯巳。

2. 先天位吉凶断

巽卦山，先天位在坤卦，有未、坤、申三山；坤卦中的坤山也是库池财位。

坤卦先天位来水过堂为旺人丁为吉，库池位有池湖聚水为吉；去水流破先天为凶，主损人丁。

3. 后天位吉凶断

巽卦山，后天位在兑卦，有庚、酉、辛三山；兑卦也是地刑位。

兑卦后天位来水主旺财，地刑位来水为吉。

4. 宾位吉凶断

巽卦山，宾位在离卦，有丙、午、丁三山。

离卦宾位来水旺家中女人与外姓人，而本家退运；去水旺本家。

5. 客位吉凶断

巽卦山，客位在艮卦，有丑、艮、寅三山；艮卦中的艮山为正窍位。

艮卦客位来水旺家中女人与外姓，而本家衰退；去水旺本家；艮卦正窍位是出水口，水出正窍主房份均匀，如果先后天或辅卦来水合局，则正窍出水主房房发福。

6. 天劫位吉凶断

巽卦山，天劫位在坎卦，有壬、子、癸三山。

坎卦天劫位来水凶，出水吉。一般内外局出水口，首选正窍位，而后选天劫位，再选宾、客位，出水的干支，首选八干四维，次选十二地

支，原因是地支与流年太岁会有填实、冲、刑。

7．地刑位吉凶断

巽卦山，地刑位在兑，有庚、酉、辛三山；兑卦也是后天位。

兑卦山既是地刑位，也是后天位，二者均是来水为吉，去水流破为凶。

8．辅卦位吉凶断

巽卦山，辅卦位在震，有甲、卯、乙三山。

震卦辅位来水吉，来水过堂主有贵人之助；震卦辅位被去水流破，主失贵，丢官罢职之应。

9．库池位吉凶断

巽卦山，库池位在坤卦三山未、坤、申中的坤山；坤山在坤卦位，也是先天人丁位。

坤山库池有水深聚是财库，又是先天位能旺人丁，故坤山有湖池水，而后水出坤位朝堂，去水合局，主丁财两旺。

10．正窍位吉凶断

巽卦山，正窍位出水口有两个，分别是乾山与艮山；乾山在乾卦，同时还是案劫位；艮山在艮卦，同时还是客位。

乾山正窍出水吉，乾山案劫在明堂正前方，出水也吉，但因为是明堂前方出水，所以水形一定要曲折而出，回顾有情，不能直出，直出会成为凶水。

艮山正窍出水吉，又为客位，出水也吉，若来水合局，主房房发福。

11．案劫位吉凶断

巽卦山，案劫在乾卦；乾卦有戌、乾、亥三山；其中乾山也是正窍位。

案劫位出水吉，来水凶，来水冲明堂，为穿心水。

12．八煞位吉凶断

巽卦山，正曜在酉，天曜在卯，地曜在巳。

三曜杀的方位，有峦头山水形煞，凶祸的程度比形煞在其他位置严重数倍。

（六）离卦山

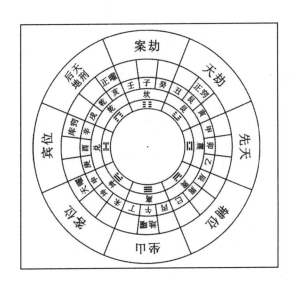

1．定位口诀

先天在震后天乾，宾位在兑客在坤；

天劫在艮地刑乾，辅位在巽库在辛；

正窍艮辛案劫坎，八煞在亥曜申午。

2．先天位吉凶断

离卦山，先天位在震，水来主旺丁，水去破先天主损丁。

震卦来水，为吉，旺丁，水流曲折而来，源流长，则后代人丁兴旺。

震卦（先天）来水，汇合乾卦（后天）来水，过堂，流出兑卦（宾位）辛位（正窍位），主家业兴隆，丁财两旺。

离卦坐山，当坐山为丙、午时，震卦（先天）来水，横过堂前，出兑卦时，不可反跳出辛位（宾位正窍位），丙、午坐山，水出辛位反跳，也为破后天，主败家财。

离卦坐山，当坐山为丁时，震卦（先天）来水，横过堂前，出兑卦时，水出辛位为一字纯清水出正窍，大吉。

离卦坐山，收震卦来水，为收先天水旺人丁，但如果正前坎方案劫位有凹风吹来，为严重的煞气，主头痛、记忆力减退、容易患高血压、中风之病。凹风在案劫方为害最重，天劫次之，地刑又次之。

离卦坐山，当坐山为午时，乾卦（后天）来水，横过堂前，出艮卦时，水出艮位，也为一字纯清水出正窍，大吉。午为桃花，所以坐午山个性风流。

震卦去水，流破先天为凶，损伤人丁，在内局伤损少年人，在外局伤损成年人。（风水化解方法：开挖水池以蓄水，令水停聚，或栽种竹木以做遮障，可消除灾害。）

3. 后天位吉凶断

离卦山，后天位在乾卦；乾卦也是地刑位。

后天位与地刑位来水吉，去水凶。

收后天乾水来朝堂，主发财巨富，阴宅力量最大，阳宅力量轻。

收后天乾水来，汇合先天震水来，出于艮山，也为正窍出水，主丁财两旺，但初始不理想，后运才会旺起来。

收后天乾水，再收先天震水，两水交汇而出兑卦宾位，为富贵双全之水法，但久后会对三房不利，主三房退败，长二房仍吉。（原因是兑为小口，出水久则不利三房。）

后天乾水过堂，汇合先天震水，两水交汇而出坤卦客位，主富贵双全，但久后不利长房。（原因是，出坤卦，是从左侧青龙位流向后方，青龙方流破，青龙为长房位，坤卦亦为长，故久则长房退败，人丁稀少。）

离卦山，左后方坤卦客位水来，水缠玄武，转到乾卦后天位再朝堂；左侧兑卦宾位水，流转到震卦先天位再回首朝堂；两处朝堂水交汇，出于艮方天劫位正窍位；叫做宾客来水成先后天水，主丁财两旺，大发富贵，而且家中人际关系非常好，口碑好。

水流出后天乾卦位，为流破后天，主损财伤妻，不利婚姻；也主家中妇人血光难产。（化解方法：宜栽树立墙或建房屋遮挡，则可化解此不利。）

如果先天位震卦来水朝堂，却从后天位乾卦流出，先天破后天，为犯消亡败绝水，如果是阴宅，不但破财伤妻，而且代代贫穷，更主子女不孝。

离卦山，乾卦后天来水朝堂，出艮卦天劫正窍位，来去方位吉，故主富，但这两个方位的来水去，大多成反弓形，故主子女不孝，因水形反弓为煞气，故而当主当运发财，而失运定会败绝，皆因反弓之故。

乾卦后天位来水，朝堂后从震卦先天位流出，后天破先天，为消亡败绝水，久后家中人丁稀少而退败；如果震方有大水池蓄水，则初运虽然人口稀少，或只有一个男孩传宗接代，但之后又会大发人丁，而且发巨富。

离卦山，乾卦后天位来水朝堂主富，若从巽卦辅位流出，主没有贵人相助，虽富却官场失意；乾卦有戌乾亥三山，戌为牢狱位，若有山或屋宇形如刑具，再加明堂有煞，主家人有意外伤亡，若明堂清秀，亦主有官司诉讼或牢狱之灾；若水从亥山来，亥为八煞方，如果明堂带形煞，主家虽富，却出有精神病常之人。

乾卦位既是后天位，也是地刑位，地刑之位，阴阳宅均不宜见形煞，如碎石山、枯树、屋角冲射、发射塔之类，有树木高压主家中女人头痛之病，有尖角冲射主家中女人伤灾或手术，阳宅此方开门则女人多病。

4. 宾位、客位吉凶断

离卦山，兑卦为宾位，宾位水宜去不宜来，去水吉，来水利外姓人不利主家。

兑卦宾位来水，震卦先天去水，宾水破先天，主家中多生女孩，不生男孩。

离卦山，坎卦为客位，客位水宜去不宜来，来水利外姓人，而不利主家。

收坤卦水过堂，而去水出震或乾位，这是客水破先后天，是"衰主旺客"之局，不利主家男人，但利女儿和女婿。

阴宅收宾客之水过堂，而周边有奇峰秀水，真龙结穴者，主家中女儿能力强，事业兴旺，嫁贵夫豪门，后代女儿这一支的外姓子孙兴旺。

5. 天劫位吉凶断

离卦山，艮卦为天劫位，此位亦是正窍位，出水为吉，来水为凶，有峦头形煞为凶。

艮卦天劫位来水为凶，再流破先天震位，或后天乾位，为消亡败绝水，主没有后代。

艮卦位有丑艮寅三山；丑山水来，主伤灾而死，刀兵而亡，久治不愈的疾病，阳宅如果有丁字路，主家中女性自杀，因丑为阴主女性；艮山有水来，主眼疾、冷热之病，此方如果有深坑，主瞎眼，痨病；寅山有水来，流连于色情场所，如果阴宅此位有水来，严重的可因意外导致伤残。

天劫位的形煞，如果是山石、屋宇尖角、发射塔等硬物，主伤灾；如果是软性的形煞，主疾病。

天劫位有树木，主筋骨疼痛，此方开门主见血光。

天劫位有高大建筑呈现出压迫感，家中会出流氓、歹徒。

艮卦天劫水来，乾卦（后天位）流去，水形呈反弓，则易出痨病、吐血之症。

6. 地刑位吉凶断

离卦山，地刑位在乾卦。也是后天位。

地刑位的水，流入为吉，有池湖蓄水为吉，大旺钱财；流出为凶，流破后天主败财伤妻。

阳宅地刑位不宜有形煞，有则必定产生不利。

乾卦方有高大树木压迫，家中女性有头痛之病；有尖角屋角等冲射，家中女人会有开刀手术或伤病；阳宅地刑位开门，主家中女人多病。

7. 辅卦位吉凶断

离卦山，辅卦位在巽卦。

辅卦位，来水吉，为贵人相助，去水不利，主失去贵人、人缘差、家人身体弱易得病吃药。

巽方为贵人位，如果地势低洼、空陷、有坑，主失去贵人相助，遇到困难没有人帮。

巽方辅卦来水过堂，从辛方流出，辛方为库池位，也是正窍位，若水流出辛方时，辛方有大池蓄水，会使家人大发富贵。

离卦山，坐南朝北，收右后巽卦辅水到堂前，再收左侧兑卦宾水转乾卦后天水来堂前，两水交汇，而后出于艮山正窍天劫位，为合局大吉之水，富贵双全。

8. 库池位吉凶断

离卦山，库池位在辛山。辛山也是正窍位。

辛山库池见水蓄积主旺财，有池湖深聚主巨富。

坐离向坎的阴阳宅，如果收得先天震卦、后天乾卦两水过堂，而后汇流出于辛位，为正窍出水，辛位再有池湖聚水，主巨富，而且发财迅速，"一发如雷，富比石崇"。

9. 案劫位吉凶断

离卦山的案劫在坎卦。

案劫位在明堂位，如果有古井、土坑，主家中有人说话口齿不清。

坎卦水来，坤卦水去，案劫来水流破客位，也为败绝水。

坎卦水来，而八煞亥方，或天曜申方，或地曜午方有大树压迫者，出狂人。

坎卦水来，而流出时，出水口如果有树木在水中央塞住水流，使水呈八字形分叉，主家中人必有眼病，重者瞎眼。

坎卦案劫位有壬子癸三山。

壬方有水来或有路来，主意外横死，不得善终。

子山的水叫做穿心水，主人体的正面部位会有手术开刀。

子山的水来也叫做蛾眉水，会使女人贪于淫欲。

子山水来卯山去，或子山水来酉山去，是桃花位的来去水，主淫欲，叫做游魂桃花，会引发男人夭折，而女人有外遇的情况。

子午卯酉方的水都叫做穿心水，这其中尤以午方的水最应验，会使人得心脏病、眼病，而且子午卯酉方为桃花，如果在案劫位有桃花水来冲射，很容易发生乱伦淫乱的行为。

子癸方有水来，主落水、肿胀、血崩、六指、缺唇、疯跛等灾祸或伤残。

癸水在案劫方朝来，为主恶死、眼病、溺亡。

10．八煞方吉凶断

离卦山，八煞在亥，天曜在申，地曜在午。

亥方有凹风吹来，会患皮肤溃烂的疾病。

亥方有厕所、污池，会引发残疾或恶毒症。

亥方开门，主头痛失眠。

亥方有路冲来，主车祸伤亡。

亥方有树木，引发筋骨痛症或心脏病。

亥方有水来、路来、树木形状怪异阴沉者，家人会出现科学难以解释的灵异现象。

申为天曜方，位于坤卦，为客位，虽然坤卦去水为吉，但若去水在申山，家中优秀的人才反而容易受伤害。

申方有水来，家中男人爱花天酒地、吃喝嫖赌。

申方来水大，客位来水犯天曜，家中会出残疾之人。

申方有凹风、污水坑塘，主出残疾人，小儿麻痹等症。

申方有路，其形成闪电形，主有人被雷击伤亡。

申方有阴庙，主家人出阴症之病。

申方有刀形尖形煞气，主伤亡，来水吉者主伤外人，水流破凶者主自家人伤亡。

午方为地曜，此方有形煞，大部分的病会应在头部，头脑部位的外伤或病变。

午方有池塘，主家人眼盲，克妻。

午方有路，或有直墙直冲，主家中老妇重病。

午方有三叉水，家中子孙不孝，又主家中出淫邪之人。

（七）坤卦山

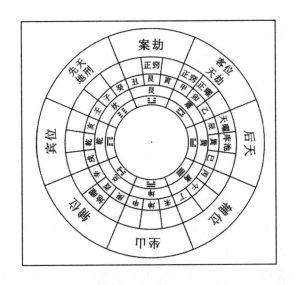

1．定位口诀

先天在坎后天巽，宾位在乾客在震；

天劫在震地刑坎，辅位兑离库在巽；

正窍艮甲案劫艮，八煞在卯曜辰酉。

2．先天位吉凶断

坤卦山，先天位在坎，来水旺丁，去水损丁。

坎卦既是先天位，又是地刑位，所以不能有峦头形煞，有则大凶。

坎卦先天位水来主旺丁，但水不过堂前，就起不到旺丁的效果。

若收得坎卦先天水过堂，同时坎方有大池蓄水，则家中代代出贤人。

若收得坎卦子、癸山之水，虽旺丁，但男人好赌博，喜欢花天酒地。

收先天坎卦水来，再收后天巽卦水，水出艮山，或甲山正窍位，为丁财两旺，富贵双全的吉水。

坎卦去水在内局，必定损伤幼丁或损伤人口；如果坎卦去水在外局，代表没有后代。

坎卦去水流破先天为凶，宜载竹、建屋、筑墙，或培土遮住水口，不见水去则无碍。

收得后天巽卦水过堂主富，再汇合先天坎卦水，而后出震卦甲山天劫位，虽然来去水合局，但如果水形反跳，主家中出叛逆的子女。

收得后天巽卦水，再汇合先天坎卦水，而后出正窍艮位，水形环抱，为大吉之水，丁财两旺，富贵双全。坎后天数为一，巽后天数为四，一四同宫，主科甲连绵，长房、二房大吉。

先天卦坎水来，汇合后天巽水，聚于明堂，而后出乾卦宾位，也是一四同宫，主科甲绵绵，富贵双全，次房大发。

收收兑卦（辅卦）水过堂，再汇合坎水（先天）巽水（后天）离水（客水）而后出于乾卦（宾位），为富贵双全。

收后天巽卦水，汇先天坎卦水，而后出于乾卦辅位，主先富贵而后破财，原因是流破辅卦位。

震卦水（客位）来会坎水（先天）而后出巽（后天），为流破后天；

初运大发富贵，但时间一久就会因为流破后天而家业败尽，重新落入贫穷，地运流年行到水口时，会有重大破财事件发生，或者家中女人因难产而亡，因流破后天主伤妻。

坎卦（先天）来水，汇乾卦（宾位）离卦（客位），再汇兑卦（辅位）水，而后出于震卦（天劫位），代表得到外在的帮助而取得巨大成功，有识人用人之能。

3. 后天位吉凶断

坤卦山的后天位在巽，又是库池位。

如果收得巽卦后天水来过堂，地大、水大，主巨富，地小、水小主因劳动或技术等辛苦工作而小富，或因妻致富。

收得巽卦后天水过堂，主妻子贤慧、助夫，如果巽卦位有水积蓄，如水库池塘之类，主妻子娘家富有，库池近则娘家近，库池远则娘家远。

水从巽卦辰巽巳方流出为流破后天，主破财伤妻，其中尤其以水流出辰方为严重，因为辰方是坤卦坐山的天曜方。

巽卦方高耸，表示家中妇女地位高，成为一家之主。

收后天巽卦水过堂，而水从乾卦（宾位）流出，主家中后代子女不多。

收巽卦后天水过堂，而水从坎卦先天位流出，为流破先天，主损丁，坎卦有壬子癸三山，从正中子山出败长房，从地元壬山出败二房，从人元癸山出败三房。

乾卦（宾位）水来，转到坎位（先天），而后过堂；离卦（客位）水来，转巽位（后天）；两水在堂前交汇，而出于艮卦（案劫），这是宾客水来助先后天水，为外助内，不但自身丁财两旺，而且能得到各方的助力，宾客助主而强，主人丁兴旺，大发富贵。

如果收到乾离宾客水来，而水从坎卦先天位流出，为宾客水流破先天，此水会使家中外姓子孙兴旺，比如女婿或外甥，本家这一姓氏的人口会渐渐败退。

如果收到乾离宾客水来，而水从巽卦流出，为流破后天，也主外姓

子孙发财，而本姓子孙贫困。

4. 宾位吉凶断

坤卦山，乾卦为宾位。

收乾卦宾位水过堂，出水在坎卦先天位，利家中外姓人，比如女婿、外甥之类，不利自家男丁，后代家中女性较多，多生女孩，少生男孩，会出现只有一个男孩传宗接代的情况，如果阴宅外局宾客水流破先天，一二代之后，会绝后。

宾客位的水有个特点，就是如果来水直接过堂，会兴旺家中的女子与外姓人，但如果来水转先天位或转后天位之后再流过堂前，就会形成宾客助主的水局，所以判断宾客水及其他水，都要进行综合的考量。

5. 客位吉凶断

坤卦山，震卦为客位，又为天劫位；客位来水不利主家男丁，去水对主家男丁有利；天劫位不能见峦头形煞，峦头形煞出现在天劫位为祸的程度很凶烈。

如果震卦客位有水流冲射而来的情况，因为是客位与天劫位相重叠，所以会出现对次房不利的情况，出现意外疾病伤灾，严重的会绝人丁。

震卦（客位）水来，坎卦流出，为客水破先天；震卦水来，巽卦去，为客水破后天；此两种水，都主家中男丁败落，而外姓子孙兴旺。

6. 天劫位吉凶断

坤卦山的天劫位在震卦，又是宾位。

震卦来水冲射，不利次房，主疾病吐血，严重的绝人丁。

震卦天劫方如果有树木，主家人易犯阴症。

震卦有甲卯乙三山；如果收甲水来，家中会有人意外伤亡，最容易发生被木石压死的情况，还容易出现灵异状况；如果甲方有峦头形煞，则为天劫煞，身体容易患驼背的症状，性情容易消极，容易出现自杀上吊的情况；如果收卯水来，卯为桃花水，主家中女子外情淫乱，还容易

出精神异常的人；卯水来，再加辰方有树木，就会出精神病人。

震卦（天劫）水来，而从坎卦（先天）流出，叫做忤逆水，既破先天，又破地刑，会导致子女不孝，家中女人身体多病、吐血等症。

震卦来水，乾卦去水，败长房。

7. 地刑位吉凶断

坤卦山，地刑位在坎卦位，也是先天位。

地刑位来水吉，去水凶，有峦头形煞凶。

地刑位的去水，又叫做"药碗水"，主家人久病不愈，所得的病都是医学无法根治的病，这种风水病只有离开此地或进行风水改造并结合医疗和养生手段才能慢慢治愈。

地刑位多处在先天或后天位上，所以地刑位来水会助旺丁财两气，具有助龙身、扶旺元神的功效，而地刑位的煞气，就会导致伤病、破财。

坤卦坐山的墓宅，如果见到坎卦位有水流破，既是流破先天，又是地刑煞水，为祸严重，多有意外伤病，地运流年煞水逢旺，会伤损家中人口。

坎卦地刑位有粗糙、破碎的形煞，如石山、建筑、发射塔之类，会对家中妇人不利；如果有尖角冲射，如屋檐角、墙角、半拉子工程、在建的楼宇等形煞，则家中妇女会有伤灾或开刀手术的情况发生；如果有大树高压，家中女人会有头晕、头痛、昏乱的疾病。

8. 辅卦位吉凶断

坤卦坐山，有两个辅卦位，位置在坤卦的两侧，分别是兑、离两卦。

如果水从先后天坎巽位流入，再汇合辅卦兑水或离水，而后出于正窍艮位或甲位，是吉上加吉，称做贵人水，家族人丁兴旺，财源广进，而且处处有贵人相助，又能识人用人得人才之助。

如果收兑、离辅卦之水流破坎、巽先后天之位，则会损丁、破财，这是因为辅卦辅助了凶水的原因。

9. 库池位吉凶断

坤卦山，库池位在巽山，巽山在巽卦位，巽卦位有辰巽巳三山，巽卦位是先天位。

因为以坤卦为坐山时，巽山既是库池位，又是先天位；库池位以见深水积蓄为吉，库池是财库，大旺丁财；而先天位不能做出水口，如果有水流出，就是流破先天位，在内局主家中少男伤损，在外局主家中壮男伤损；所以巽山有水来，且来水在巽山停蓄，成湖、池、塘，而后再流过堂前为最佳。

巽山有水流破为凶，但若有兑卦或离卦的辅卦水朝来，流向巽山而去，且在巽山有大湖停蓄深聚，或有大的池塘深聚，看不到水流去，则主巨富。

（八）兑卦山

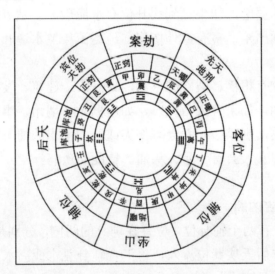

1. 定位口诀

先天在巽后天坎，宾位在艮客位离；

天劫在艮地刑巽，辅位坤乾库子癸；

正窍艮甲案劫震，八煞在巳曜酉辰。

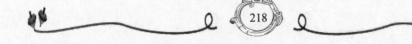

2．先天位吉凶断

兑卦山，先天位在巽，又是地刑位。

巽卦来水主旺人丁，去水破先天主损伤人丁。

对于阳宅来说，室内格局只收过堂水，如果水不过堂，影响力就较小。

巽卦来水过堂，大旺人丁；巽为文昌，所以会出清秀才子；巽为投机，所以会喜欢赌博与投机生意。

巽水来过堂，为收到先天水，再汇合坎卦后天水，流出甲山正窍位，这是兑卦山先后天水法的正局，丁财齐备，主巨富科甲，富贵双全。

巽卦先天来水，汇合坎卦后天来水，流到离卦客位，再转坤卦辅位而出，为流破辅位，主初始丁财两旺，久后因流客位转辅位出，结果会导致失贵，渐渐变差。

巽卦先天来水，而艮卦天劫正窍位出水，虽然是合理气正局，但因水形反弓而吉中藏凶，先吉后凶，反弓主后代子女反叛不孝，反弓亦主刑伤疾病。

巽卦先天来水过堂，而水出乾卦辅位，先天水来主旺丁，但水出乾卦辅位，流破辅位主失贵，流破乾卦主不利公职，流破左侧青龙位长房长子无官贵。

巽卦先天来水，坎卦后天去水，为先天破后天，为大凶水局，主败财、离婚、伤妻、妇人难产伤亡、久后家运败退人丁凋零。

3．后天位吉凶断

兑卦山，坎卦为后天位，后天来水过堂主旺财，水去流破后天主败财、伤妻。

坎卦后天水来过堂，主财气通门，依靠劳动致富。

坎卦水来过堂，汇合先天巽水合局，出水口在正窍艮山或甲山，为财丁贵齐备，后代读书成绩优异，可以达到非常高的官职。

坎卦后天水来过堂，而后流坤卦辅位而出，因坤之先天在坎，故此

水亦是先天破后天，为消亡败绝水，为大凶之水，久后家运败绝，伤损家中人口。

坎卦后天水来过堂，汇合巽卦先天水，而后出于坤卦辅位，因坎是先天坤位，巽之先天在坤位，水又出于坤，坤为阴为女，所以这个水法的格局主女人当权而事业兴旺。

坎卦后天水来，平直和缓过堂前，即以木城水过堂，而出离方客位，为借窍出水，为吉水，主富。

坎卦后天水来过堂，震卦案劫水来，两水汇于巽方（先天位），再转离方（客位），而后出于坤卦（辅位），亦是大吉的水法组合，主丁财两旺，科甲连绵，原因是此局坎一白与巽四绿合成一四同宫之局，坎震巽离坤卦气五行连生，故为吉。

兑卦山，坎卦有水流出，为败财伤妻水，又坤之先天在坎，所以流破此位，主女人血崩，因坤主女人腹部，坤在坎位主女人生殖器官。

坎卦水来，流出巽卦，为后天来水破先天，主伤损人丁，男孩夭折，女人成寡妇；巽卦有辰巽巳三山，巽山天元出水败长房，辰山地元出水败二房，巳山人元出水败三房。

4. 宾位吉凶断

兑卦山，向首在震，宾位在艮；艮卦也是天劫位；宾位、天劫合于一卦，故而艮位之水只能流出，不能流入，流入大凶，必主疾病、夭折。

5. 客位吉凶断

兑卦山，客位在离，客位宜出不宜来，来水主家中多生女儿，且客欺主。

离卦客位水来，转巽卦先天位流出，为流破先天，家中生女不生男，很容易绝男丁没有香火，但女儿招婿则能生男孩，因为客位水是旺女助婿之应。

若宾客水来，转到先后天位再过堂，而后从案劫方曲折而去，此为大吉之水，因宾客水转先后天，是宾客助主之应。

6. 天劫位吉凶断

兑卦山，天劫在艮卦，也是宾位。

天劫方、八煞方、天曜地曜方之水不宜流入，否则宜出精神异神之人，易得吐血之病，时间长了，也能损伤人口。

艮卦为土，为脾胃，此方来水犯天劫，必主脾胃之病，严重的会有胃出血、胃癌。

艮卦天劫来水，过堂后流出巽卦，为天劫水流破先天，为消亡败绝水，而且此水来去方在左右前方，水形大多反弓，故为大凶之水；遇到水局先后天流破的情况，采用载竹、筑墙的方法来遮挡，可以免于灾祸。

艮卦有凹坑，主眼疾、青光眼、白内障、失明；有树木，主筋骨痛而难以治愈；有尖角冲射，主开刀手术、咳嗽肺病。

艮卦有丑艮寅三山；丑方来水，主意外横死、刀伤杀劫、上吊自杀等；艮方来水，主吐血、痨病；寅方来水，主血病、凶死。

艮卦水来过堂，流乾卦而出，艮之先天在乾，故为后天破先天，为消亡败绝水，为凶水。

艮卦阳宅开门，犯天劫，主伤灾，刀伤手术之类。

艮卦为宾位、天劫位，故阴阳宅此方均不能见形煞，形煞遇天劫凶上加凶。

艮卦天劫来水中主凶，但也要看水法的组合，如果先收巽卦先天水与坎卦后天水过堂，而后再收艮水，而艮水不过堂，而后水出甲山正窍案劫位，也为合局大吉之水，称为"化煞为权"。

7. 地刑位吉凶断

兑卦山，地刑位在巽，也是先天位，故来水为吉，去水为凶。

地刑位不能见形煞，形煞加地刑为祸很严重，多主伤灾血光。

巽卦有辰巽巳三山，辰方形煞应在辰戌之年给家人带来不利，巳方应在巳亥之年，巽方应在木旺之年女人身上。

8. 辅位吉凶断

兑卦山的辅位有两个，坤卦与乾卦。

辅卦位是贵人之位。

辅卦位来水吉，去水不利。

辅卦助吉则吉上加吉，助凶则凶上加凶。

辅卦位水流出或有坑陷，为辅卦失力，主失去贵人相助的机会，事业方面没有人帮助，此时如果有形劫侵射，主家人多病长年不愈，到医院也无法根治，治不好。

辅卦位来水流入，并汇合先天水或后天水，而后水出天劫，或宾客位，最好是水出正窍艮、甲之位，则为辅卦坚固有力，吉上加吉。

辅卦虽然来水吉，但也要看去水方位，去得对才吉，去得不对反而为凶。

坤卦辅位来水，坎卦流出，因是兑卦山，此水多为环抱金城形吉之水，但坤来坎出，坤之先天在坎，为后天破先天，为消亡败绝水，故初时吉，而久后败绝。

乾卦辅位来水，离卦流出，乾之先天在离，为后天破先天，亦为消亡败绝水，时间一久，家运必败。

9. 库位吉凶断

兑卦山，库池位在子、癸位；子、癸居坎卦，也是后天位。

所以兑卦山的库池位，也是后天位，所以来水为旺财水，如果有大溪、水池蓄水更是吉上加吉，为一方巨富。

如果子、癸水为去水，为水流破后天坎卦，主破财伤妻，但若此方有深池聚水停蓄，或有路拦截而形成停蓄聚水，如大溪或水库，而不见去水，亦主大富。

10. 案劫位吉凶断

兑卦山的案劫位在震卦位，震卦位含甲卯乙三山，其中甲山既是案劫位又是正窍位。

兑卦山，内局水出甲山为正窍出水，为正局。

兑卦山，外局水出甲山，为兑卦第一水口，主房房丁财两旺，大发富贵。

震卦案劫位有峦头形煞，主肝病、足部受伤，有剪刀屋不可住，叫做断头煞，易出车祸、凶死之灾。

震卦案劫水来，会使人患上心脏病，易发生暴病而亡的情况。

震卦案劫来水，坎卦后天去水，主败财伤妻，家中男人会因妻子过世而再娶，而且会因淫乱而败财败家；如果坎方出水处有大池蓄水，主大富，但虽有富贵，但家人仍会有凶死难逃之灾。

震水来，巽水去，为水破先天，家中小孩或年轻人易因意外而伤亡，如果是外局破先天，则会因为后代不生男孩，而收养子，最后仍会人丁败绝。

甲方有路来，主恶死。

卯位有水来，为戮水，又为桃花水，男人夭折血光，女人淫乱。

卯酉水来，而归离卦之午方去，此种水为游魂桃花水，代表女人淫乱跟人私奔。

卯方有路来像绳索，或者有丁字路，由主家中年轻妇子上吊自杀，或死于木石之下。

11．八煞方吉凶断

兑卦山，正曜方在巳，天曜在酉，地曜在辰。

巳方为正曜方，也是地刑位。

巳方有树木，主有心脏病，部分人家会有灵异。

巳方有丁字路，主女孩上吊自杀；有十字路，主得糖尿病。

巳方开门，主车祸；有凹风，主头痛、小儿麻痹。

酉方有树木，人易有灵异体质，如果同时地曜辰方也有树木，会出精神异常之人。

酉方有树木，同时艮方有大树高耸压迫，会有头部、脑部疾病，久

则出精神错乱之人。

酉方有水塔位于高处，主长房头部受伤。

酉方有路冲背后，主家中被盗。

酉方有水来或有孤树，主出无耻之人，桃花煞。

辰方位于地刑位，有树木，主肝病；也主家中出灵异之人。

辰方、巳方都有树，出精神错乱之人。

辰方有丁字路，主家中男性自杀。

辰方有高大建筑逼迫，或有屋角冲射，主出官司诉讼。

辰方有路冲来，主横死。

辰方开门，主车祸。

辰方有凹风，主败财损丁。

五、立向的"变易"之道——"三元九运"时间旺衰周期

地运的旺衰由什么推算而来？

由三元九运推算而来。

三元九运由何而来？

三元九运由"太阳系九大行星运转"、"北斗星系九星运转"，两者对地球的交互作用，由天文历法的实践观测，历经两千余年，才逐步完善形成。

（一）三元九运的原理

1. 太阳系九大行星与三元九运

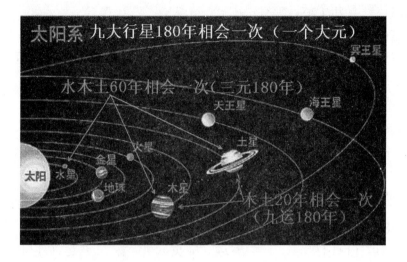

（上图，太阳系九大行星）

地理风水形势有吉有凶，吉凶的发作周期受天体运动影响。

风水学中的"三元九运"源于天文历法，用以揭示地理风水的旺衰周期。

九大星行连成一线的周期是180年（九星在一个扇形区域内，近似排成一线，距离最近），星球间产生最强烈的作用，并由此展开新一轮的"强——弱、弱——强"的引力变化周期，所以风水学中的一个"大元"的周期就是180年。

"水、木、土"三星连成一线的周期是60年，所以风水学中"上元、中元、下元"的周期各为60年。三个60年，就是一个大元180年，这时"水、木、土"三星第三次相会与九大行星连珠相会在时间上重合。

"木、土"二星连成一线的周期是20年，每一次相会，星球间的强大引力作用对地球产生重大影响，所以风水学中一个"地运"的周期就是20年。

每三个运，合成一个小元，是60年，这时"木、土"二星第三次相会与"水、木、土"三星相会在时间上重合。

在180年当中，"木、土"二星共相会九次，它们的第九次相会与"水、木、土"三星的第三次相会，与九大行星的同时相会，在时间上重合，

所以地运共有九个运。

这就是风水学"三元九运"的由来。

三元九运，上、中、下三元，每元60年，合计180年；九运，每运20年，合计180年。

2、最近的三元九运表

上 元	中 元	下 元
一运（贪狼） （1864—1883 年）	四运（文曲） （1924—1943 年）	七运（破军） （1984—2003 年）
二运（巨门） （1884—1903 年）	五运（廉贞） （1944—1963 年）	八运（左辅） （2004—2023）
三运（禄存） （1904—1923 年）	六运（武曲） （1964—1983 年）	九运（右弼） （2024—2043 年）

现在是八运，八是艮卦，艮为东北，所以东北是旺气方，对宫的西南就是零神方，零神方见水为旺财水，所以说在八运西南方有水旺财。

八运当中的旺山旺向有以下几种：丑未（东北西南）巳亥（东南西北）巽乾（东南西北）。

这几个坐山朝向，后面有山为旺山，前面有门、有明堂、有明水为旺向，主当运期间催富发贵。

上面表格当中可以看到，九运中的每个星，不是太阳系中的星。

太阳系行星运行，定下了三元。

但九运不只受木土二行交汇影响，更重要的影响来自北斗九星。

下面讲北斗九星对地球的影响。

3. 北斗七星与地运的关系

（1）北斗七星与北斗九星

地球处于太阳系当中，所以太阳系的行星运动对地运影响最大。

其次就是北斗七星。

太阳系行星之间的距离基本都不到 1 光年，阳光到地球也就走 8 分钟。

北斗七星距离地球 60—100 光年左右。

这个星系影响到地球一年四季春、夏、秋、冬的交替变换。

北斗七星。

北斗七星的形状像一个长柄的勺子。

斗勺有四颗星（天枢、天璇、天玑、天权），斗柄有三颗星（玉衡、开阳、瑶光）。

古人把勺子部分的斗身，叫做"魁"；把勺柄的部分叫做"杓"。

北斗九星。

七星的斗柄后面还有两颗星，玄弋、招摇，即：左辅、右弼。

洛书九星就对应北斗星系的这九颗星。

洛书九星有自己的名称：贪狼一，巨门二，禄存三，文曲四，廉贞五，武曲六，破军七，左辅八，右弼九。

（2）北斗运转四季变换

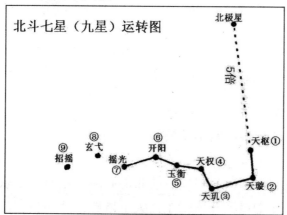

（上图，北斗七星（九星）运转图）

　　把勺子末端的两颗星（天璇、天枢）直线连起来，其延长线约五倍的距离，就是北极星。

　　北斗七星永远顺着这个延长线对着北极星，围绕北极星旋转。

　　地球的转轴直指北极星，所以从地球上看，北极星是永远不动的，这个北极星就成为北极点；正因为如此，在地球上观测起来，所有的恒星与星座都以北极星为中轴转动。

　　北斗七星以北极星为中心点旋转。勺子的前端永远指向北极星，而勺柄就像钟表的指针一样。

　　北斗七星与北极星构成星空中巨大的钟表，北极星是中心点，北斗七星就是钟表的指针。

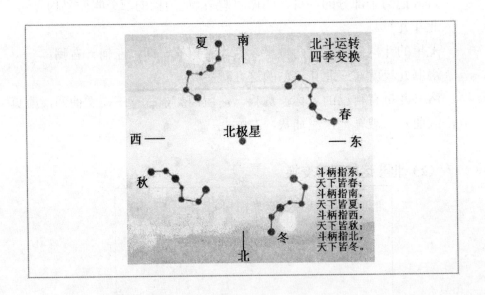

（上图，北斗运转，四季变换。）

　　我们仰望星空，面向北极星，前北、后南、左西、右东。

　　这时再看北斗七星。斗柄指东，天下皆春；斗柄指南，天下皆夏；

斗柄指西，天下皆秋；斗柄指北，天下皆冬。

所以，这个北斗钟表，指示的是与我们地球相关的时间与空间。

《史记·天官书》："斗为帝车，运于中央，临制四乡。分阴阳，建四时，均五行，移节度，定诸纪，皆系于斗。"

《史记》是汉武帝时期司马迁所做。汉朝距今天已有2200多年，当时天文历法已经对天体运动对地球自然界的影响有了深刻的认识。

（3）北斗九星与洛书九宫

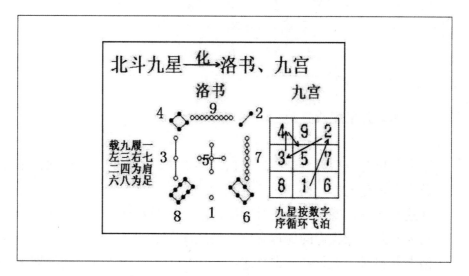

（上图，北斗九星化做洛书，洛书化做九宫。）

北斗九星：天枢、天璇、天玑、天权、玉衡、开阳、瑶光、玄弋、招摇。

北斗九星化做洛书九星。（同星而异名）

洛书九星：贪狼一，巨门二，禄存三，文曲四，廉贞五，武曲六，破军七，左辅八，右弼九。

九星以数字形式，从中央五黄开始，按数字顺序飞行，循环往复。

（4）九星落八方配八卦

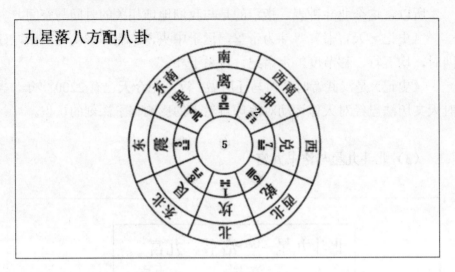

九星落八方配八卦

（上图，九星配八卦。）

洛书九星对应后天八卦：坎一白，坤二黑，震三碧，巽四绿，中五黄，乾六白，兑七赤，艮八白，离九紫。

（这个数序，就是九星飞行顺序，也是后天八卦数。）

后天八卦对应我们的地理方位，如上图所示。

洛书九星对应五行：一白坎水，二黑坤土，三碧震木，四绿巽木，五黄中宫土，六白乾金，七赤兑金，八白艮土，九紫离火。

从北斗九星——洛书——九宫——后天八卦——后天八方——八方有五行——五行生克——五行归阴阳——阴阳归太极；从宇宙天体——自然界方位——人。

由此建立起北斗九星对地运、对人事吉凶的作用关系、作用周期。

这一节讲的是"立向"。

立地运的"生旺"之象，乘借地运"生旺"之气。

生旺之气由什么推导出来，就由源于天文历法的"三元九运"推导出来。

地运，其实质就是天体运行，对地球自然界的影响。

地运，实质也是天体运行，对人类生存的"时间、空间"的影响。

（二）地运的"不易之理"——"正神、零神"旺衰

一个元是60年，上、中下三个元是180年，形成一个大元。

把180年的一个大元分成上、下两元，上元90年，下元90年。

把三元九运中的五运五黄20年分成两部分，前十年归于上元四运，后十年归于下元六运。

上元有坎一白、坤二黑、震三碧、巽四绿，四个运，前三个一运20年，四绿运为30年。

下元有乾六白、兑七赤、艮八白、离九紫，四个运。其中六运乾六白为30年，剩下三个运每运20年。

1．八卦八方地运旺衰原理

因为1、2、3、4属于上元，所以上元90年当中，1、2、3、4当元而旺；6、7、8、9失元而衰。

1、2、3、4为坎、坤、震、巽卦位，6、7、8、9为乾、兑、艮、离卦位。

这是八卦方位在上元的地运旺衰情况。

坎一白、坤二黑、震三碧、巽四绿，四个卦属于上元，所以这四个卦位在上元90年当中因为得到当元之气而旺，为旺气方位。

乾六白、兑七赤、艮八白、离九紫，四个卦属于下元，所以这四个卦位在上元90年当中因为失元而衰，为衰气方位。

上元有1、2、3、4，四个运，每个运轮流当旺。1、2、3运各当旺20年，4运当旺30年，共90年。

上元一运，坎一白当元当运，在元、运皆旺，为元运两旺，所以上元一运，坎卦正北方位谓之"正神"方，其余坤二、震三、巽四当元而不当运，仍为当元旺气方。坎卦一白元运两旺为"正神"方，则与其合十的对宫离九紫方位就处于元运最衰方，为"零神"方，其余乾六、兑

七、艮八仍为元运衰气方。

其余元运的旺气方、衰气方，正神方、零神方均依此理推导。

2. 上下元八卦方位地运旺衰时间周期

（1）上元

上元90年，1、2、3、4为旺神，6、7、8、9为衰神。

上元一运，1为"正神"，9为"零神"。

上元二运，2为"正神"，8为"零神"。

上元三运，3为"正神"，7为"零神"。

上元四运，4为"正神"，6为"零神"。

（2）下元

下元90年，6、7、8、9为旺神，1、2、3、4为衰神。

下元六运，6为"正神"，4为"零神"。（1964—1983年）

下元七运，7为"正神"，3为"零神"。（1984—2003年）

下元八运，8为"正神"，2为"零神"。（2004—2023年）

下元九运，9为"正神"，1为"零神"。（2024—2043年）

比如2013年为下元八运，6、7、8、9为旺神，1、2、3、4为衰神，其中8为正神，2为零神。8为艮八白，艮卦为东北方位，所以东北方位是元运两旺的正神方。2为坤二黑，坤卦为西南方位，所以西南方位是元运最衰的零神方。

3. 峦头形势与地运旺衰

峦头形势在自然环境中有山、水两项；在平原地带，高一寸为山、低一寸为水，来水处为高、去水处为低；在城市当中，建筑为山、道路为水，下雨天来水处地势高、去水处地势低；在家居环境中，柜、床、桌、登、炉灶等高的家具为山，低平的地面、水池、鱼缸为水。

峦头的山，如果处在旺神方位，为得当元地运旺气，在正神方位，

为得当元当运两重地运旺气。山主人丁、官贵、事业，山在地运旺神、正神位，就主当元或当运人丁兴旺、得事业官贵之吉。

山龙为阴，旺气为阳，山临地运旺气方位，为阴阳相合，为合太极，为吉；山龙为阴，衰气为阴，山临地运衰气方位，为阴阴相斥，为反太极，为凶。

峦头的水，在衰神方位，为得当元地运太极之气，在零神方位，为得当元当运两重地运太极阴阳相合之气。水主妻财，在地运衰神、零神位，就主当元或当运发财。

水龙为阳，衰气为阴，水临地运衰气方位，为阴阳相合，为合太极，为吉；水龙为阳，旺气为阳，水临地运旺气方位，为阳阳相斥，为反太极，为凶。

4. 立向与峦头、地运

（1）不易之理

立坐向的时候，依峦头形势之法，要后有靠山、左右有龙虎、前有明堂朝案；再依先后天八卦格局之法，来去水要合先后天八卦格局，峦头形煞要避开三曜煞方位；再依元运地运旺衰，靠山要立在元运旺神方或正神方，周围的砂、峰排在地运旺神方，周边的水流排在地运的衰气方。

要重点说明的是，此处的旺方、衰方，以及正神方、零神方，这些方位都指的是八方八卦的卦位，而不是二十四山的方位。

旺神方、衰神方，在上元，或下元之中，只要90年的元没走完，不论是什么坐山朝向，其旺衰方位是不变的。也就是说，八卦八方的旺衰，90年一变化。

正神、零神方，在一个20年（4、6运为30年）的运当中，不论是什么坐山朝向，也是不变的。也就是说，正神、零神方，20年一变化。

这是地运的"不易"之理，在一定时间周期内的固定规律。

山管人丁水管财。

秀山临旺神位，主90年内大旺官贵，秀水临衰神位，主90年内大旺财运。

秀山临正神位，主20年元运两重旺气，当下大旺官贵，秀水临零神位，主20年元运两重衰气，当下大旺钱财。

立向时，背后的玄武靠山一定要安在旺神位、正神位，对面的衰神位、零神位一定要平坦或有明水放光，这是风水乘纳地运气机的最重要原则。

当然，这只是峦头与理气在坐山朝向一线配合的基本原则，实际应用中，周边二十四山方位的峦头形势与理气都要考量分析才行。

（2）八方八卦山势与地运吉凶

这里的山势，既指自然环境的山峰，也指城市住房周边的高大建筑，对于室内格局来说，就是高出地面的家具。

山峰要秀美或肥满，要草木茂盛，建筑要整齐洁净，这才是峦形合格，这样的山，在当元当运的时候，才能得地运旺人丁、发官贵，而且没有后患，失运的时候，也会因为山形合格，或山水合峦头藏风聚气的格局而平安无事。

如果山形破碎、荒芜，没有生气，建筑倒塌、破败、斜角冲射等，就成为峦头煞气，当逢到元运生旺之气时，有些高耸带煞的山也能发旺丁贵，但因自带煞气，所以发丁贵的手段有点黑，所以发了丁贵之后，就会招来伤刑之灾，而且一旦失运逢衰，就会有更大的灾祸。

（1）上元

1、2、3、4，即坎、坤、震、巽四卦方位为旺神方，当运之时就是正神方，所以这四个卦位在上元有秀丽或肥满的山峰为合局为吉，主发丁贵；如果见水、坑洼、下坡则为凶，主损丁失贵，多疾病伤灾，事业困顿。

6、7、8、9，即乾、兑、艮、离四卦方位为衰神方，就是正神的对宫，是零神方，所以这四个卦位在上元有清澈水聚，或吉水环抱、水流悠扬为合局为吉，主发财旺妻、生意兴隆；如果见山、高地、高耸建筑，主穷困、赚不到钱、投资破财、婚姻不顺、离婚伤妻。

①坎卦为中男，坎水主智慧，所以坎卦位有山，在上元为旺神、正神，主出智者，又主二房、次子、中年男子事业兴旺。

如果坎卦位见水，在上元为反局，对二房、次子、中年男子不利；坎为盗、为淫，又主家中男子犯法而受刑罚。

②坤卦为老女，坤土主田地房产，所以坤卦位有山，在上元主家出贤妇，助夫兴家，助夫官贵，又主家中投资土地房产而大富。

如果坤卦位见水，在上元为反局，主败财伤妻，又主家中女人淫乱；坤为腹、为妇科，如果有水直冲或水污臭，主妇科疾病、流产、手术，又主皮肤恶疾。

③震卦为长男，震为名声，为果断，所以震卦位有山，在上元主大发男丁，长房大旺，男丁官贵，有威名。

如果震卦位见水，在上元不利长房、长子。

④巽卦为长女，巽为文昌，所以巽卦位有秀峰，在上元主出文贵，文化名人、著名演员等。

如果震巽两卦位有肥满之山，极发人丁，家运兴旺，出官贵名人。如果巽位见水，或震巽有水相连，在上元反局，主损伤人丁，又主淫乱。

⑤乾卦为君、为家长、为官，所以乾卦位有水，在上元不但主富，还主官贵，多出武贵，军职、公检法执法部门的官贵，是富贵双全。

如果乾卦位有山，在上元为反局，主穷困、仕途艰难、伤人丁。

⑥兑卦为小女儿、为医卜、为演艺，所以兑卦位有水，在上元出名医、玄学名家、知名演员，又出家中女儿有出息。

如果兑卦位有山，在上元为反局，主女子淫乱、刑伤残缺之灾，家中出骗子，结果因诈骗罪名而遭官刑。

⑦艮卦为小儿子，为三房，艮为土也为土地田产，所以艮卦位有水，在上元发大财，投资房地方发财，家中三房、小儿子最发达。

如果艮卦位有水，在下元会对三房、小儿子不利，艮为鬼门，易得不治之症，艮为手足，易有手足伤灾，艮为庙宇，易出愤世出家之人。

⑧离卦为中女，为文明，在身体为眼睛，所以离卦位有水，在上元利财、利文、家中妇女贤良美丽。

如果离卦位有山，在上元为反局，主眼病，出盲人。

四正之位为桃花位，向发离、坎、震、兑四卦，在元运旺时，也主情色，但会因桃花运而获得广泛的人缘、人气，也会发财出名，娱乐界的知名人士多属于这一类。

四正位在元运反局时，如果因有水而反局，都主淫乱，主色情行业，并因此而产生灾祸。

（2）下元

6、7、8、9，即乾、兑、艮、离四卦方位为旺神方，当运之时就是正神方，见山为吉，山得地运旺气，主发丁贵；如果见水、坑洼，主损丁失贵。

1、2、3、4，即坎、坤、震、巽四卦方位为衰神方，当运之时就是正神的对宫，是零神方，所以这四个方位见水，或地势平坦空阔为合局为吉；如果见山，主伤妻破财。

下元山水吉凶所应之事，与上元相近，依峦头山水形状、依卦理、依地运旺衰推断即可。

（3）变易之道

地运的周期还有"变易"之道。

当坐山立向具体到二十四山，具体到120分金度数时，就会进一步产生更细致的峦头山水理气变化，而且地运旺衰周期也会具体到流年、流月。这就涉及"洛书九宫飞星"当中山星与向星的运用。

山星的飞泊管山的旺衰，向星的飞泊管水的旺衰。

当然，对于阴宅造坟或阳宅建房来说，一旦建好，坐向不可能再变动了，除非迁坟或拆迁，所以实际风水运用时，流年山水的旺衰，只在

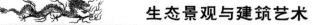

室内风水布局时做临时调整时才用，而阳宅建房实际最受重视的是近期20年或40年的地运风水。

一卦管三山，一卦45度，内有三山，每山各占15度；再把一山分成5份，每份占3度，这叫做120分金；每山有5个分金，每个分金占3度范围。

阴阳宅建造立向时，如果坐向在二十四山中间3个分金，也就9度范围内，就叫做正向，如果偏离中间9度之外，就叫做兼向。

三元风水立向，一般只立正向，不立兼向。

兼向虽偶有一时富贵者，但因山向五行气杂而不纯，所以多有意外之祸。所以既使少部分可用的兼向，当地理功夫没有老师传授，没有深厚的实践时，还是不用为好。

基于这个原因，阴宅立向不可兼向，阳宅立向，也最好不要兼向。对于别人已经盖好的商品房或商铺，短期几年内租住，如果峦头形势合格，商业氛围较好者，可以作为投资经营的过渡期，但尽量不要买下来作为住宅或投资，因为这样的风水，旺运期太短，运过就会因为社会环境的变化而落败。

三元风水立向，更要避免"空亡线"，也就是卦与卦的交界线、山与山的交界线。坐向空亡线，会导致意外灾祸、精神异常、疯颠奇症、同性恋等等，各种违背自然阴阳之道、违背传统人伦的变态情况出现。

（三）地运的"变易"之道——"山、向"九宫飞星

1. 三元九运

三元九运是根据洛书九宫之数划分而成，所以又称为"洛书元运"。

三元九运来历很早，相传在公元前2697年，黄帝命大桡以干支纪年来推演历法，定此年为黄帝元年，也即甲子从此开始，往后每一个六十年就是一个循环周期，将一个循环周期称之为"六十花甲子"。到现在已将近七十九个花甲子。

三元者乃上元中元下元三个元，每一元为六十年，称之为一个花甲

子，每一元又分为三个运，每运为 20 年，三个运共六十年，所以称之六十年为一元。

又将三个花甲子称之为一个正元，三个花甲子共一百八十年，每一正元分为上元、中元、下元，每一个正元分为九个运，故称之为"三元九运"。

九运依次分为一白水运、二黑土运、三碧木运、四绿木运、五黄土运、六白金运、七赤金运、八白土运、九紫火运。

上元 $\begin{cases} \text{一运（一白水）1864—1883 年甲子年—癸未年} \\ \text{二运（二黑土）1884—1903 年甲申年—癸卯年} \\ \text{三运（三碧木）1904—1923 年甲辰年—癸亥年} \end{cases}$

中元 $\begin{cases} \text{四运（四碧木）1924—1943 年甲子年—癸未年} \\ \text{五运（五黄土）1964—1963 年甲申年—癸卯年} \\ \text{六运（六白金）1964—1983 年甲辰年—癸亥年} \end{cases}$

下元 $\begin{cases} \text{七运（七赤金）1984—2003 年甲子年—癸未年} \\ \text{八运（八白土）2004—2023 年甲申年—癸卯年} \\ \text{九运（九紫火）2024—2043 年甲辰年—癸亥年} \end{cases}$

在把三元划分为上下两元时，中元五黄前十年划归于四绿运，后十年划归于六白运，所以四绿和六白每运三十年。

2. 掌上排八卦、九宫

图一　　　　　　　　　　　图二

以上图一为后天八卦掌。图二为洛书九宫掌。主要用于临场判断风水时，在掌上推算山、向飞星所落的宫位。

后天八卦方位，中间是中宫位。

洛书九宫，以五黄五数入中，六到乾、七到兑、八到艮、九到离、一到坎、二到坤、三到震、四到巽，这就是洛书九星配八卦的飞星顺序。

通过洛书九星数配八卦，产生了八卦的后天数，中五黄、乾六白、兑七赤、艮八白、离九紫、坎一白、坤二黑、震三碧、巽四绿。

2013 年是下元八运，下元 6、7、8、9 的卦位是旺神，1、2、3、4 是衰神。八运 8 为正神，对宫合 10 的 2 为零神，也就是艮卦东北位是正神方，坤卦西南方是零神方。

2024 年—2043 年是下元九运，九运 9 离卦南方为正神方，对宫合 10 的 1 坎卦北方为零神方。

3. 排洛书九宫山向飞星盘

洛书九宫飞星盘由运盘、山盘、向盘，三盘飞星组成。

九运每一个运都有一个运盘，以当运的数字入中宫，顺飞八方。

山盘要依二十四山三元龙的阴阳，以运盘为基础起飞星，入中后飞布八方。山盘飞星用以判断某个坐向的阴阳宅各方"山"的地运旺衰。

向盘也要依二十四山三元龙的阴阳，以运盘为基础起飞星，入中后飞布八方。向盘飞星用以判断某个坐向的阴阳宅各方"水"的地运旺衰。

（1）运盘九宫飞星

运盘与坐山朝向无关，到了哪个运，哪个运的当旺之星就入中宫位，然后按前面九宫掌的飞星顺序顺飞。

运盘飞星举例如下：

2004—2023 年是下元八运，如果在这个期间建造的坟、宅，或者迁移的坟、重新装修的房子，就是八运坟、宅，即以八入中宫，则九到乾、一到兑、二到艮、三到离、四到坎、五到坤、六到震、七到巽，如下图。

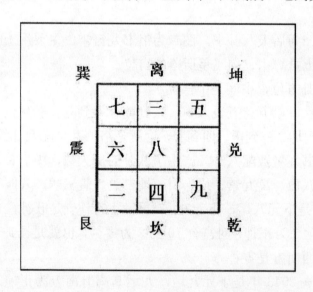

如果是下元九运 2024—2043 年建造或重新装修的房子，就是九运宅，就以九入中宫，一到乾、二到到兑、三到艮、四到离、五到坎、六到坤、七到震、八到巽。

（2）二十四山三元龙阴阳

排完运盘，就要依二十四山的坐山朝向排山盘、向盘。

在排山、向飞星盘之前，要先掌握二十四山三元龙的阴阳属性，因为三元龙的阴阳，决定山、向飞星入中宫后是顺飞还是逆飞。

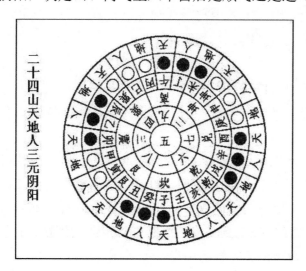

如上图，八方八卦，每卦有三山，三山分属三元，中间为天元，右旋为地元，左旋为人元。以坎卦为例，坎卦有壬子癸三山，中间子为天元，右侧壬字为地元，左侧癸字为人元。其余仿此。

如上图所示，二十四山八干（甲乙丙丁庚辛壬癸）四维（乾巽艮坤）十二支（子丑寅卯辰巳午未申酉戌亥），有阴阳之分。黑圈为阴，白圈为阳。

按三元龙从右到左的次序说明规律如下：

地元龙：阳——甲、庚、丙、壬。阴——辰、戌、丑、未。

天元龙：阳——乾、巽、艮、坤。阴——子、午、卯、酉。

人元龙：阳——寅、申、巳、亥。阴——乙、辛、丁、癸。

（3）山盘九宫飞星

山盘飞星以坐山宫位的运星入中，然后看坐山所在二十四山位是地、天、人三种元龙中的哪一种，再看入中的数字属于何卦，找出此卦与坐山相同属性的元龙，以此元龙的阴阳属性决定入中的山盘飞星接下来是

顺飞八宫还是逆飞八宫。

例：1984—2003 年建造的坟、宅，坐向为子山午向，为七运子山午向。

先排运盘。

七运以七入中，七入中宫，八到乾、九到兑、一到艮、二到离、三到坎、四到坤、五到震、六到巽。

再排山盘。

山盘以坐山宫位飞星入中宫。

子山午向，坐山在坎宫，坎宫运星为三，故山盘以 3 入中，写在中宫的左上角。

子山午向，坐山子是天元龙，所以入中的山星 3 震卦也找天元龙，震卦含甲卯乙三山，卯为天元龙，卯为阴，阳顺飞阴逆飞，所以入中的山星 3 要逆飞。顺飞是 3 入中、4 到乾、5 到兑这样分布八宫；逆飞就是山星 3 入中，2 到乾、1 到兑、9 到艮、8 到离、7 到坎、6 到坤、5 到震、4 到巽。这样就排出了完整的山盘。如下图。

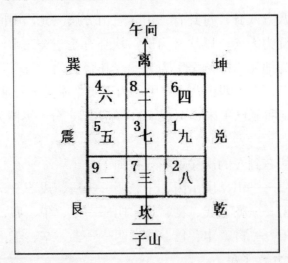

（4）向盘九宫飞星

最后排向盘。

向盘以朝向宫位飞星入中宫。

子山午向，朝向在离宫，离宫运星为二，故向盘以二入中，写在中宫的右上角。

子山午向，朝向午是天元龙，所以入中的向星2坤卦也找天元龙，坤卦含未坤申三山，坤山为天元龙，坤为阳，阳顺飞阴逆飞，所以入中的向星2要顺飞。2入中、3到乾、4到兑、5到艮、6到离、7到坎、8到坤、9到震、1到巽。

如下图，左上角为山盘飞星，右上角为向盘飞星。

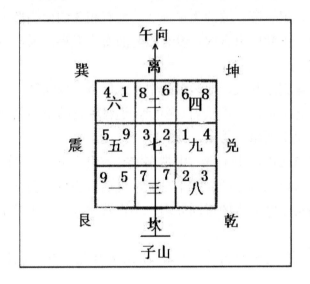

这样一个完整的七运子山午向坎宅的运、山、向飞星盘就排出来了。二十四山其余坐山朝向各运的洛书飞星盘仿此排盘即可。

（5）峦头的"山、向"飞星旺衰吉凶

山盘体现出二十四山某坐向，阴阳宅内外的"山"，在本运当中，在各方位的旺衰；山向变换、元运变换，则同一方位的山，旺衰之气随之变换，而吉凶迥异。

向盘体现出二十四山某坐向，阴阳宅内外的"水"，在本运当中，在各方位的旺衰；山向变换、元运变换，则同一方位的水，旺衰之气随之变换，而吉凶迥异。

一个运 20 年当中，阴阳宅立下二十四山方位的坐向，建造完成之后，在本运当中，周边的山、水就具有了与其他山向不同的旺、衰之气，并因天人合一而对主家产生吉凶感应。

山或水在各方位的旺、衰程度分为"旺气、生气、退气、死气、煞气"五种。

"旺"方得峦头之配合为上上大吉，同理，"生"方为吉，"退"方为平，"死"方为凶，"煞"方为大凶。

旺、生、退、死、煞的飞星理气，要有相关的峦头形势与之相配，才能天人合一地感应出吉凶，没有相配的峦头形势，则吉凶不验。

①旺气

当令之运谓之旺气，即运盘的中宫之星为当令旺气。

比如下元七运，七赤星当令而旺，运盘中宫的七赤兑卦就是当运之气；山盘飞星 7 所落之秀山，就是旺气之山，主出丁出贵，如果旺气落在峦头带形煞之山，主丁贵之中带有煞气，出丁贵之时会因做恶而造下因果，当运时能因气运旺而摆平是非，过运就会有刑伤官非。余者峦头形之美恶与运之旺衰吉凶皆同此理，不再赘述；向盘飞星 7 所落之水，就是旺气之水。

山星当旺的方位有秀峰，则峦头之山乘纳地运旺气，主旺丁、旺贵，地位显赫。

向星当旺的方位有秀水，则峦头之水乘纳地运旺气，主旺财、旺妻，财运大发。

旺气当运，合峦头，主当运速发富贵；峦头形局秀美为有德之富贵，峦头形局歪斜，为暗地里不义之富贵；山有形煞主心狠而整人伤人，运过逢死煞之气则自身灾祸，水有形煞恶臭主贪腐不义偏门之财，运过逢死煞之气飞临，当应恶疾或败尽钱财。

山星的当运旺气叫做"山上龙神"，山上龙神落在山上，则山得旺气而发贵。

向星的当运旺气叫做"水里龙神"，水里龙神落在水上，则水得旺气而发财。

山上龙神落在水里，为反局，主失贵，不利事业；水里龙神落在山上，为反局，主破财，不利生意。

②生气

未来两个将旺之运谓之生气。

比如现在 2013 年是八运，八是当旺之气，九、一两运是将旺之气，是生气；山盘飞星 9、1 两星飞落之山就是生气之山，向盘飞星 9、1 所落之水，就是生气之水。

山得生气主事业兴旺，水得生气主生意兴隆。

旺气速发，生气缓发；旺气大发，生气小发。

③退气

已过之运谓之退气。

比如 1984—2003 年为七运，七为旺气，2004—2023 年，为八运，艮八白卦气当旺，而兑七赤过运退气，山向飞星中的 7 就是退气；山盘 7 所落之山就是退气之山，向盘 7 所落之水就是退气之水。

山、水峦头逢退气，都表示最兴旺的阶段已过，难以再取得进展，能维持现状就不错了。

④死气

九个运当中，当运为旺气，未来两运为生气，再远的三个运就是死气。

比如现在八运，八当运为旺气，九、一两运为生气，二黑、三碧、四绿这三个运就是死气；山向飞星的 2、3、4 是死气；山盘飞星 2、3、4 所落之山就是死气之山，向盘飞星 2、3、4 所落之水就是死气之水。

山逢死气主事业艰难，阴宅主后代出平庸无能之子孙，水逢死气主财运稀薄，阴宅主后代家业败落。

死气落在坐山与朝向两方，对家运产生的影响最为巨大，如果峦头形美，虽不兴旺，但无灾祸；如果死气落在山水的峦头形煞之上，会加大不利的程度，产生凶灾。

⑤煞气

九个运当中，离当旺运最远的两个运，也是退气运前面的两个运。

比如 2013 年是八运当旺，七运是退气，那么五、六运就是煞气，山向飞星中的 5、6，五黄、乾六白就是煞气；山盘飞星的 5、6 飞落之山就是煞气之山，向盘飞星 5、6 飞落之水就是煞气之水。

山盘、向盘的煞气星飞临的方位，是山水煞气最凶的方位。

山盘煞气方位，如果见山峰高耸，为煞气得用，主凶；如果山盘煞气方是低平之处，或见水，叫做以水脱煞收煞，就可以制住煞气。

向盘煞气方位，如果见明水直冲、反弓，或见坑洼、低平空地，为煞气得用，主凶；如果向盘煞气方位有秀峰高耸，叫做以山脱煞，就可以制住煞气。

山，在外环境为山峰，在城市为建筑、树木、发射塔，在室内环境为衣柜、桌床、炉灶等高的家具。

水，在外环境为水流、湖泊，在城市为路、低平、低洼之地、下坡之地，在室内环境为平地、水池、浴厕、鱼缸。

山盘煞气方见山的形煞叠加，主出凶灾、祸事、官司、疾病、凶死。

向盘煞气方见水的形煞叠加，主出破财、投资失误、败尽家业、倾家荡产、伤妻、妻子意外死亡等。

运盘、山盘、向盘，是按一座阴阳宅的二十四山坐向排出来的，山、向飞星的旺衰以一个运 20 年一周期进行变换。

比如 2013 年是八运，山盘飞星 8 飞到之处，如果有秀峰或形状整齐的建筑，是"山上龙神上山"，主发贵、人丁兴旺；但到了 2024 年以后，就进入九运了，山星 8 退气，这时山盘飞星 9 所落之山就成为当元当运的旺山。如果在造坟建宅时，充分考虑周边的峦头情况进行立向，就能尽量把周边环境中的山峰挨到山盘飞星的旺气、生气方；一个旺星主 20 年，两个生气星各主 20 年，如果一个旺气、两个生气，在立向时都能排在秀峰上，那么这座坟、宅就会有 60 年发贵的地运。

当然还有更专业的手段，以地理峦头结合格局、结合地运，可以做出三元不败的格局，但这种风水环境也要有机缘才能碰到，首先要天然合适的峦头山水格局，然后还要有功夫精纯的堪舆师，最后还要主家有德有机缘，才能做成这样的兴旺一个家族两三百年以上的好环境。

4. 流年飞星

三元风水的地运时间周期除了上下元各90年，上中下三元各60年，九运一个运20年，还有流年、流月、流日。这其中流年飞星入中飞布八方是流年断吉凶的基础，也是堪舆师最常用的。

流年飞星入中宫有固定的规律。

上元一白起甲子，中元四绿中宫始，

下元七赤居中位，年顺星逆皆由此。

上元一白起甲子。上元甲子年，1白入中宫顺飞八方；乙丑年9紫入中宫顺飞八方；丙寅年8白入中宫顺飞八方……如此循环，直到上元六十年结束。

中元四绿中宫始。中元甲子年，4绿入中宫顺飞八方；乙丑年3碧入中宫顺飞八方；丙寅年2黑入中宫顺飞八方……如此循环，直到中元六十年结束。

下元七赤居中位。中元甲子年，7赤入中宫顺飞八方；余者与上相同，直到下元结束。

六十甲子流年飞星入中表

六十甲子							上元	中元	下元
甲子	癸酉	壬午	辛卯	庚子	己酉	戊午	一白	四绿	七赤
乙丑	甲戌	癸未	壬辰	辛丑	庚戌	己未	九紫	三碧	六白
丙寅	乙亥	甲申	癸巳	壬寅	辛亥	庚申	八白	二黑	五黄
丁卯	丙子	乙酉	甲午	癸卯	壬子	辛酉	七赤	一白	四绿
戊辰	丁丑	丙戌	乙未	甲辰	癸丑	壬戌	六白	九紫	三碧
己巳	戊寅	丁亥	丙申	乙巳	甲寅	癸亥	五黄	八白	二黑
庚午	己卯	戊子	丁酉	丙午	乙卯		四绿	七赤	一白
辛未	庚辰	己丑	戊戌	丁未	丙辰		三碧	六白	九紫
壬申	辛巳	庚寅	己亥	戊申	戊申		二黑	五黄	八白

举例：

比如从 1984 年开始进入下元七、八、九运。

七运 1984—2003 年，八运 2004—2023 年，九运 2024—2043 年，每运各 20 年。

（1）下元七赤居中位，所以 1984 年甲子年的流年飞星是 7 入中、8 到乾、9 到兑、1 到艮、2 到离、3 到坎、4 到坤、5 到震、6 到巽。流年飞星飞布八方。七运里面 7 是旺气，8、9 是生气，所以乾、兑两个方位是流年的生气方位。如果乾或兑是大门的方位，那么这一年家城的运气就会比往年明显好，因为生气临门之故。5 黄为煞气，飞到震方，如果家中大门在震方，这一年五黄煞到门，主家人多病、身体不好，五黄属土，在风水上化解五黄煞要用金五行泄土，挂五帝铜钱可以化煞。

（2）2013 年癸巳在下元八运，这一年是 5 入中宫，6 到乾、7 到兑、8 到艮、9 到离、1 到坎、2 到坤、3 到震、4 到巽。下元八运，8 当旺，9、1 为生气，所以 8 艮方是流年旺气方，9 离方、1 坎方是流年生气方。

（3）流年飞星的应用。对于阳宅，大门、床、炉灶这些重要的家居位生旺气飞到为吉，死煞气飞到为不利。不利的情况，以五行生克的方法来化解。

决定富贵层次与吉凶程度最重要的还是运、山、向三盘的元运与峦头。

如果峦头格局不好，立向再错误，山向死煞之气落在峦头山水的形煞上，则此运整个 20 年都不好，而且必然应凶，最凶的流年应期就在流年飞星死煞之气临门、临山向或再次叠加到峦头形煞上的时候。

第七章

帝王陵墓的环境选址

历史上的帝王陵墓最能体现阴宅风水富贵之极的力量。

也有一些家族环境，因山水配合得宜，虽不能达到富贵之极，但胜在后代的富贵绵绵长久。

以明朝十三陵为例，对这类地理做一讲解。

明十三陵，在北京西北昌平区境内，燕山山脉的天寿山下。

一、峦头山势

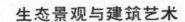

（上图）三面环山。太行山脉从西南而来，燕山山脉从东北而来。两条龙脉都雄浑、悠长，具有帝王之气。

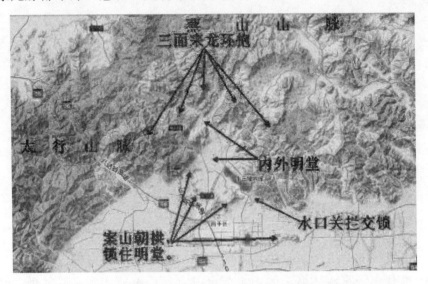

（上图）东、西、北三面环山。

龙行，开帐出脉，分出五龙入首结穴。

明堂之外，有砂峰案朝，关锁明堂。

出水口有秀砂关拦，使水欲去还留，结成水库，缓缓流出。

（上图）明十三陵近景。

山形秀美，是龙之生气。

砂峰秀美，贵不可言。

二、峦头水势

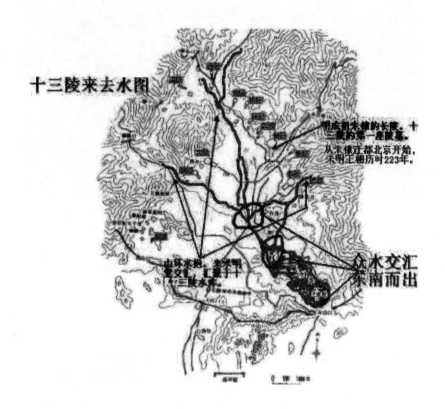

（上图）来水汇聚明堂，山环水抱，执天下财富。

三、峦头穴场

（上图）明十三陵墓穴地面建筑。

墓穴在地下，地上建筑用以保护墓穴。

此图上可清楚看出，来龙过峡、跌伏，再聚起龙气，束咽，起顶。

龙脉起伏之间，龙气转换。行龙每跌伏跃起一次，地气就剥换一次，龙气就产生一次剥换。

起顶后，形成"玄武垂头"，入首，结成穴胎。

穴胎正是龙气阴极而孕阳之处。

自明成祖朱棣起，朱氏家族执掌天下皇权220多年，做到人间富贵的极致。大明王朝也是历史上与汉、唐王朝比肩的盛世皇朝。

第八章

帝都的环境选址

中国历史上的王朝首都最能体现建筑风水选址的精髓。

中国历史朝代变迁：夏、商、周、秦、汉、三国、晋、南北朝、隋、唐、五代、宋、元、明、清。

每一个朝代首都的选址都是帝王们最看重的事。

帝都选址最重视"龙脉、来去水、明堂、朝案"。

龙脉越是雄浑厚重，来源越悠长，王朝所能获得的地运越长久。

朝堂水，来去水，越是大江、大河的交汇，国家越富强。

明堂江河水来去有情，水患得治，则国有明君，政治清明，国强民富。

明堂越是浩大，王朝所能掌控的疆土越是广阔。

龙虎齐备、朝案拱扶，则朝庭文武百官上下一心，百姓及四方诸国归心。

帝都风水，格局必定宏大。

以龙脉来论，西安、洛阳、北京最为雄厚悠长，开封、杭州次之，南京龙脉断续破碎，帝王之气已散，只剩王侯公卿之气，在此定都的最终都难以延续王朝，结局是败走他乡。

一、西安与洛阳地理风水解析

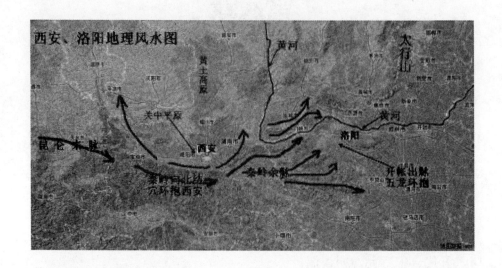

把西安和洛阳放在一起，是因为周朝、汉朝、唐朝，这三个朝代都曾经"同时"把西安和洛阳作为帝国都城。

他们都把西安当作大本营，当作后院，而把洛阳当作前院。

原因就是，从西安东出洛阳，就可以俯瞰中原，掌控天下。

西安的龙脉发自昆仑山，自西向东连接秦岭，秦岭在西安转身向北，环抱结穴，形成关中平原，结穴大地就在西安；而秦岭余脉继续东行，开帐分出五条支脉，向东环抱，再次结成大穴，这就是洛阳。

从军事上讲，作为帝国都城，既要有天险据守，易守难攻，又要有平原、水源，提供足以养活自身的食物来源。

西安有秦岭三面环抱，洛阳四面有群山环抱，又有黄河水沿着山谷朝入平原的明堂，正是进可攻，退可守的环境宝地。

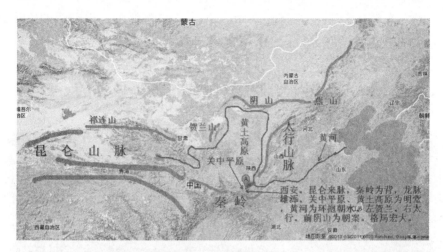

（上图）"西安、洛阳、北京"风水的帝王气势。

西安。昆仑山为祖山，东进到秦岭，秦岭转身向北入首。西安以秦岭为玄武靠山；以关中平原为内明堂，以黄土高原为外明堂；以黄河环抱明堂为朝水；左有祁连山为青龙，右有太行山为白虎；前面阴山为朝山。地理风水的帝国都城格局。

洛阳。西以秦岭东进开帐展开的五条支龙为玄武，黄河水朝堂向东

北而出，左有太行山，右有大别山。洛阳是四面环山，它东面的案山较小，也是秦岭的余脉，在这个图上看不出来。

二、汉王莽、唐武则天成功篡位称帝的环境原因

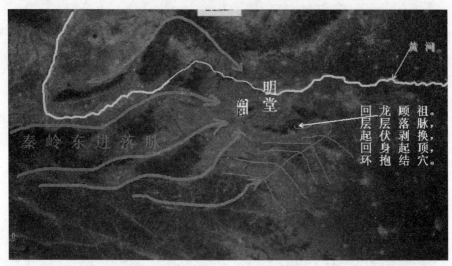

（上图，洛阳。）

五龙入首环抱。最南端的龙脉，向下层层落脉，回头顾祖，张开两臂环抱，与另外四龙形成对明堂的合抱之势。黄河水，曲水朝明堂。这是山水相依帝王环境。

但是，太行山脉对明堂反弓，水随山走，结果黄河水形也对明堂反弓。

这是洛阳帝王环境中有缺陷的地方。

明堂是龙脉气运汇聚的地方，是天子诏见诸候、权掌天下的地方。

所以这个地方被朝水和朝山反弓，就会出现臣子谋逆，夺取帝王气运，借地理环境之势，成功篡位称帝。

汉、唐均以西安、洛阳为首都。

汉分西汉、东汉。西汉由高祖刘邦建立，中间被王莽成功篡位，之

后光武帝刘秀夺回政权建立东汉。

唐由高祖李渊建立，中间被武则天成功篡位，迁都洛阳，改唐为周。后来武则天自己把帝都迁回西安，传位于中宗李显。李显继承皇位，恢复唐朝旧制，把洛阳作为东都，大本营放在西安。

所以地理环境，格局天成，你承受了宏大的帝王之气，但也同时要承其中某些风水缺点带来的不利。十全十美的格局是不存在的。

但汉朝刘氏一族掌控天下422年，唐朝李氏一族掌控天下289年，达到人间富贵的极致，在五千年的华夏文明史、三千多年的王朝变换史当中，这样的家族屈指可数，其地理环境已经是天下一等一的好格局了。

三、北京地理环境解析

北京为五朝帝都。

辽、金、元、明、清，都以北京做首都。

作为帝国首都前后历时总计为700多年。

（1）其中明朝276年，以北京作为首都的时间有223年。

朱元璋灭元建立明朝，在位31年，终年71岁，首都原来定在南京；朱元璋驾崩之后第5年，他的第四个儿子，燕王朱棣从北京起兵，攻破南京，夺取政权，然后定都北京，建元永乐，成为历史上的明成祖。从朱棣开始，北京作为明朝的首都历时223年。

（2）清朝也有276年历史。从1644年定都北京，到1911年辛亥革命，北京作为清朝首都的时间有267年。

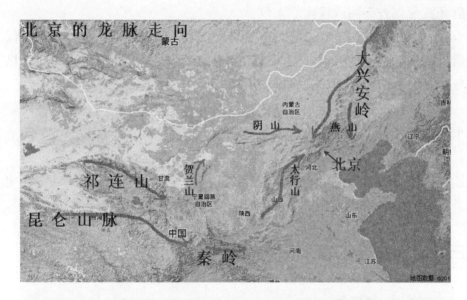

北京的西南来龙：昆仑山—秦岭—太行山

北京的正西来龙：贺兰山—阴山

北京的东北来龙：大兴安岭—燕山

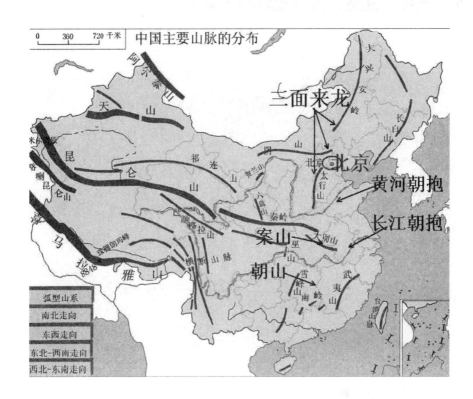

北京的环抱朝水：第一道是黄河，第二道是长江。

北京的明堂：河北平原、华北平原。

北京的案山：大别山脉

北京的朝山：南岭诸山脉

四、开封、杭州、南京地理风水解析

开封是七朝古都，但实际上真正问鼎天下的朝代只有宋朝，其余都是诸候王。

宋太祖赵匡胤定都开封，是为北宋时期，北宋历时 168 年；南宋时期的首都是杭州，南宋历时 152 年。

但开封所处之地，离西部龙脉较远，所以龙脉之气明显不如西安和洛阳。实际北宋时期的国土面积只有唐朝时期的 1/3。

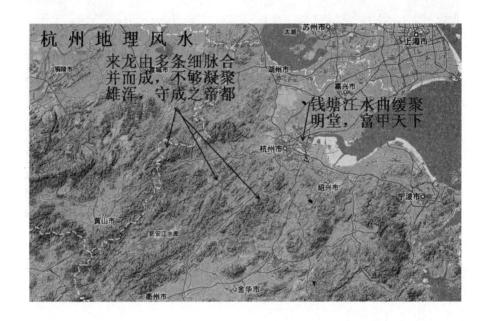

杭州是五代吴越国和南宋两朝的首都。

南宋定都杭州，历时 152 年。

但实际上，杭州的来龙并不雄厚，是由许多条秀气的小支龙合并成一丛的龙脉，所以它的龙气不够凝聚，没有雄浑的气象，所定都在此的王侯，都没有雄霸天下的雄心，安于富足。另外，它的明堂太小，容纳不下万邦来朝。但它有曲水朝明堂，所以主富。

历史上，吴越国也只是乱世诸雄之一，并没有掌控全国；而南宋也是一样，南宋时期经济虽然发达，但军队武力松驰，国土面积被北方的金国占去一半，虽有帝王之气，但已经没有能力掌控全局了。

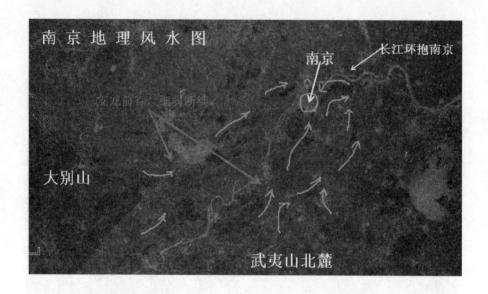

南京地理风水图

大别山

武夷山北麓

南京

长江环抱南京

支龙前行、细弱断续。

支龙断续不接，形势虽然环抱南京，但远远没有北京、西安、洛阳的龙脉雄浑、凝聚。龙脉断续、细弱，龙气若存若亡，帝气不固，只有王侯富贵之气。

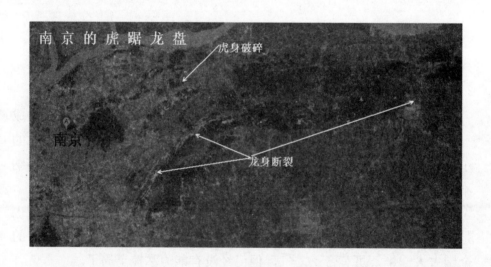

南京的虎踞龙盘

南京

虎身破碎

龙身断裂

南京原来被称做六朝古都。

三国时期的东吴首都就在这里，后来东晋，南北朝时的宋、齐、梁、陈首都也在这里。但这六朝都不是一统天下的帝王，而是割据时期的军阀，相当于公候之类。

在南京唯一称帝成功的是明太祖朱元璋，他在位31年，南京被当作首都的时间只有53年，很短。明成祖朱棣攻破南京，夺权成功后，就把首都定在了北京，此后，明朝以北京为首都时间有223年。

在近代，太平天国，民国的蒋介石，都曾以南京为首都，但结局都是失败。

这其中最重要的原因，就是南京的龙气，是以大别山、武夷山为祖山，这两处山脉非常厚重，但他们出脉的时候，出的是细弱的小脉，而且还断续不接，到了南京，形成龙、虎二形，形状很好，但是龙虎只有骨头，没有肉，是枯龙、死虎。所以南京虽然有长江环抱，兜住地气，但来龙之气却是若存若亡。

所以在这里起事的人，都想一统天下，但怎奈龙气已枯死，注定天亡。

有人说秦始皇挖秦淮河通长江，结果截断了南京的龙脉，这当然对南京的龙脉之气有影响，但更重要的原因是南京的龙脉原本就是细弱断续的，这和北京、西安、洛阳雄浑凝聚的龙脉一比较，就可以看出来了。

五、帝都格局与疆域大小

西安、洛阳、北京，都为万里来龙（几千公里），来龙雄浑，有大江河朝抱，定都之地来脉开帐结穴，三面或四面环抱，所以龙气生旺，定都于此的帝王都成为一代雄主，有开疆扩土的志向，军队强大，成就一代盛世王朝。汉、唐、明、清均是如此。

开封、杭州、南京，龙气不长、不凝、不厚，所以帝王之气弱，所以定都于此的王者，或守成而安于富足，或气运不够而进取失败。

看看各朝帝都与它们的版图大小，就可以对龙脉"天人合一"的气运的作用一目了然。

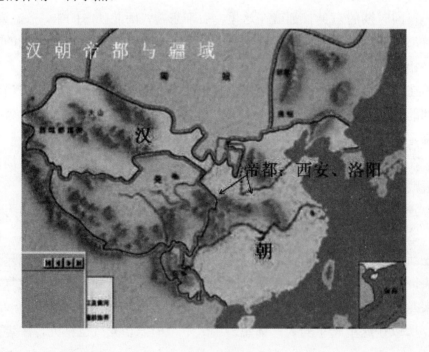

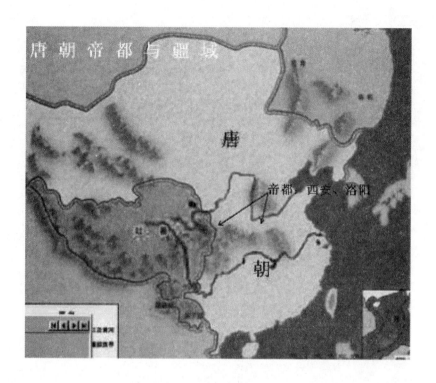

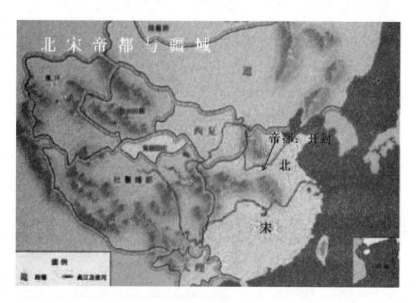

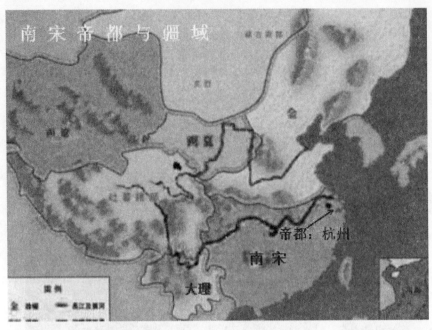

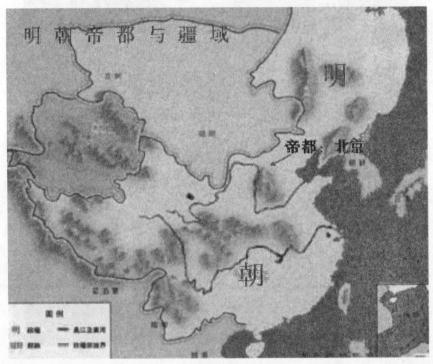

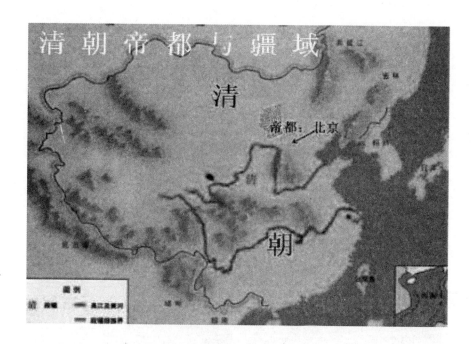

第九章

北京紫禁城环境格局

一、来龙

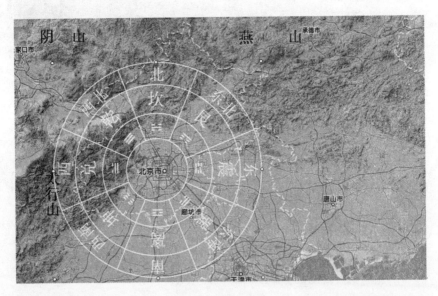

兑、乾、坎、艮，西、西北、北、东北，八卦八方之中，有四个卦位有完整的来龙。

来龙雄浑有力，干龙列队而行，开帐入首环抱，结大地明堂。

二、来去水

水如蛛网，细密交织，曲流明堂，环抱京城。在东南交汇而出。

三、水口、护城河、金水河

北京城近处没有大河，但是小河还是有的。

紫禁城外围有南北两水环抱，北有温榆河，南有凉水河，两水交汇于东南。

城外有两道人工河：

外一圈是护城河环抱。出水口在通惠河与北运河交接处，是在紫禁城的东南方。

内一圈是紧邻城池的后海、中海、北海、南海，以及环包城下的金水河。

这两道人工河，均流入通惠河，再交汇北运河而出。出水口在紫禁城中心点的东南方位。

四、先天八卦阴阳合太极

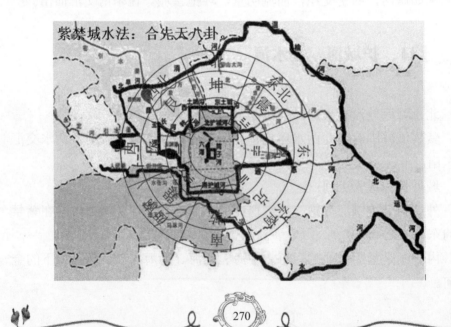

紫禁城外的天然河流，水法合先天八卦，阴阳相合，乘水法太极生旺之气。

最外围天然河流：

艮卦来水，兑卦出，山泽通气，少男少女相配，成一太极。

坎卦来水，兑卦出，中男少女相配，成一太极。

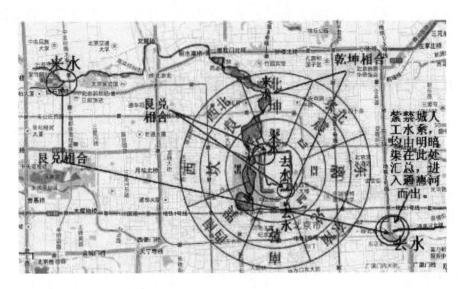

（上图）先天八卦水法。

水从艮卦来，从兑卦去。

挖后海，连通西北艮卦来水，西北为天门，这是天门开；最后水流汇总东南兑卦，从通惠河流去，东南为地户，这是地户闭；艮为山，兑为泽，艮兑来去，为山泽通气，合先天八卦生机孕育之道；艮卦来水，兑卦去水，艮为阳为少男，兑为阴为少女，这是阴阳正配，阴阳相合而成太极，孕育生旺之气。

挖后海，在景山（紫禁城北面的靠山）后面转折，这是水缠玄武，然后经北海、中海、南海，环抱于天安门外金水河，然后由暗渠东南入通惠河而去。北转折、而南环抱，北为坤为地，南为乾为天，合先天八卦"天地定位"；乾为阳为君为父，坤为阴为臣为母，所以，风水上这一

水法的处理，先天八卦阴阴相合、君臣相合、父母相合，成太极之道，得太极生旺之气。

紫禁城的西北角，有暗渠，北海之水从此流入城内，这是艮卦来水，形成内金水河，自西北、西、西南，在正南方环抱城内大殿，形成城内的明堂环抱水，然后从东南兑卦流出，经暗渠再进入东南通惠河而去。这又是一个艮兑阴阳相合的来去水，在城内小环境再次形成水法的太极生旺之气。

五、先后天八卦格局——先后天水朝堂

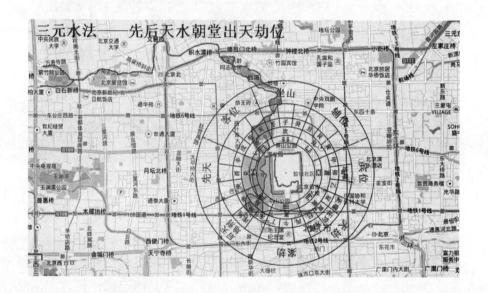

（上图）紫禁城内外水法合先后天八卦格局。

紫禁城内外的人工河流，水流的来去、聚蓄，完全按照先后天八卦格局开挖建造。

乾卦客位来水，到坐山后方，为水缠玄武；再转兑卦先天位汇聚，为客来助主，大旺人丁，主后代人多子多孙、健康高寿，配合雄浑的来龙山势，主帝王之贵；兑卦先天位水再转坤卦后天位汇聚，坤山又是库

池位为财库，此位有人工开挖的南海聚水，主富甲天下、国力强盛；先后天水汇聚后，再转到离卦明堂，为先后天水朝堂，再配合水形环抱，主富贵双全。

因为北京地区自然的河流是从北、西北、西南的山区流来，所以在建城时，艮东北、震正东、巽东南方位因为地势相对较低，成为天然的去水方，而没有天然的来水，艮为辅卦、震为宾位，辅卦主人才辅助，宾位为四方宾客，所以在城墙外挖筒子河紧贴城墙，而后汇聚到兑卦、坤卦先后天位的中海、南海之中，这是以人工的方式形成宾位水、辅位水转先后天水朝堂。

出水在城内为巽山正窍位，在城外为天然之位为巽卦位，在辰乙方，也是客位和天劫位。

来去水均合三元先后天八卦格局。

六、紫禁城的"形"——怀抱婴儿

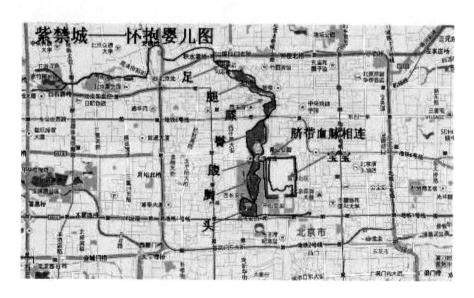

（上图）怀抱婴儿

南海为头，中海为胸，北海为臀，后海为腿。

形如人体右侧卧、弓身、并腿，怀抱婴儿（紫禁城）。

头南、脚北，天父地母，孕育初生婴儿（紫禁城）。

山川大地为骨肉，江河溪水为血脉。

内、外水相连，有进有出，生旺而来、衰死而去，血脉通畅，新陈代谢，"天人合一"、"阴阳相合"之理。

七、紫禁城的中轴对称原则（合于阴阳）

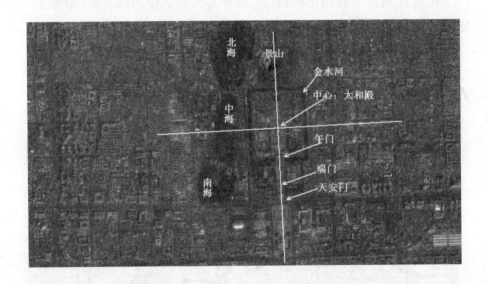

（上图）紫禁城卫星云图。

（上图）建筑布局中轴对称。

紫禁城是中国建筑环境的典范。

严格按照中轴对称的原则进行布局。

坐北朝南。

坐子向午。

中轴线就是子午线。

这个中轴子午线，不仅是紫禁城的中轴线，也是整个北京城规划建设的中轴线。

中轴对称体现的是中国建筑环境文化"阴阳平衡"、"天人合一"的原则，体现对全国政权的有力掌控。

上下左右对称，就是阴阳平衡。阴阳二气平衡，就形成太极之势。太极，万物生发之始，生机盎然。所以阴阳平衡，就会形成孕育生命、朝气蓬勃的太极气场。

来龙越雄浑悠长，明堂越浩大，太极气场的规模也越宏大，所能兴旺的气运就越大、越长久。

紫禁城是方形的，方形属土，土为中央。方形的建筑，因为不缺角，所以五行之气齐全，八方卦气也齐全。这样，就形成紫禁城以"中央之土"一统八方的"天人合一"格局。

北京城南有天坛、北有地坛；天阳、地阴，合先天八卦"天地定位"；西有月坛、东有日坛，月为阴为水、日为阳为火，合先天八卦"水火不相射"。

八、紫禁城四灵兽形势格局

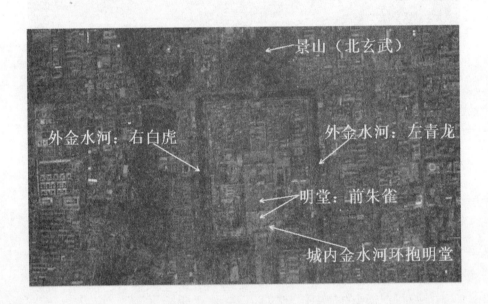

（上图）卫星云图。紫禁城的四灵兽风水格局。

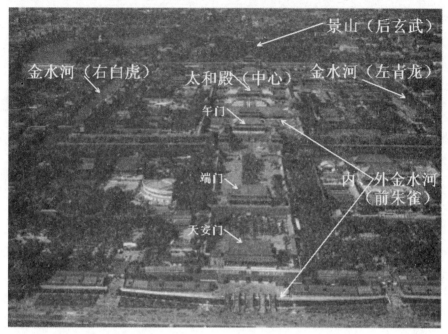

（上图）全景照片。四灵兽风水格局。

四灵兽是：前朱雀，后玄武；左青龙，右白虎。

（1）北玄武——景山

北方以景山为靠山，为北玄武，以纳龙脉之气。

元朝时这里是座小山丘，叫青山。

明成祖朱棣重新修建紫禁城的时候，把这座接续来龙脉气的土丘加高，形成一座略微环抱皇城的五峰笔架山。这座山的位置，正好在全城的中轴线上，成为整座皇城的靠山。

（2）左青龙、右白虎——城外金水河（左右城墙）

挖金水河环抱城墙。

平洋之地，高者为山、低者为水，水抱城墙，就是水抱山。

河水从北面引景山脉气，左右环抱，形成左青龙、右白虎环抱之势。

（3）前朱雀——金水河环抱的广场

城内为内金水河环抱的太和殿前面的广场。

城外为天安门前的外金水河环抱的端门前面的广场。

再远就是护城河环抱的广场，现在的天安门广场。

内、外金水河都从西北汇聚到南方，环抱中央。

环抱水叫做 "金城水"，金城水主"富贵双全"。

内、外两条金水河的流向，都符合先后天八卦的来去水格局，所以明清两朝以北京做都城总计489年，执掌天下财富。

（4）皇城建筑是地理风水的缩影

太和殿是皇帝上朝议事的地方，是紫禁城的中心。（穴、明堂）

四面城墙环卫，就是风水中的罗城。（砂、峰，环护拱卫）

所以左右城墙，也是左青龙与右白虎。（左右水抱城墙）

罗城四面护卫，拱扶，就相当于山川地理当中，明堂周围拱扶朝拜的山峰。

前方的午门、端门，相当于案山，天安门相当于朝山。

所以，皇城建筑群本身，就构成了地理风水中的"龙、穴、砂、水、向"，是地理环境用于建筑的杰作。

九、现代北京城的中轴对称——同心圆

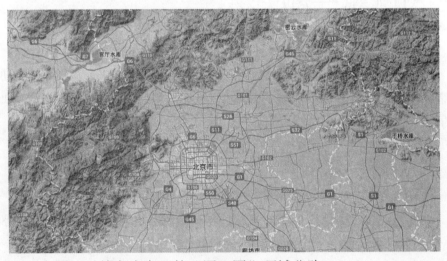

（上图）以故宫为中心的"同心圆"环城公路。

　　当代北京城的规划也是按照这个原则来向外扩展的，从二环路到六环路，这些环城公路都是以紫金城为中心，大体形成同心圆的形状，环抱京师。

　　以公路为水。从全国各地汇集而来的高速公路，与北京的六道环城公路交接，诸水汇聚明堂，财通天下。六道环城路接通朝来的水路，层层朝入，来水就由急变缓，盘旋而入，这说明掌控的手段稳健、有力。

第十章

北京四合院的环境格局

北京四合院的环境，在天子脚下，必然要受到紫禁城的影响。
四合院是北京最典型、最正统的民居建筑。

一进四合院

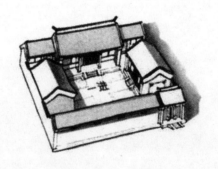

上图，一进四合院。
进大门，就是中心庭院，直进主房。

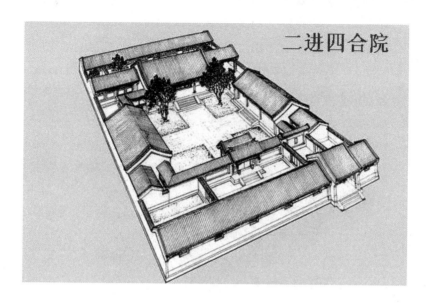

二进四合院

上图，二进四合院。

进大门，再进二门，才进入庭院中心，进入主房。

三进四合院

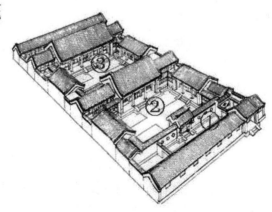

上图，三进四合院。

连进三道门，才进入主房所在的庭院。

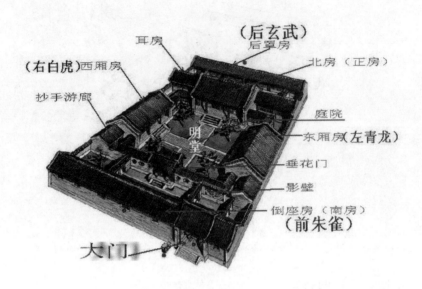

下面，以二进四合院（见上图）为例，说明其构造组合。

四合院的基本形式是由东、西、南、北四个方向的房屋相对围成的一个院子。

构成北京四合院最基本、最重要的一条就是"中轴线"。正房居中布置在中轴线上。

四合院的大门并不开在中轴线上，而是偏在一侧，通常是在左前方，即东南方位。因为北京四合院的正房都是坐北朝南的，所以左前方就是东南方位，在周易环境来讲，就是巽卦位。

如果一条大道是东西走向；路北的四合院，大道在正南方，房子坐北朝南，所以门就开在左前东南巽卦位；路南的四合院，大道在正北方，房子坐南朝北，所以门就开在左前方西北乾卦位。

所以北京正规胡同中的四合院，大门都开在东南"巽"位，或西北"乾"位，深受中国建筑环境的影响。

从建筑环境格局上讲，以主房为中心，后玄武就是后罩房，左青龙

与右白虎就是两侧的厢房，前朱雀明堂就是主房前的大院子，院子前的垂花门就是案山，再外面的倒座房就是朝山。院门就是进水口，进门之后过影壁墙、再过垂花门，就是来水曲折朝堂。

所以北京四合院的格局，与皇宫紫禁城一样，都是中国的建筑环境。

正房是宅主居住，正房后面的后罩房是女眷居住，厢房是晚辈居住，倒座房是仆人，或宾客居住，这些充分体现了"长幼有序，内外有别"的传统礼制观念。耳房一般做仓库或厨房，厕所一般在西南角。

北京四合院是有等级之分的。

比如亲王府，大门开五间，但只能用中间的三个门出入，另外两个不能用；贝勒俯，大门开三间，只能用中间的一间，其余两间不能用。

等级还体现在台阶高矮上。亲王府基高十尺，郡王俯基高八尺，贝勒俯基高六尺，老百姓家的台基只能高一尺。

第十一章

市政环境选址规划

　　越是大的山水格局影响力越是巨大，山川地理的格局会影响到一个城市的吉凶。

　　某市是西北某省著名的煤城，2004 年、2005 年连续发生了几起煤矿瓦斯爆炸，死亡人数第一次 10 多人，第二次 36 人，最严重的一次达 72 人，惊动了中央领导，中央电视台的著名主持人亲到现场采访报道，曾经轰动一时。

　　连续的事故使当地领导万分焦急，他们把该做的安全措施都做了，全力监管，但还是止不住事故发生。

　　后来市长亲自出马邀请环境学专家。他们从海南赶到浙江，又从浙江一直赶到天津，一直想找人从环境学角度寻找办法。笔者有幸作为环境学专家，对该市的地理环境做了深入的勘察，并提出来相应的解决办法。具体分析如下：

（上图）该市地形图。

三面环山，地势西高东低。

正西方为制高点，当地叫做虎头山。

从虎头山往下进市区的一段必经之路，是两山夹一沟的葫芦口，在半山腰打通了遂道，冲开一条高速公路，这条路冲下来一直到市内，直冲市政府办公楼前的开阔地——市政府广场。

西北也有一条同样由涵洞凿开的山路冲下来。

这两条山路借助山脉的地势，直线下冲，就像两只老虎张开血盆大口对着这个城市，这种山川地理所形成的阴阳气场影响力十分巨大，现在它形成了煞气的气场，导致整个矿区、市区的气场非常混乱。

市区里特别是直接受冲的东部区域的居民、企业就特别容易发生血光之灾。

2005年农历为乙酉年，太岁酉金在西方，西方是白虎之位，此地又有一座名叫"虎头山"的高山。西方为酉，白虎为酉，太岁又为酉，而2005年3月19日，时值农历二月初十，月令为卯，卯酉相冲，怎么能不引发血光之灾？到秋天酉月，煞气又会大增，三酉冲卯，则东方必再见更大血光。

实际上两条路当年年初曾发生过七次车祸。

　　政府办公楼前有个大广场，广场前是大道。广场上对着办公楼的大门不远处有个较大的喷水池，里面有三根旗杆插在水池中间，这是风水上的一忌，因为旗杆代表城市领导，在水池中意味领导会犯错误坐牢。

　　水池前是大道，水池后与市政府办公大楼中间的广场上修了一座17米高的火炬，据说燃烧的火炬代表煤城的兴旺。但实际上，这又犯了风水上的一忌，因为这也代表着火光冲天（意味着瓦斯爆炸），尤其是安放在与办公楼大门相对的正中子午线上，更容易发生爆炸事件。因为这火炬，看似象征光明，为市民指引方向，但对政府大楼来说，却是一个火煞，火炬为红色，一旦成煞，就不再象征光明，而是血的颜色。而且火炬头呈尖刀形，又成为"冲天煞"，最为凶险。火炬的前面有个大的喷水池，后面远处是市政府大楼背后的七里河水库，此布局为两水夹一火，且为火在上，水在下，不但形不成水火既济之格局，反而促成水火相战，又主血光之灾。

　　根据这种情况，笔者立即着手进行了环境改造。市政府为此组成专门的领导小组，由该市某高层领导亲自挂帅，全力以赴进行彻底改造。

　　（1）拔掉广场上水池中央的旗杆，把旗杆改放在广场西北方，两边修了半椭圆型的柱，像北京金水桥那样的形状。西北为乾卦位，乾为天，为领导，主权威和名望，可以加强政府领导的权威和管理效率。（如右图）

▲广场西北方的旗杆

（2）拆除火炬，在那个位置上立起一支直径14米、高27米的不锈钢乾坤球，高于市政府办公大楼；在市政府办公大楼上也放上一支小一些的不锈钢球，与此相呼应。面对虎头山上的煞气，最佳的化煞品就是用不锈钢制成的乾坤球，一共建了四座，逐级递进，逐步增强化煞效果。14是7的倍数，7为"艮"，艮为止，以八卦之"数"夺取阴阳气机，止住冲煞；27是9的倍数，9是阳极之数，也为乾，为天，象征市政府的威严，这是《周易》八卦"数理"的应用。（如下图）

▲不锈钢乾坤球

（3）把喷水池移到广场东南方向，水池中再加九个青石龙头，通过龙口向外喷水，为"青龙出水"局，喷出的水柱呈阴阳八卦图的形状，形成稳定的阴阳气场，以水五行转化白虎金五行的煞气，变不利为有利，确保交通不再频出事故。白虎大煞主凶，青龙出水主吉；以青龙出水化解白虎大煞。

（4）在广场南面建3座八卦亭。3为"离"，主南方，八卦亭既是游人避雨纳凉的景观，又是化解水火相战和路冲煞气的建筑物。

（5）在城西北大遂道的入口处塑两座青石大象。大象的化煞威力有时要强于狮子，因其性格温顺却力大无比；此处若用石狮子来化煞，有可能引起"狮虎决斗"的气场，小的交通事故仍会连绵不断。（如下图）

▲两座青石大象

（6）在城西大遂道的入口处也安放两座青石大象，并且在100米处对着虎头山立一座直径20米、高50米的乾坤日月星火球，加配灯光，做到夜间可以星光灿烂，白天看是太阳，晚上看是星星和月亮，以火克金，用来镇住这只老虎。要想镇住如此强烈的"白虎大煞"，就非用乾坤日月星火球不可，而且要与下面高速公路入市区的入口处和市政府前面与楼顶上的三支乾坤不透钢球遥相呼应，形成一条连线，加大了化煞的功能。20与50之数分别化解"二黑"与"五黄"之凶煞。

（7）在葫芦口处的石桥上安放两只石狮子，用来镇住路口下冲的煞气。因在山洞的入口处已经安放了大象，这里放石狮子或青牛比较好，一般在桥头上还是普遍放石狮子。（如下两图）

▲石桥上安放的两只石狮子

（8）在西南方城市干道的入口处的路中央，立一座直径9米、高19米的不锈钢乾坤球。这是继山洞口的乾坤日月球之后，第二次以此来化解虎头山的煞气，与市政府的两座风水球遥相呼应。

（9）在东南方位，主干道的路中央立一座37米高的青砖文昌塔。城市的东南方为巽方，西北为天门，东南为地户，天门宜高，地户宜平。巽方为"文昌位"，环境上的"文昌星"是颗吉星，主聪明智慧、才华横溢、名声显赫、文运昌隆。此处建塔，可加大"文昌"的力量，主城市文明昌盛，城市多出人才。3、7之数取之于河图数：1、6水，2、7火，3、8木，4、9金，5、10土。3与7的组合，为木火通明，文印生旺。（如右图）

▲37米高的青砖文昌塔

（10）在城市南门的西侧雕塑一幅汉白玉八骏图，东侧雕塑一幅汉白玉七星阵图。八骏图取自我国著名国画大师徐悲鸿的名画，八匹骏马，纵横驰骋，帮助事业兴旺发达，马到成功。马为午火，代表煤城，8数为坤，为未，位于西南。坤、未代表民众百姓，易理上午未相合，为生

旺之合，以生合之气助煤城百姓精诚团结，携手奋进，共创家业，马到成功。

七星阵是把六个汉白玉石柱按两个上下倒置而重叠的等边三角形来摆放。中央再放一个较大的石柱而形成"星形"，此即称为七星阵。七星阵能凝聚能量，将磁场发挥至极限，可助镇宅、避邪、打散负能量。

（11）在城市四周，修了一条9米宽，6米深的环境护城河，9为乾金，为九重天，6为坎水。用天河之水来平抑地下之火，在风水上起到了以水平抑旺火的目的，达到一个水火既济的格局。环城河由横穿城市的七里河水库引水，河两岸三排杨柳，每6米一个石凳。护城河建成后，成为城市的一个景观，也是百姓休闲娱乐的场所。

（12）经全面整合，在路与路的交接处都做了必要的处理，重点在东南、西北两个方向大做文章，并且对整个城市每的个路口都做了统一规划，真正起到了外镇煞，内理气的作用。（如下图）

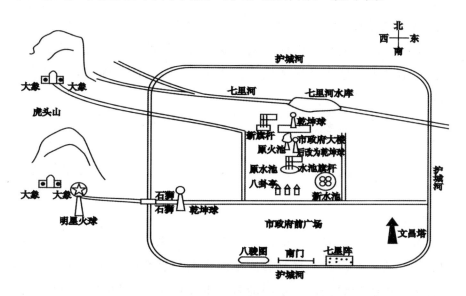

做完环境规划后，该市领导根据笔者的环境规划方案，认真做好整改措施，消除了环境隐患。到目前为止，真的没有发生过一起类似的事故，而在这之前，差不多每年都会有大大小小的事故发生。

第十二章
企业环境选址

一、总体原则

1. 外环境的选择

厂址所在地，要有"山环水抱、朝案有情"的地理环境环境。

只有借助大的地理环境格局，企业才会具有全国影响力，或世界级的影响力。

在有山的地区，要考察当地山势的来脉与支脉，选择支脉有来龙入首结穴的地方作为玄武靠山。

还要考察河流的主干与分支，以河流环抱的开阔、平坦地区为朝向、明堂。

明堂之前要有案朝之山锁住堂气。

没有山的平原，要看水的流向。天然的水流，一定是从地势的高处流向低处，所以在没有明显高坡或小山作为背后靠山的情况下，在视野中看起来平坦的地势处，一定不能有河水在正对面流到明堂，再流到自身的背面，因为这样就意味着地势前高后低，是败财的地势，而且日后无法改造。

在选定峦头地势之后，最重要的就是企业、工厂的立向了，当元当运的旺山旺向是首选，但旺山旺向一定要后有山前有水，或者后面地势高、前面平坦低平，没有这种峦头配合，旺山旺向不起作用。

要注意的是，地势的后高前低虽然是风水原则，但不能理解错误。自身的厂区、楼宅与明堂连成一体的地块，一定要平坦，如果出厂区或者出大门就是一个向下的斜坡，这是明堂倾泻，是大凶败财的峦头，所以对于后高前低要有正确的理解。

办公大楼的坐山朝向、工厂园区的坐山朝向、周边山峰、河流、厂区大门的气口、四周高大建筑、园区道路、人工水流的来去方位等重要设施，要合乎先后天八卦格局，并且要以三元九运地运旺衰，把坐山朝向、大门、来去水纳到当元当运的旺气方位。把山峰安在山上龙神飞落的当旺方位，把水流、低平的地面安在水里龙神的当旺方位，以环境促进企业的顺利、快速发展。

2．内环境的设计规划

办公楼及厂区的位置、坐山朝向、明堂，道路走向，厂区大门位置。

办公室的位置、办公室内的环境布局，坐旺方，开旺门，室内家具布局要合乎峦头格局。

二、企业风水实例解析

（一）海尔集团风水

1．外环境依山面水，水流环抱，朝案有情

崂山为祖山，分出支脉，由东北方来脉，到平洋地带，枣儿山入首。海尔集团就建在枣儿山下。

北有李村河环抱，南有张村河环抱，两河在西北方交汇而出。

南面有浮山与枣儿山相互应。

依此山水形势，海尔集团北靠枣儿山，南向张村河，张村河环抱之地为内明堂，张村河与浮山之间为外明堂，浮山为朝案山。

山向：坐北朝南。

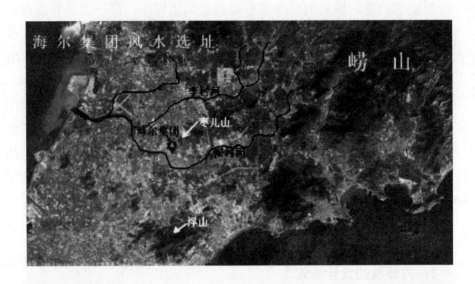

上两图，青岛海尔集团风水选址。

2．坐山朝向，乘借地运旺气

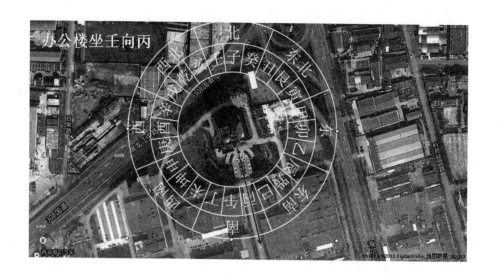

上图，海尔中心办公大楼坐壬向丙。

坐北朝南可以立三个山向，癸丁、子午、壬丙，海尔中心办公大楼为"坐壬向丙"。

这个山向是依"靠山、朝水、案山、地运"综合考量后确定下来的。

因为做企业，就是要在当下快速抓住机遇，快速发展，所以一定要乘当元当运的旺气。

海尔中心大楼是 1995 年建的。从一家小公司开始，到 2012 年，海尔集团产品的市场占有率为世界前端，冰柜两次荣登全球第一，酒柜三次荣登全球第一，洗衣机四次蝉联全球第一，冰箱五次蝉联全球第一。

这与总裁张瑞敏运营手段高超，手下人才济济分不开，但更与他重视环境文化有重要关系。他重视建筑环境，才能乘借当元当运的生旺之

气。

1995年建海尔中心大楼，1984—2003年是下元七运，大楼壬山丙向，建筑环境学"洛书九星盘"如下：

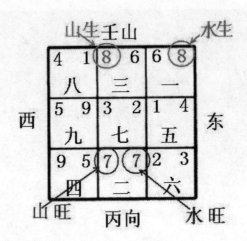

（上图，下元七运，壬山丙向，洛书九星图。）

洛书九星配九运：贪狼一、巨门二、禄存三、文曲四、廉贞五、武曲六、破军七、左辅八、右弼九。

八卦穿九宫配九运：坎一白、坤二黑、震三碧、巽四绿、中五黄、乾六白、兑七赤、艮八白、离九紫。

1995年为七运，破军星（破军七）也就是兑卦（兑七赤）当运，当旺20年（1984—2003年）。

壬山丙向的规划，使海尔大楼得地运山、水二星旺气飞到丙向：

山之旺气"7"飞到丙方，落在南面的浮山之上。朝山为臣子、为员工、为外面的顾客，朝山临旺运拱护，必得企业员工上下一心，就能生产出高品质的产品，顾客口碑好。

水之旺气"7"飞到丙方，落在环抱的张村河上，环抱金城水本来就为吉水，再得当运旺气，主企业速发，经济效益飞速增长。

海尔中心大楼开丙向大门，为七运当旺，财气通门户。

海尔大楼以枣儿山为玄武靠山，得地理形势之吉。这个坐山方位，得到山之生气"8"飞临，所以这个山在七运虽不当旺，但为"生气"。靠山主贵、也代表政府、主管部门的支持，靠山得生气，说明逐渐得到政府、政策的支持，逐渐得到受人尊重的社会地位。

"生气"与"旺气"都为大吉，"生气"主缓，"旺气"主速。

3. 中心大楼开南北两门，穿堂而过的原因

南门（丙向）

北门（壬山）

一般情况，主楼的靠山位不能开门，多数开了门的，靠山破位，主失贵、官司。

但海尔公司却开了北门，而且是相对穿堂而过，这其中的原因，就是对"洛书九星"地运的利用。

因为七运是1984—2003年，八运是2004—2023年。海尔中心大楼1995年建立，七运只剩8年，当然要考虑到8年之后进入八运的情况。

进入八运之后，左辅星艮八白当运，所以要提前布局，开北方壬门，以通八运旺气。七运的时候，进出走南门口，到了八运，进出走北门，还是旺气通门户。

八运壬山丙向"洛书九星盘"如下：

壬山

3 4 九	8 8 四	1 6 二
2 5 一	4 3 八	6 1 六
7 9 五	9 7 三	5 2 七

西　　　　　　东

丙向

（上图，八运壬山丙向洛书九星盘。）

可以看到，进入八运，2004—2023年，九星运转，八运当旺的"左辅星艮八白"飞到了坐山方，而且是"双星会坐"（双8到坐山），山、水二星的旺气都飞落到"壬"方。

所以要乘借八运的水星旺气，必须要在坐山方开门，这样才能把水星"艮8白"的当旺之气通入门户。

而在八运，当旺的山星之气也飞到壬方，落在玄武靠山"枣儿山"上，主当旺大贵，在同行业中成为领军人物，并在官方得到全方位的支持与认可。

4. 海尔企业园内环境布局

厂区中央主干道与中心大楼在一个中轴线上。

为防止主路冲明堂，在广场前不设机动车道，而设人行道，并以草坪、花坛横拦，让来水变缓。

来路曲而向左，由左侧青龙方进入。这是曲水朝明堂。深合地理风水形势格局的要领。

广场西南建水池。因为八运东北艮卦当旺，而其对宫西南方坤卦为零神方，零神方见水为旺财水，所以在西南建水池。

东南方建水池。东南方洛书九星盘的组合是"2、5、七"，二黑、五黄煞气生兑七赤，这是土金相生，卦气聚在兑金，兑克东南巽卦位，金木相克主伤灾，巽为文昌，也不利企业文化的建立。所以建水池，以水通关，形成土、金、水、木连续相生的格局，变凶为吉。

5. 东北道路反弓煞的化解

（上图，东北方位立交桥反弓。）

这个立交桥是后建的，在东北艮位反弓海尔中心大楼。

反弓是比较强烈的煞气。

容易出意外伤亡事故，容易被人背后算计、下刀子、割肉等等。

在靠山位的左后方反弓。所以在园区内的东北方位，种了一排高大的杨树，用来挡住这种无形的煞气，预防意外事故和阴谋算计。

（二）公司总部选址

来龙挟护成列，来水曲曲抱明堂，四面八方来财，财如钱塘江水，源源不绝，富甲天下。

（三）深圳富士康集团地理风水

深圳富士康2010年一年内连续发生13次员工自杀事件。

这是风水上存在严重的缺陷造成的后果。

建筑环境不好，阴阳五行气场形成煞气，造成人体阴阳五行失衡，进而造成人的心里失衡，流年太岁五行加力时，就会集中暴发意外伤亡事故、突发性灾难。

1. 富士康地理风水优点（快马加鞭，发展迅速）

（上图。富士康科技集团总部地理风水选址。）

背靠马蹄山，对面观澜河曲折环抱。

马蹄山是靠山，强大的靠山代表既代表企业在科技上强劲的实力，又代表政府对企业的支持，对企业发展十分重要。

观澜河环抱马蹄山，富士康总部就选址在这山环水抱的明堂之中。

"山环水抱，富甲天下。"所以富士康从1988年到深圳建厂，从几百人的普通工厂，到2010年，20年发展，已在深圳有45万员工，在整个大陆地区有78万员工。

可以说，富士康的环境选址非常好。

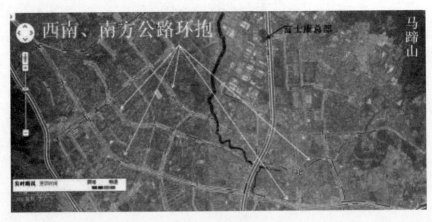

（上图。富士康西南、南方的道路环境。）

富士康总部西南、南方的城市主干道，对富士康总部形成环抱状。
道路为虚水。

道路环抱也是"山环水抱"的一种。

在没有河流的城市，道路是非常重要的"水"。

道路层层环抱，发四面八方之财，源源不断之财。

2. 富士康地理风水缺陷（反弓路重重，员工连续自杀）

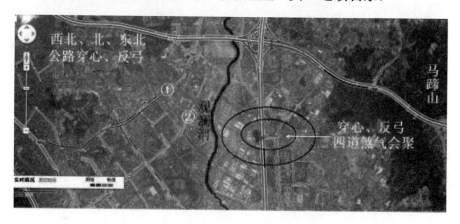

（上图。富士康总部西北、北、东北道路环境。）

西北有两条反弓路。①、②这两条反弓路形成的煞气，被中间环抱总部的观澜河化解掉了。

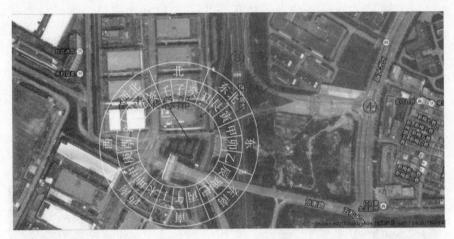

（上两图，反弓路方位图。）

东北方位。四条道路形成四煞，最终以两条转弯的反弓路形成煞气尖刀。

反弓煞气，就是一把砍刀。

平常的时候，车辆不断转弯冲过，就是一把把砍刀凌空砍杀，这是一种气场的作用。日积月累会使人体小太极的阴阳五行严重失衡，必定产生灾祸。

①、②两条反弓路在东北"艮、寅"方位。

2004—2023年这20年是八运，东北艮卦当旺。这个反弓路在东北，这是煞气临旺。所以这期间工厂一定会发生重大伤亡事故。

2010年，流年是庚寅年，流年太岁寅木飞到东北方位，引动两条反弓路的煞气发作。这一年，就是灾祸发生的应期。

所以，这一年富士康13名工人因工作压力、心理压力过大精神崩溃而自杀。

这种集中于一年发生的重大伤亡，也是由于反弓路形成的煞气严重影响到集团管理层的缘故。

反弓煞气重，管理手段就会充满煞气，如同砍刀，过于严酷，缺少温情。在流年太岁反弓当旺的时候，这种严酷的氛围会令一些员工心理

崩溃而轻生。

所以一家企业，要关注城市发展当中自己周边环境的变化。

如果新的市政规划，或周边新楼的建成，形成了恶劣的形煞，就一定要提前化解。因为这些风水形煞，就是一颗地雷，埋在身边，它迟早要爆炸的。

这一点，海尔公司就做得非常好。同样是东北方位被立交桥反弓，在没有办法改变市政规划的情况下，提前种上高大的杨树化解反弓煞，这样做，就可以避免自己的管理充满戾气、高压，也可以避免重大意外伤亡事故的发生。

而政府部门，在进行市政道路、广场等规划的时候，也要充分考虑风水因素对所管辖区域所产生的影响。我们的政府是为老百姓服务的，城市、企业、居民的风水好，生活平安富足，就是政府的成绩。

第十三章
商业环境选址

一、总体原则

商业环境的选址，是指我们办公楼、酒店、商业大厦等的建设选址，或者我们租商业楼作为办公地点时的选址。

要选经济发达、人气旺的地方，人气就是财气。

要选交通便利的地方，交通便利，顾客来去方便，就相当于众水交汇，能旺财运。

城市当中，没有山，没有水，就以道路为水，以周围的建筑为山。

因为现代城市的规划，所以建办公楼或选办公楼很难做到完全符合风水原则，所以要一切从实际出发，抓住几个重点，就可以选到较好的风水，比如，避开或挡住最凶的峦头煞气，坐向与朝向不要立在山向飞星的死煞方位。

当然，越多的条件符合风水原则，就越利于事业的发展。

1. 道路选择

道路交通便利，环抱门前最佳，平直横过也吉。

最忌反弓、直冲、斜冲、斜去、丁字路。

2．周边建筑选择

背后有整齐高大建筑，有序排列，可为靠山，利于事业稳固发展。

左、右、前方的建筑，以整齐有序为吉。

最忌背后空洼、楼盘斜角冲射。

如果周边有建筑物的墙角冲射，为严重煞气。

反弓高架桥、反弓形的楼宇、其他楼房的侧面墙角、凶兽形态的建筑、正在开工的建筑、殡葬馆、垃圾站、工厂烟囱、电信发射塔、变压器、电线杆等，都为建筑形煞。商业楼选址，或选办公楼时，要避开这些。

3．明堂选择

商业风水，一定要有明堂。

明堂为蓄水、蓄财、聚人气的地方。

办公楼、酒店、商场、店铺等建筑，大门出入口前面的空地就是明堂。明堂要宽敞、要平坦，这样才能聚人气、取财。

如果出大门就是大道，人行道很窄，或者商业楼很高，按比例来说，楼高道窄相当于没有明堂，大道上车来车往，相当于急水，在没有明堂缓冲的情况下，这就相当于地理环境中的割脚煞，主生意艰难、亏损，还容易发生官司。用现代商业语言来讲，商业楼前面如果连个广场、停车位都没有，就聚不到人气，消费者购物很不方便，自然少有人来，生意就容易亏损。

如果出大门就是上坡，或者出大门就是下坡，这两种明堂都是环境峦头的凶格，聚不到人气和财气。出门见上坡主损伤人丁，经营中多出意外伤灾事故；出门见下坡主败财，经营中多有立项错误，或管理不善。

明堂能让道路当中车辆带动的急速气流变得缓慢。气流急速，为无情水、为煞气，气流变缓，为变有情、为财气。

急水入门户，为煞气入门户，主亏损破财；缓流入门户，为财气入门户，会积累财富，能发财。

有明堂才能聚人气、发财，大明堂发大财，小明堂发小财。没明堂

非但聚不到人气，发不了财，反而还会使人没有进取心，视野狭窄、思路局限，所以跟不上发展的形势，不但发不了财，投资之后就容易破财。

4. 商业楼自身形状的设计

楼为山，路为水。

要重视自身楼盘的形状。这也是自己的山的形状。

山形有木、火、土、金、水五行。

顶平高直，为木；顶尖底阔，为火；顶平底方为土；顶圆底宽为金；起伏连绵为水。

土形最旺财。土为财库。方形、梯形，稳固的财。

环抱形最聚财。楼形环抱，自成"山环"之势，后玄武、左青龙、右白虎，并且抱出明堂，呈山水阴阳相合之势。

二、商业风水选址实例分析

（一）中国人民银行总行风水（抱太极）

（上三图，中国人民银行总行。）

大楼为山，设计成左右环抱形状，自成三面环山的环境格局。

中间圆柱形建筑即为地理环境中的穴场。

穴前广场是明堂。楼盘与明堂各自的占地面积接近 1：1 地比例，大气而庄重。

这是人造的"山环水抱"格局。

"山环水抱""富甲天下"，这是中国的财库。

（二）中国大饭店风水（土形财库）

在北京 CBD 中央商务区。

接待各国元首、和政商精英。

中国大饭店风水

中国大饭店

（上图，中国大饭店。）

楼为长方形，土为财库。微微向前环抱，拥住宽大明堂。

中国大饭店把"中门"改为"西南"门有什么环境奥秘？

中国大饭店原来开中门

现在西南位开门

（上两图，中国大饭店把中门改为西南门。）

中国大饭店是 1990 年开业，子山午向楼。

1984—2003 年是七运，2004—2023 年是八运。

八运的时候，中门已经是衰气门，门纳衰气，酒店的管理方面必定会出问题，经营效益必定会变差，要想效益变好，在风水上就要纳入当旺之气。

中国大饭店坐子向午七运建造，地运"洛书九星盘"如右图：

八运的时候，七运建造的子山午向楼，向星，也就是水的旺气"8"，在西南坤卦方位。而原来南门，向星"6"已经过气两个运，成为衰气。所以必须要关闭中门，开西南门，才能纳入当运旺气，财气通门户，酒店的管理与效益才能得到有效提升。

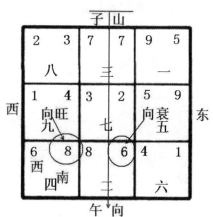

另外，八运当中，艮卦东北为正神，坤卦西南为零神。零神位见水或者地势平旦为零神得位，能在下元八、九两运发挥出40年旺财作用。

（三）海口金海岸罗顿大酒店（鳄鱼出水）

接待过国内外数十位国家领导人。

是海南海口有名的五星级酒店。

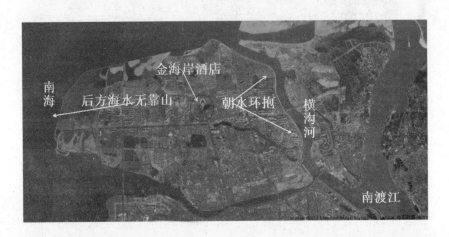

（上两图，海口金海岸罗顿大酒店选址与造型。）

建在海岛上，没有靠山，故以"鳄鱼出水"为建筑形势，乘借大海的气势；再以左右环抱自成"山环态势"，并以两楼中间开"天斩煞"虎视前方。

"鳄鱼出水"加"天斩煞"威势十足，曾经令对面××总队多届领导连续出事。××总队请来堪舆大师，在两侧岗楼上各架一挺机关炮以镇鳄鱼凶势。

环抱的形势、侧面锐角、与中间的开口，使自身不与后面海风来势硬撼，而以弧形巧妙化解，并借此成就自身的威势。

环抱区内，气流平稳，与前面大道相连，成为聚气明堂。

这个酒店形成的整体"鳄鱼出水"凶兽、"天斩煞"、两臂"锐刀煞"，还有它门前有"两座大石狮子"、还有它门前一排喷水柱形成的"鳄鱼牙齿"，对别人来说是煞气，对它自己来说，都是它环境上的威势。

金海岸大酒店楼形设计"靠山凹空的风水奥秘"。

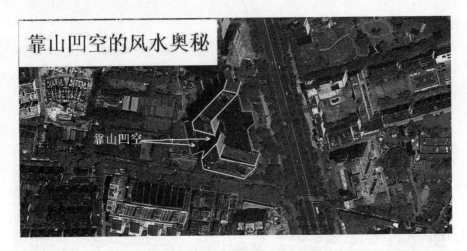

（上图，金海岸大酒店，靠山位"空出一个梯形空间"，并且在"中间开了一个口子"。）

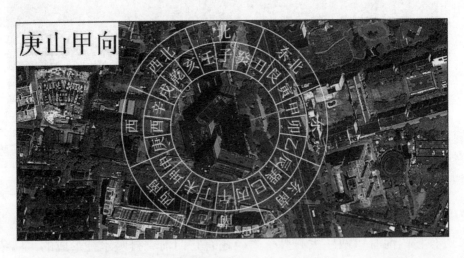

（上图，金海岸大酒店坐庚向甲。）

楼形这么设计的原因：就是为了在已有地理风水形势的基础上，乘借地运的旺气。

酒店选址在海甸岛。

西面是无边的南海，东面是横沟河环抱，再东面是地势较高的新埠岛。

因为前有横沟河环抱，所以位置选在横沟河环抱的中央位址，要面朝横沟河。

面前有主干道"人民大道"，这条路为南北路，但不是正南北子午向，而是"壬、丙"向。

那么酒店建在此处，既要面朝环抱的横沟河，又要面对壬丙向的主干道。

最好的形势格局，是垂直面对主干道。这样面前的路才是横过吉水，否则就会变成"斜飞"凶水。

那就必须立"庚山甲向"，与壬丙向主干道垂直。

酒店是 1998 年七运建。

"庚山甲向"的七运"洛书九星盘"如下：

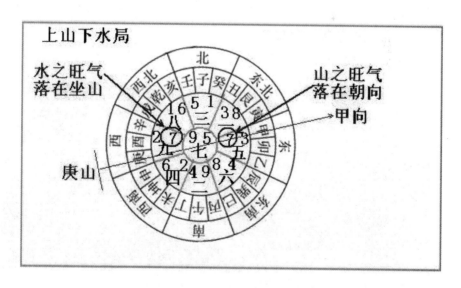

（上图，金海岸大酒店"庚山甲向"洛书九宫图。"上山下水"局。）

七运建造，兑七赤破军星当旺。7当旺。

水之旺星7落在坐山庚方。

水的旺星，必须要落在低平之处、落在空处、落在明水放光之处，这样才能让地理形势的河水、平地发挥出当运旺财的作用。如果水之旺星落在山上、高大建筑上，就叫"水龙上山"，水龙到山上必死无疑，主当运败财。

庚方后面有南海，水之旺星7落在此处，主财源广进。

因为庚方是坐山方，所以酒店设计时，为避免让水之旺星7落在山上败财，所以就把环抱形的酒店，从中间一分为二，在山中间开了个口子，并且让坐山背后空出一个梯形的空间。这样，水之旺星7，就避免了落在高处，而是落在了口子后面的空处，就避免了败财的不利因素。

所以地理环境，既有形势格局，又有地运旺衰，两者配合得当，无论什么地形，无论什么地运，都有把地形和地运结合起来催富发贵的办法。所以过去堪舆有秘传口诀说："颠颠倒，二十四山有珠宝。"

当然后面还有一句"倒倒颠，二十四山有火坑"，就是说，再好的地理形势，如果没有利用得当，也会让人败绝。

（四）没明堂生意艰难

1．明珠商场与乐普生商场

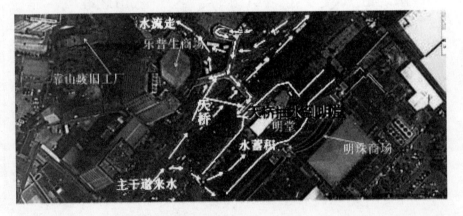

（上图。海口海秀东路三叉路口。）

　　明珠商场前有明堂，主干道来水积蓄明堂，明堂前方就是公交车站，每日人流如织，节假日更是人挤人，商场是海口市最火的。

　　斜对面乐普生商场，没有明堂，主干道车辆急速而过，急水为煞气。商场背后是破旧工厂厂房，斜冲后背。这个商场效益很差，官司缠身。90年代即把其中五层抵压给工行，但一直也还不起款、付不起息，被告上法庭。2006年把商场剩下的5层出租给佳心百货，租期到2020年。但2007年乐普生又把这5层卖给个人，卖完之后又不办移交手续，引起持续数年的官司。

2. 万国大都会与香港城

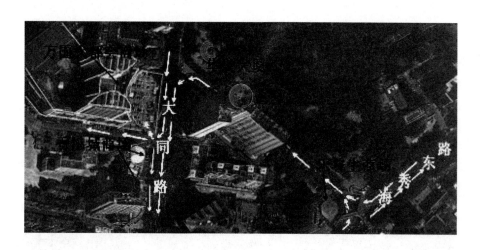

　　这张图是乐普生商场的西北面。

　　有三家商城。

　　其中万国大都会2008年开业。开业一年商家驻满，购物、娱乐一站式消费，生意到现在越来越红火。

　　它一开业，旁边的香港城在一年之后就倒闭了。商户全部退出，没生意。香港城招租，招了三年，还是没有商家入驻。

　　旁边还有华发大厦，一楼铺面生意冷清，半死不活。楼上是小公司

入驻地，还比较好。

万国大都会，就胜在明堂聚财。两条来路交汇在它的广场前，通过单行道，转到它右侧的入口，流入广场明堂。车道的急水，由此变为曲折缓和的有情水，这是曲水朝堂，旺财水。

而香港城面前只有人行道，所以它前面虽然是公车站点，但现在也聚不住财了。原来大都会没开业之前，这个公车站点能蓄水，能聚住人气，大都会一开张，大都会的明堂就成为蓄水之处，香港城的财水都流到大都会一边了。

3. 彩虹温泉大酒店（选址失误，停业 13 年）

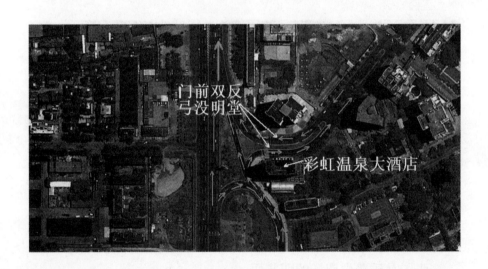

（上图，海口彩虹温泉大酒店。）

1999 年开张，半年不到就关门了。

2006 年拍卖了，买家到手后也砸在手里，到 2012 年都没开张。

选址严重失误。

这块地，门前没有明堂所需的空地，跟本做不出明堂。

门前道路，是反弓形，无论如何设计，单行道也好，双行道也好，

地形就是反弓的，最后铺出的路也必定是反弓的。迎面反弓路，这是败财要败到底。

　　所以建商场选地，租商场选址，都要重视道路的来去水，要重视明堂。来去水要汇聚明堂，明堂要大，这样才能聚到财气，做生意才能盈利。

第十四章

住宅环境艺术

海口玉园小区环境布局解析:

　　海口某置业有限公司的老总是位潮汕人，命局中以火土两五行为喜用，在企业管理方面经验丰富，在大陆从事房地产开发，屡屡得手，几个项目作下来便成为一大房地产巨人。

　　2004 年，海南房地产业终于走出泡沫经济所造成的困境，迅速崛起，许多烂尾楼被盘活，许多新楼盘也相继高高耸起。海口的西海岸，特别是市区的滨海地带，原本是一片荒甸，现在已是高楼林立，豪华住宅小区摩肩接背，已成为一片成熟的富人社区。在这一开发热点上，该公司老总当然不会"风流肯落他人后"，也适时地购置了一块北临大海的 280 亩的地产，计划分三期开发。一期工程为六栋 21 层的住宅楼、地上立体停车场和地下车库，建筑面积 71000 平方米。2004 年末即开盘预售，至 2005 年夏全面竣工，交付使用。

　　该小区按欧洲风格设计，又结合印度尼西亚巴厘岛的风情，园内花草树木纵横交错，奇石叠萃，小径通幽，海景、沙滩、泳地、叠瀑、温泉、凉亭，热带绿色植物有棕榈树、大王椰，灌木丛，内设戏水池、木

棚长廊，一应俱全，错落有致，诱人视觉，美轮美奂，酒店式的休闲气氛十分怡人。

该老总对自己的这一杰作十分得意，但随着时间的推移，脸上的笑容却逐渐消失。原来，在正式开盘典礼后，每天来前来看房观楼的客户络绎不绝，可是售楼人员竟然未能成功售出一套房子。（经过调查，发现个中原因并非售楼人员的技巧或方式方面存在不足。）面对这种不可思议的现实，该老总不禁愁眉不展。

后来，公司老总把我邀到文华大酒店，待以上宾之礼，频频进酒，不谈他的困惑，只让我给他算命。当我点到他"虽然几年来在财上春风得意，但如在海南投资的话，则会因产品的质量问题而遭遇困顿，造成资金积压，目前有一大笔财不能回笼进账"时，他立刻肃然起敬，亲自斟酒，躬身相敬："正是这方面的问题，想要求教于大师。"

话题很快进入玉园小区，我随机起了一卦，便断言是风水方面出了问题。老总再次起立说："正是要讨教建筑环境方面的问题。"

老总并不懂环境学，但他很相信环境在建筑方面的吉凶效应，故欲不惜一切代价调理好玉园小区的环境，不仅仅是为了促销，更是为了入住小区的人都能吉祥如意、安居乐业。所以没等酒店把菜上齐，就拉起我直奔玉园小区。

在公司老总的亲自陪同下，我在小区内外转了两圈，在几个关键点上，我都按人间的八卦五行、阴阳平衡作了指点，老总一一落实照做了。现将我的调理方案介绍如下：

详见玉园小区各调理点平面布置图

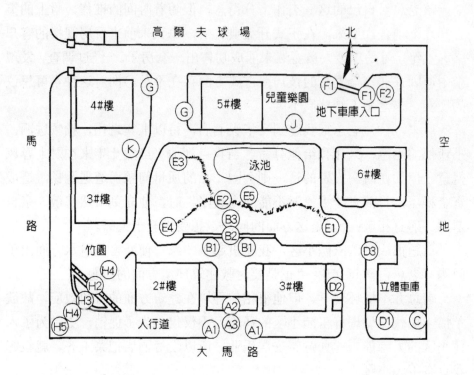

图中的 A 点是小区的正门，在这一点上我做了四处调整。

A₁ 处原是左右对称的两个西洋武士的雕像，在原位置换成两个左右对称的青石斗牛（见图片 A₁）。一则可化解对面高建筑群所形成的煞气；二则斗牛必有观众，可引旺人气；三则可招进财气。

A2 处是大门主体。原来的大门柱和门楣都是欧式风格，令其改为拱形门楣，将欧式图案改为左右飞天仙女，中间为五只蝙蝠，引吉祥

如意之气和五福临门。（见图片 A_2）

　　原来的大门 A_2 是凸出在外的，不藏风，不聚气，不纳财。调整后挪到围墙线之内，稍凹进一些。

　　此小区在正离位开正门并不是很好，大有进水口与出水口短路之嫌，故又在 A_3 处增设了一道坎。此坎不高，与限制车速的那种路坎相似，但此坎并不是为了限制车速而设，因此门并不通车，而是为了存水存财之用。有了这道坎，凡在小区内居住的业主或物管，无论怎样挥霍，都会得益于此坎而有所积蓄。（见图片 A_3）

　　从 A 门进入小区后，路向左右分开，但大门和主干道却直冲园中的龙脉，故令其在 B 处建一道风水屏风，由 B_1 、 B_2 、 B_3 所构成。

B_1 是左右对称的两尊石象。

B_2 是一堵一米高的石砌矮墙，矮墙上雕刻吉祥图案和小区的名称，顺布九个小狮子头喷水，墙头上布置七只射灯，墙前是一带状喷水池。

在矮墙后的 B_3 处种植五棵铁树，一字排列。通过上述布局，即吸纳了冲进来的煞气，护住了中庭的藏风聚气之处，又把财福吉祥之气疏导得满庭皆芳。（见图片 B_1、B_2、B_3）

对住宅而言，最佳门位应开在巽方，小区亦然。此小区将门开在正离方不甚理想，但已成定局，只好另僻门路。幸好在巽方有一汽车通道，是一处很理想的进水口，且小区的巽方不远处是个大转盘，是门前大马路与另一条南北向的大马路的交叉口，正是来水的方向，我便令其在 D 点上大做文章，将其建成正式大门和入园的主干道，并采取了几点调整措施。

在 D_1 处安放一多子大石象，用以招引人、财、福气；又在 D_2、D_3 两处设置了三只仙鹿，名为仙人指路。D_2 为前身朝向大门的一只回头鹿，引人、财两气继续前行入园。D_3 处为双鹿，一只鹿迎接财福之气，另一只鹿的头指向 E_1 处，将入园的人、财、福气引入庭中的龙脉，连成一气。（见图片 D、D_1、D_2、D_3）

D2

D3

C

此小区还有一大缺陷，东南角是一座五层立体车库，虽同住宅楼一样设置采光窗，却不装玻璃，实是一座外强中空的建筑物，成为小区的一大薄弱点。而小区的巽方处于东西、南北两条马路相交的十字路口，和路口斜对方一些高大的建筑群形成了强大的煞气，煞气从巽方长驱直入。故今其在 C 点上设置了一个不锈钢制的乾坤球，用以化煞引财。（见图片 C）

从 D 门进入中庭，首先最能吸引眼球的是 E_1（见图 E_1）处的景观。此处原为一大喷水池，池中是一座假山，山上卧着一头栩栩如生的狮子。看似威武，此乃困兽也，根本起不到看宅护院的作用，反而其散发的场气却对猪、马、牛、羊、鸡、猴、狗、兔等属相的人和小孩极为不利。

一般说来，宅区之内是不能放置狮子的，只有那些门坎较高的王府、衙门的门前才可安放狮子，用以营造一种高贵、威武、肃静的气氛。一般的民宅、商场、酒店、宾馆、寺庙、公园等场所，除需化解来自大门对面的强大煞气之外，一般不要安放狮子。即使为了化煞，也多用那种被东方人祥和化了的卷毛狮子，或用那种带着一只小狮子，脚下在玩着一只绣球的嬉戏狮子。现今有些银行和大酒店等，喜欢安放那种张牙舞爪、狮视眈眈的仿真狮子，是一种不安全感的过度反应，虽可化煞，但不旺人气，不利于进出之人，经济效益肯定要差一些。

此小区原来的构想真是不伦不类。我令其搬走石狮，去掉假山，在池中用青石片砌成一个龙头，将庭中的小溪用青石片和卵石砌成龙身形状，并在 E_2 处将龙尾一分为二，各建一龙尾池，使龙气遍布整个小区，楼楼得气，家家得气。

又在 E_2 处旁边的 E_5 处安放了一个汉白玉石风水球，用以招财旺财，处在庭院的最中心位置，是整个小区的聚财中心，为大家所共有，人人皆得财气。（见图片 E_5）

此小区将地下车库的出入口设置在东北方的 F 处，车库门朝向大海，寓意为引财入库，但犯了一个"陷"字之忌，加大了"坎"方的负面因素。故令其在库门两旁的 F₁ 处，矗立左右对称的两根盘龙石柱，一意为二柱擎天，二意为龙在山上。同时在 F₂ 处放一石龟，龟性属火，以求阴阳平衡，水火既济，同时可达到招财得寿的功效。（见图片 F₁、F₂）

F1

F2

G

G

在小区西北方又开一乾门，作为汽车的出入口，在环境上也可以作为另一入水口。而小区乾方的实际出入口在 G 点，又北朝大海，一片空旷之地，故在 G 点上设置两座九叠龟塔，一为招引财福之气，二与 F 点的寓意相同。（见图片 G）

原规划小区的西南角是一片竹园，就自然景观来讲，确实很有诗意，但在风水学上就犯了大忌。此角为坤位，坤本主阴主静，建成竹园后，草木旺盛，阴气郁结，却人迹罕至，使该角成为一个死角，成了孤魂野鬼的憩息之地。正因为人迹罕至，为安全起见，就采用砖砌实体的高围墙，且成直角布置，又成一大忌点。因小区在乾方的乾门，也是一个入水口,要想使此门能财源广进,就必须把来水从南面的大马路顺利地分流到西面的马路上,此墙角恰恰是一种阻碍。故对小区的西南角须做更大的调理。

首先拆掉墙角,改成 H_2 处所示的一道斜墙。斜墙两面均作装饰:园内一面贴成巨幅石板壁画,画面为天地人神的舞蹈和劳作场景;临街一面,隽刻成小区的铭牌,墙上设七盏射灯,名为"七星弼月",使此角夜月如昼。

墙外的 H_3 处建一半月形喷水池;在 H_4 处的地面上用砖砌一太极图案;再在宽大的人行道转角处,错落有致地栽种七棵古树;又在园内的 H_1 处按五行理气矗立五根石柱,令天地通气,使高墙内外都充满了生机,成为人气、神气、龙气、财气、名气、福气、灵气、生气的聚集之地,使邪莫敢侵,祟莫敢入。

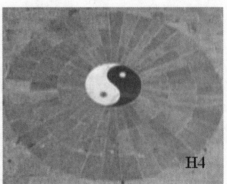

至此，整个小区的环境调理应该说是已经天衣无缝，基本完成。但我仍觉不足，便又点了两处锦上添花之笔：一是中国人的子嗣观念非常重，光有福禄寿禧是不够的，还要子孙旺盛，成龙成凤，故在儿童乐园的 J 处，又安置了一个多子石象。（见图片 J）二是考虑到人不光需要财福和寿命，更需要才华与智慧，故又在小区的申位安放一头犀牛，名为"犀牛望月"。犀牛头向庭中，虚拟一轮明月悬于庭园之中，使小区中的每幢楼都成为"近水楼台先得月"的得月楼，使居此园中的每个人都能具有"心有灵犀一点通"的高智商，懂得风花雪月的诗情雅兴。（见图片K）

对上述调理方案，该公司老总毫不走样地加以贯彻落实，并昼夜施工，抓紧实施。调理尚未完毕，就开始有客户抢盘。此后每天都有生意做，有时一天能卖出十几套房子，至 2005 年末，已基本售罄。而且，再没发生吵架争执之事，整个小区呈现一派安居乐业的景象，充满祥和之气，且业主、物业和房产开发商之间相处得十分和谐，被海口市评为文明生态小区。这就是建筑环境学的神奇效应的真实展现。

第十五章

改造环境与化煞

完全符合要求的建筑环境是不多的，有的地方有来龙，有护砂，却没有界水；有的地方有来龙，有界水，却没有护砂。建筑环境学认为，地理上的不足，可以通过人工进行改造，人工补救，是可以把环境改好的。从以下几个方面，可以进行改造和修补，实现人工补救环境。

一、开渠引水，或筑塘蓄水（对于缺水的穴位，以此法补救）

如在田垅的尽头建房，这里往往没有水，可以宅前筑塘蓄水。这样一来，背靠来龙主脉左右有护砂，前有水塘，来龙贯气，护砂藏风，明堂得水，便成了大吉之地。又如穴前有溪水经过，来水急躁，宜筑坎坝缓急而留之，若来水"撞城反背"，可将河流改道，使成环护状。若是大江大河，则应按"了解自然，利用自然、改造自然、顺应自然"四大原则进行调整。

二、培龙补砂

来龙低平，砂山低缺，可以人工挑土垫高填补。并在其上植树以增加高度，以达到避风、调整温度、湿度和降温的目的。若在房屋后面，人工培筑一个"衣领围子"，在围子上栽种树木或竹子。从建筑环境学上说，可以藏风聚气、补龙砂之不足。

三、修补住宅

如改变原住宅的大门朝向，改变门窗的大小尺寸，改变住宅内部的布局，以符合阳宅风水的要求。对正对大路或大街道的住宅，可采用建照壁的办法加以遮挡，照壁可建在门外或门内，可以挡风避煞。

四、采用风水镇物

建筑环境学上用的镇物种类很多，如用于镇河的宝塔、铁牛、桥等。都具有镇邪的功能。建筑环境学认为，在水口建桥，可起到关护的作用，使村镇留住财气。用"石敢当"可以挡住来自大路、大街方向上的煞气。用"五岳镇宅符"可保家宅平安。

五、花草树木调整

利用仙人掌类植物、可以挡住来自住宅周围物体的尖角冲煞。可用盆栽植物避挡来自门和窗口的煞气，并能起到招财进宝的作用。

此外还可用挂风铃、挂宝葫芦、挂宝剑、摆放石狮子、麒麟、金鱼、金牛、金鸡、大象等物进行避邪助运。

第一节　住宅环境不好时怎样改造

　　人们在建筑或购买住宅时，通常是处于运气最好的时期，然而，当家人搬进去居住之后，一向健康平安的家人，突然一个接一个地病倒，或陷入精神不安的状态，甚至在事业上或者在爱情上屡遭挫折、失败。若出现上述情况，肯定是住宅环境所致。

　　人们若居住于环境好的住宅，一家人幸福安康，其乐融融，欢笑之声不断。一旦住进环境不良的住宅，不幸和不顺的事情不断发生，人际关系将变得不融洽，夫妻反目，家庭不和，严重的将出现伤灾和疾病。由此可见，住宅环境是十分重要的。好的住宅地理环境，好的住宅环境，大多能满足人们的健康及各方面的需求。而凶相的住宅环境信息，将会给人们带来凶险及灾病发生。若在住宅的东北或西南方位设置正门的话，将使小偷容易进入，还易碰到桃色的事件。从事经商之人，亦可受到很大的损失。若有火类之物在背面的"子"向，及在有水类侵犯的方位设置火气之类之物的话，将很容易发生火灾。若在房子的东面、东北面、北面有很大的缺角，同时又放置了不洁之物的话，则婚姻不成（对男子而言）。若在西方四十五度内，有水井、有水池、净化池等，或与水有关的东西，女人尽管美如天仙，还是嫁不出去，而以色情业为生。

　　根据笔者多年的堪舆实践，总结了一些改造住宅环境的一些实用的方法，在此奉献给读者，希望读者能受益，并举一反三，尽一切可能，将现有住宅改造为符合阳宅环境的要求。

一、厕所方位犯忌的改造

　　以阳宅环境来说，家中厕所，尤其是家宅中的北方或东北方（亦称

鬼门）若设置厕所，将招致不良后果，此为大凶，是阳宅风水中的大忌。住宅中有如此的厕所，则将遭致男女主人患动脉硬化、肝硬化、胆结石、胃溃疡、便秘、下痢、食物中毒、气血不调等疾病。对老人的健康更有不利的影响。

对于此种厕所的改造、方法很简单，只要避开正北的中心十五度（子的范围）或避开东北中心十五度（艮的范围）和丑的范围即可。只要坐便器或蹲坑便槽的位置偏离子、艮、丑十五度的方位就可以了，不须改造厕所。

为了使厕所不至于带来凶相，最好把厕所设置在西北、东南，以及东的方位（以大五黄为中心点定方位）。同时，必须要避免与男女主人生年相冲的方位。如午年生的人，必须避开南方，卯年生的人，必须避开东方和西方（正东和正西）。若厕所的隔壁是壁橱或储藏室的话，只要把两者对调就可以了。

除了北、东北方位为凶外，西南方位的厕所也属于凶相。如要改动的话，可改到西北方位。西方的厕所也不好，可把便器移到西北或壬、癸的范围均可。若南方位有厕所，最好移到东、东南、西北方位为好，因南方是采光的方位，厕所占据这个方位，就会影响运气。

但必须注意，移动厕所时，绝对不能使它与神坛为邻，否则也会变成凶相。易被厕所的凶相波及者，乃是一家之主的男女主人及老人。只要用主人夫妇的生肖来检查厕所的位置，然后加以改良就可以了。

若个性比较静的小孩，受到厕所凶意的影响比较大，在改造厕所的方位时，应该考虑小孩的生肖地支不要受冲克。

二、厨房方位不良的改造

迁入新建的房子后，若女主人骤然生病，或因小事而动气，带着歇斯底里的倾向，或陷入精神不正常状态，除了自身有病以外，就可能是厨房设置的方位犯了环境大忌。十有八九是把厨房设在北方、或属于鬼门的东北艮方、或西南的坤方。（以此房的大五黄中心点来确定方位）

若厨房设在东北的鬼门或西南的鬼门方位,应尽早移到安全的方位。一旦女主人有病,家庭会笼罩一片阴云,尤其是厨房的炉子,洗理台的位置方位不好的话,一定要进行改动或改造,才能保证女主人的身体健康。

三、楼梯方位不好的改造

有一些房子的楼梯,竟设置在房子的中心,按阳宅建筑环境学来说,为大凶之相。若楼梯被设置在房子的中心,很容易引起料想不到的突发事故,往往发生在男女主人身上,以致波及整个家庭。诸如车祸、买卖告吹、交易赔钱、考试失败、无法升迁等灾祸发生。

但楼梯又不能简单的移到别处,也不能把带有凶相的楼梯原封不动地留在那里,总得想办法化解这个凶相。

所谓楼梯被设置在房子的"中心",并不是指开始踏入楼梯的一楼那一带,而是指上到二楼或三楼、四楼的平台之位置。就是说必须测定此地是否为一楼的中心,焦点就在此地。若是一步踏进楼梯之处,或是楼梯的一半以下是为房子的中心,也不至于发生问题。最重要的是要测定爬上顶楼的位置,若那是房子的中心,就不妙了。一旦住进这种房子运气就会很快变坏,甚至突发事故不断发生,必须尽快的改良。

但是,这并不是在平面上的改良,而最简易可行的办法是:在二楼或三楼、四楼的平台位置砌起一面墙壁,把楼梯堵死,使之不能从此上楼。在一般情况下,楼梯的砌底约二七米,不妨在平台的三尺前(约九十公分),使楼梯改为向左或向右弯曲,由那上楼,这样改良是可以做到的。还有一种方法最简单,不需要改动楼梯的空间,而把楼梯口设置反侧,即把楼梯的朝向改过来。这么一改之后,平台的地点就不可能在"中心"了。

四、前门方位不好的改造

在住宅建筑环境学里，前门是最能左右一家主人运气的地方。前门是否吉相，将影响到薪水阶层的升迁以及事业家的事业前途。所以，前门是否吉相，关系十分重大。

前门，绝对不能在西南方位的鬼门方向（以房屋的中心点为标准）。若处于此位，就会变成凶相。一家人的想法就会缺乏周详的考虑，轻率地答应帮助别人而自己又无力办到的事情。或在一时冲动之下，从事莫名其妙的事情，结果导致工作失误、信用扫地、运气衰退。同时易受欺骗，屡次上别人的当。这是因为西南方位的前门，很少有良好的人物进入，自然就会带来凶恶的象意。对于位于西南方位的前门，应该移到吉相方位的东、东南或西北。若不能做到，只好改变前门的方向。在改门向时必须特别注意勿使前门的出入口在西南方位的四隅线上即可。

前门在东北方也属凶相。其改善方法与西南方位的前门相同。若是北方位的住宅，必须使门朝向东方，东南或西北的方位。若是东北方的前门，门面可朝向东、东南或南的方位。位于北或东北的前门，出入口绝对不能通过正中线以及鬼门线。

此外，一家之主的生肖地支方位的前门也是凶相。就算是吉相的东方设置前门，若这一家的主人为卯年生人，也会变成凶相。必须特别注意。因此，辰年或巳年生人，以东南方位的前门为凶相，午年生人，以南方午的前门为凶相。

总之，前门的出入口，不能通过其方位中心的正中线、鬼门线、四隅线。这是无论哪一个方位的前门都应该注意。

五、神坛摆设不好的改造

神坛的摆设，自古就有种种不同的说法。比如，神坛的深度，非有一尺二寸（表示十二个月）不可，宽度必须有三尺六寸五分（表示三百六十五天）。且不能用扁柏制成，最重要的是每天清晨能有一个拜神佛的

地方，以表敬谢神佛之意，求得神佛的保佑。至于神台的大小、大可不必强求。

但是，若有以下情形便会使神坛变成凶象，必须引起注意。

1. 神坛的隔邻是卫浴室。

2. 神坛的楼上是客厅，有多人出入。

3. 神坛设在东北或西南的鬼门方位。

4. 神坛朝北、朝东北、朝西南。

5. 神坛使用陈旧的木材制成。

6. 神坛（神佛）随便放置在衣橱里或者不干净的地方。

若是以上1、2、3的三种情形，或将神坛移到别处，因神坛占地不大，移动地方并不太难。但不要在讲求方位的情况下，而把神坛安置在厨房或储藏室。与其这样，还不如把神坛放置于东北或西南方位，使它朝向南、东、或东南。切记不要放置在艮、坤正位的十五度内。

若有4的情形，一般家庭的神坛以坐北朝南，或坐西北朝东南最好。

若有5的情形，必须换用新的木材重新制作为好。

若有6的情形，可利用新木板铺在衣橱的上面，再放置神佛。但必须注意，若衣橱已经很高，上面已经没有空间可以摆放神佛，就得另找可以安放神佛的地方，特别在卧室是不宜摆放神坛的。

六、窗户方位不好的改造

按建筑环境学的要求，"鬼门方位不宜设置窗户"。若以天花板到地面有落地门窗，又位于东北或西南的鬼门线上，将会发生被偷窃的凶相。若鬼门线上有开口部位的话，应该把它封堵起来。若是后门，厨房的门，最好最安全的方法是，把它拆除，再砌一道墙，另开窗户为好。

在鬼门线上的落地窗部分，应改为墙壁。若实在难办到的话、应该把玻璃固定，不能开启，并在玻璃外侧种植矮木，这样就比较安全。

在鬼门线上的门窗，可以用木板窗套遮盖起来。但室内会变得黑暗，也是不理想的办法。还不如将玻璃固定可行。或在鬼门方位开设天窗，

地窗或壁窗，也不失为一个没有办法的办法。若将鬼门方位的门窗改为高窗，便可使"气流"旺盛。既安全可靠，又不至于住宅环境受到严重破坏。

七、孩子的房间不好怎么改?

儿童房是孩子的卧室，起居室和游戏空间。通常、孩子们比较喜欢模仿。因而孩子希望和大人们一样有家具和家居用品，来表现自己的个性、品位和爱好。由于孩子的生理特征、心理特征和活动特征与成人不同，因此，在装修儿童房间时，要充分考虑到儿童的特殊性。聪明的家长总是利用儿童房间的设计，不断培养孩子对事物的观察判断力和想象力，并启发孩子的思维能力、创造力和动手力。

以阳宅建筑环境学的要求，男孩子最好住在位于东方位的房间，或者北方位或者东北方位的房间较为适宜；女孩子最好住在位于东南方位、或南方位或者西方位的房间较好适宜。

西北方位是一家之主的位置。西北方位象征权威、厚重等。若在西北方位设置孩子房间的话，会使孩子早熟，不利学业。因西北位本来是成年人应该拥有的东西，而却给了小孩子，自然就会变得不对了。孩子若住在西北方位，固然有某些方面的才能。但是，孩子将变得太老成，而丧失小孩子应有的纯真，喜欢以成人的方式跟别人讲道理，使得周围的大人蹙眉头。在这种情形之下，孩子的同龄朋友会一个个的离开他，这对孩子的将来没有半点益处。

如果实在找不到适合孩子的最佳方位，可让孩子住在属于他十二生肖的方位的房间。如鼠年生的孩子，住在北方位的房间，马年生的孩子住在南方位的房间较为适宜。

若房间有限，不能单独为孩子设置房间，可用颜色来补救。在孩子睡的房间里多用比较温馨的颜色，如乳酪色、粉红色等暖色为好。忌用阴森冷的颜色。孩子的床上用品也多用孩子喜欢的颜色，这样，有利于孩子的成长和健康。

八、卧室方位不好怎么改？

建筑环境学认为，理想的卧室吉相，乃是家庭成员各自拥有适合自己方位的卧室。也就是说，房主夫妇应该居住在房屋的西北方位的房间，长男应居于该房屋的东方位的房间，长女应居于该房屋的东南方位的房间，老人应居于该房屋的西南位的房间。至于其他的家庭成员，居于何方位都不会成为大的问题。

由于隔间的关系，特别是购买的商品房，不可能按环境学的要求，按方位去分配家庭主要成员的房间，很难有适合自己方位的房间，在这种情况下，可采用按各人生肖地支的方法来居住。

卧室的吉凶是十分重要的，一定要高度重视。阳宅风水重点是"门、房、灶"这里的房、主要是指睡房。要知道，人一生中，至少有三分之一的时间是在卧室中度过的。因此，卧室风水好坏，对每一个人的作用都是很大的。

若卧室是吉相的话，疲劳就能够充分地消除，很轻易地就能够恢复活力。若卧室是凶相的话，不管睡了多久的时间，仍然不能消除疲劳。由于长久累积疲劳的结果，逐渐地会影响到健康，一旦察觉到卧室是凶相时，必须要尽快地进行调整，以适应卧室主人的有利方式。

尤其是主人夫妇的卧室与老人卧室颠倒，或孩子睡于西北房，主人夫妇睡于东房，情况将更为不妙，要赶快对调过来，以适应各自的吉利方位。

九、住宅上大下小怎么改？

在住宅建筑环境方面，上大下小的房子相当于主体方面有缺陷，楼下凹进去的部分会聚集污秽的空气，同时也容易藏住阴气。上大下小的房屋，从外面来看，总会给人一种倾斜不平衡的感觉。若以人身作比，就像腰部以下没有力气，头重脚轻，看起来总觉得很不自然。

如果一向事业很顺利，或做生意一向很好，突然一蹶不振，本来有

升迁的机会，却被其他人夺走了，本来是自己的生意，却被别人抢去，或者无缘无故被卷入一场大的灾难之中。若公司方面一旦有这种形状的建筑物，往往会赔钱，甚至倒闭。若住宅有这种形状的房屋，属于凶相。必须马上改良，否则将会碰到无妄之灾。

改良的方法，可在楼上端突出的部分往地上打基础桩。最理想的方法，就是在那儿砌一道墙。但采光将受到影响。不过，只要使用金属做成格子的装饰，房子的环境就能得到很好的改善。

十、住宅缺角怎么改？

最理想的住房形状，首推六比四的长方形住宅，尤其是以东西方呈长方形的最好。

在现代的城镇住宅中，总免不了某一边凸出，某一边凹入。

若凹入的部分越大，运气越差。若经商的人突然赔钱甚至倒闭，上班族遭到降职、失意及一连串的失败等。一向很顺利的运势，突然逆转过来，以至陷入灾难之中，这就是房屋缺角的凶象所来的灾难。

尤其是西北或东南的缺角，对家庭和事业都非常不利。只要把"缺角"填补起来，衰退的运势就会逐渐的恢复。

房屋形成缺角，主要有以下几种原因：

一、因讲求建筑物的外观而形成的。

二、因正门往里缩，自然形成了缺角；

三、因建筑用地不规则，用地变形，而形成缺角。

因以上原因而形成的缺角各有不同的修补方法。如第一种情形，可依缺角的方位，来决定修补的方法。

若在东北与西南的缺角，可拆除原墙壁，增建使之成为方角。增建部分，可当作房间或储藏室使用。

若在东方缺角，可增建一间日光室，或在离建筑物一公尺外，再建筑一间与缺角一般大小，甚至比缺角还要大一点的房子。

若在东南的方位缺角，处理的方法与东方位缺角一样，可在离开母

屋一公尺处建立新屋，最好比缺角大一些，并使之向外凸出。

若西方位的缺角，最好增建为填补缺角的形式，再把它弄平，这是最好的方法。若西方位的空间比较大的话，可在缺角的外侧，兴建仓库之类的建筑物，其大小只能占母屋的二分之一以下。

若西北方位的缺角。自古以来，西北方位被称为乾、天位、父位、尊位。此方位最喜凸出，缺角为凶相。若此方位建地有限，就要把缺角处增建成三角形，以减少缺角的分量。若空间大，最好将其修改为凸出状。即在有缺的外侧另外建一栋房子，离开母屋一公尺以上的地方，兴建比母屋低、大小三分之二以内的别栋建筑，这种增建，视为凸出的吉相。若不能离开母屋一公尺以上的话，就紧贴母屋增建，亦可建筑得大一些，以获得凸出的吉相效果。若此方缺角，而地面又小不宜增建房屋时，可在缺角部分种植树木。此乃为万不得已而为之。只能获得轻微的效果。最理想的办法还是采取增建补缺角的方式。

对第二种正门往里后缩的情形，可留下一方当成入口，另一方则堵起来砌成一面真正的墙壁，若需要光线的话，可用铁丝网围起来，但铁丝网要打好基础。

对第三种情形，由于建筑用地受到限制，不能增建，只好尽量的减少缺角的面积，如增建三角形，或把有基础的东西建筑在有缺角的部分。房子的缺角，意味着运势走下坡，在兴建房屋或购买房屋时就应该考虑到这一点，以免日后有增建、改造的麻烦。

十一、住宅凸出怎么改?

所谓凸出，是指建筑一边长度的三分之一以内，向外侧凸出去的现象。它与缺角完全相反，就运势而言，"凸出"大多会带来正面的效果。若东南和西北有合乎的凸出的话，运势就能够势如破竹的较好，是吉相很强烈的住宅风水。

但若在东北或西南的鬼门方位凸出的话，将变成凶相。

鬼门方位的凸出，一时可能会使运气好转，在不久之后，就会使运

势转为衰运，实在叫人害怕。

住宅建筑环境的所谓的凸出，不仅指建筑本身的凸出就连离建筑物两三米以内的仓库放置东西的地方（限于有基础者）也算进去。

最好的办法是：把东北或西南两个鬼门方位的凸出部分拆除；或在东北或西南有凸出的地方，从东到东南，或从北到西北的方位加盖建筑物。采用这两种方法就可使两个鬼门方位因凸出而造成的凶相变为吉相。

若无力改建的话，可在鬼门凸出的外侧种植常绿树，但这种方法只能稍微减轻灾祸而已，不能从根本上解决问题。

十二、房顶不好怎么改？

在当今的住宅建设中，各地都出现了不少仿国外的洋式建筑，如所谓南美情调、西班牙情调、英国情调、法国情调、俄罗斯情调等西式建筑。这些房子都是以设计为优先，不管是否符合阳宅风水的要求，不仅公共建筑物有这种倾向，就是私人住宅，也不乏有这种例子。更有甚者，有的小区从规划到命名，小区内的格局，均以西洋标准来建筑，因此，出现了环境上凶相百出的房子。尤其是倾斜度很大的三角房顶及一面坡的房顶更是常见。这种变形的屋顶，就是明显的凶相。因为它太过于极端之故，长久居住于这种屋顶之下的人，很容易罹患歇斯底里、神经过敏及忧愁病。有了这些疾病，往往无法跟其他人和睦相处，总是跟邻居发生纠纷，彼此相处得不甚愉快，甚至出现神经兮兮的女主人，实在叫人感到意外。凡类似这种设计的独特房子，不适合于久居。以下是常见的凶相变形屋顶，以及对此种屋顶的改良方法。

一面坡的屋顶：一面坡的屋顶有一个缺点，会使太多强烈的阳光照射，外气的摄取会产生偏颇，身体的韵律将趋向于不正常。要改变这种屋顶的凶相，可把长的那一边屋顶，从地上提高三米，并在另一方建造房顶，最低也要两米，三米最为理想。若从上面地面伸出一面坡的层顶太久的话，就需要支柱。

三角形的屋顶：三角形而斜度大的屋顶，总是会使屋里屋外的气体

变得异常，最好在半途切断屋顶，再造一个屋顶朝外倾斜。这样，既美观又符合风水要求。

平坦的屋顶：钢筋混凝土建造的房子，几乎都是平坦的屋顶。因为房顶平坦，热传导很迅速，因此屋内会变得很热，或者很冷，对居住此类房子的人的健康方面影响很大。

不仅是变形的屋顶，任何形式的屋顶一旦漏水也会变成凶相。在渗漏的阶段就得及早的修理。由此，不难想象，把平坦的屋顶弄个游泳池养鱼池、喷水池什么的，必然也是不吉利的。

对于屋顶的颜色也应该注意，别用古怪的不入流的颜色。若用古怪的颜色，不但风水会受到影响，同时也会受到周围人的恶劣的批评。

十三、钢筋混凝土的住宅不好怎么改？

钢筋混凝土住宅的耐用年数，通常以六十年计算。而在实际风水上的耐用年数，只有十二三年罢了。以能够放出人类居住所必要的"灵气"来说，耐用年数并不算长。

比起木造住宅来，钢筋混凝土房子的空气换率，只有三分之一而已。因此，不仅空气的循环不好，在构造方面也不能开很大窗户。最叫人受不了的一点就是排水管会腐败，而内部的腐败，通常都看不出来，于是在不知不觉中，不净的灵体就会附着腐败的场所。

使用钢筋混凝土建造房子，并不能够简单的改造。为了住起来平安、顺利，窗户最好经常打开，以利空气流通。

尤其是希望充满灵气的饭厅、客厅、卧室，不妨多利用植物的灵气。根据不同的场所，摆放的植物也不一样。

如在进门的鞋柜上面，摆放一些羊齿类的观叶植物；在饭厅、卧室，按照室内的大小，摆放大叶植物。如十平方米大的房间，可摆放两个，八平方米的可摆放一个，二十平方米的房间，可摆放三个大盆、一个小盆的大叶植物。阳台亦可设置花棚、摆放观赏用植物。

总之，不管在什么地方，只要用钢筋混凝土建造的房子，必须特别

注意换气。除了要经常打开窗门之外，必须在二楼设置换气设备。通风条件差的厕所，抽风机要常开，以防凶相。如经济件好的，厕所的抽风机要整天开着。

十四、庭院水池不好怎么改？

在构成庭院环境的元素中，水是最重要的元素之一。无论是滋养生命提升活力，还是招引财气，启迪智慧，水的作用都是不可替代的。

水的力量是极为强大的，寓刚于柔，既有观赏价值也有环保价值，甚至可以调控温度。《黄帝宅经》指出，"宅以泉水为血脉"。因此，完美的庭院里都必须有水起到画龙点睛的作用。

庭院里的水体有多种形式，如池塘、泳池、喷泉等，均有壮旺宅气的作用。在风水布局中，甚至是一碗清水也可为居家带来鲜明的效果。

在现代社会中，大凡有钱人，都喜欢在自己的豪华住宅前，或在院子里挖一个鱼池或喷水池之类的水池，以此显示其富有高雅。

然而，却很少有人知道，约有百分之八十居住于此种豪华住宅的家庭，都存在外人不知的问题，如老人或女主人经常生病，时常看医生，甚至长期住医院，或家里有视力不良的人，或者有精神薄弱的孩子，或者家庭不和，或者烦恼重重。如此种种现象，归根结底，大多来自宅前院内的水池的影响。

究其原因，现在的私宅所附设的水池，几乎都是密闭式的，也就是不流通的。这种池子的水会腐败，对人体的健康有不良影响。

所以，对有如此凶相的水池或鱼塘，必须用正确的方法加以改造。首先，必须先把水抽干，然后把池底的泥巴完全掏尽，最好连池底的混泥土也敲掉。水池附带的注水管或排污管之类，必须全部拆掉，土壤里不能留下任何的水管之类。经过上述处理之后，再用好的土壤填平。如此，即可免除凶相。置放于水池畔的石头，留着也无妨。

私人住宅所允许的池塘或水池，必须离开房宅十八米以上。但是在住宅的东南方位上，不宜有水池。

从建筑环境学的角度度考虑，明堂有水应为吉。若是尖角，反弓、污水、死人塘，都是大凶之水。最理想的水池，是距离房宅十八米以上，一百米以内的弯月形水池环抱于住宅，此水为大吉之水。并禁止一切杂物、污水流入此月塘。

如果属于流动性的，又是由不特定的多数人集结的饭店、酒楼、工厂、公司等单位，这种水池必须是环流式的。并在周围种植一些树木，这样的水池，不但不会发生问题，反而是吉相的水池，是财库。

十五、地基不好的住宅怎么改？

关于宅相，大多认为，只要房子本身是吉相的，家人就会平安无事。但实际上，并不是那么简单。因为在盖房以前，这块建房基地就存在一些问题，如此地曾经是战场，或是执法场（枪毙罪犯的场所），或者此地有人自杀过，或者是坟场等，这些地方阴气很重。

在这种有问题的土地上盖房子，不管盖出多么吉相的房子，仍然逃不掉土地所带有的不良信息和影响。因为死在这块土地上的灵魂，一直不愿离开他们死去的地方，长久以来不会为人所知，也始终没有受到供祀。一旦房屋建在此地，形成阳赶阴的局面，阴魂是不会同意的，所以建在此地的房屋，必然阴气太重，是大凶之宅。对于这样带有不良信息的土地非常难以处理，只用一些简单的方法是绝对改变不了这种土地的凶相。一旦购买了建在这种带有不良信息的房屋，住在这样的房子里，家庭必然会受到灾害。而灾害的特征，首先会发生在精神方面，如夜晚常做恶梦而惊醒，身边不断发生怪事、纷争四起，叫人的心灵难以安宁，不久将演变成精神不振、精神衰弱，肉体方面也会蒙受损害。这是人们常说的"幽灵在作祟"。从科学的观念来讲，人死后机体中的80多种化学元素溶化于土地中，在受到地磁微波作用下就会对人体产生一种特殊的作用，使人的精神和机体功能产生紊乱。这就是人们常说的鬼魂的作用。从佛学的观点来看，人死以后，虽然肉身已经腐烂，或火化成灰，但人的神识（即灵魂）是不会消灭的，是永远存在的。这种神识要经过

不断的轮回，这种轮回，受因果律支配。

所以，人们在买地建房前或购买新建的住宅时，最好事先调查一下，要建房的这块地基的历史，是否吉相，即此地原来是作什么用途，如是否作过执法场、是否作过屠宰场，是否作过战场，是否盖过寺庙，是否埋过古人等等，一定要调查清楚。如果你懂得八卦，不妨就地摇上一卦，便会从卦象和爻象上看出，此地是否干净，是否吉象，这是最简单最直接最准确的方法，就是用六爻八卦断风水。若是房地产开发商，不管买的地基如何，在盖房以前，就应该举行奠基仪式，或供奉仪式，以保这块土地的安宁。在盖房子前，一旦获知这块土地有问题，最好迁移到地基良好的地方。

人们一旦购买了表面上看住宅环境没有什么问题，但入住新居之后，坏事接连发生，就得怀疑住房地基有问题，如条件允许，最好迁出此房，找有良好地基的住宅居住。

在你想购买房子和地皮的附近一带，如果夫妻反目成仇的人家太多、公司倒闭、离婚夭折的人太多，就要特别小心。此外，邻居不相往来，关系恶劣的也应注意。关于这一点，只要多拜访几户人家就不难明白。

十六、三角形土地上的住宅怎么改？

阳宅建筑环境学认为，三角形土地是住宅环境的一大禁忌。三角形土地，不管在那一方面，都会带来最坏的结果。

三角形土地的特点，是会给居住者精神及脑部方面的打击，以致不能做完善的思考。在女人堆里打滚就是最好的证明，生意方面也会蒙受打击。

如果居住在呈三角形的地基上的房子的话，那就得赶快把它变成吉相的形状。只要土地相当的宽阔，处置起来比较容易，如把三角形锐角部分，做成围墙，或种树为墙，或种植一排树木隔断。在生活方面，不要使用这个锐角部分。隔开的部分，可做花坛或菜园，也可以种植一些较矮的树木，在生活方面，只使用长方形的那一部分土地就行了。

　　若这块三角地没有宽余的空间，则可以把锐角的一边隔开，永久不去使用。一旦居住于三角形土地锐角部分，必须时时保持绿意（种植乔木、冠木、花草），这是绝对必要的条件。

　　隔开的锐角部分，也不能当成车库或仓库使用，必须把它当成"与你无关的空地"绝对不要使用它。

　　若土地小得实在可怜，隔开锐角部分不用。房间就不够使用的话，最好另找房子搬走，空下来的土地可当作停车场或建仓库使用。因居住于三角形土地上，绝对没有安全可言。

十七、住宅三面受到道路包围怎么改？

　　阳宅风水认为，三面被道路包围的建地，是名副其实的凶相。居住于三面被道路包围的房宅内，一家人将频频发生事故，这里所说的道路，是指公共的道路（即公路），并非指私人的小路。

　　住宅三面被道路包围，从凶意的影响大小次序来说，以西、北、东三方面被包围的建地最凶。其次是北、西、南；第三是南、东、北；第四是南、东、西。

　　三面被道路包围的建地，其凶的程度虽不及古战场或发生过自杀事件的土地，但家族会时常受到外伤或突发事故的危害，并且凶相会越来越激烈。若这种建地比较大，此种凶相是可以防止的。

　　（一）西、北、东三面被道路包围

　　只要把它改成二方位道路包围的建地即可。即把它改成棱角的建地。这样一来，可以防止从西方位入侵的气流。其方法是：在西侧的道路边种植杉树、赤松、刺柏等针叶树，并设法使建地无法使用到西侧的道路。再在针叶树下种植灌木类植物，就更安全了。

　　若西侧有门的话，就把它堵起来，可在东侧开新门，但必须是不与主人属相地支的方位相同为原则。

　　（二）北、西、南三面被道路包围

　　为了利用西南的棱角地，在北侧的道路种植一排树木。最好种植常

绿阔叶树。若门在北侧的话，最好把它堵死。除非主人的生肖地支在南方位，否则不可在南方位开门。

（三）南、东、北三面被道路包围

遇到这种情形，可把它从最恶劣的条件，变成条件最好的建地。即把它改变成东南棱角的地形，在北方一侧的道路种植橡树等常绿阔叶树。避开主人十二地支方位，根据职业，在东、南、东南的任何一个方位开门，都可成吉相。若北侧有门的话，必须把它堵死。放在东方到南方之间设置吉相的门。

（四）南、东、西三面被道路包围

这种情形，亦可形成最高吉相的东南棱角地，即在西侧道路种植黑松等针叶树，种一棵针叶树之后，再种一棵落叶树（红叶等），但千万不可种植太大的树。同时在准备堵住的道路一侧筑一道围墙。

若是三面被道路包围的狭窄建地，因无法改造和防止，只能尽早地搬走为好。

对于这种凶相的土地，若建筑成多数人利用的大楼或者公寓的话，就比较安全。假若土地狭小，无法预防的话，就用于建筑公寓或者旅馆，供众多人的人气来防止恶现象的发生，这也是一种因地制宜的好方法。

十八、住宅空间不好怎么改？

中国传统的房屋，无论是外墙或是内部厅房，大多是方形的。四平八稳，透出堂堂正气，不偏不倚的气势，令人不禁肃然起敬。风水学重视的是这类方正无缺的房屋。风水学认为，房屋以方正为佳。若是狭长或是不规则形，则被视为不吉。

在现代都市里，住宅商品的小区，或一座大厦的单位套房设计中，类似这种狭长形或不规则形，甚至三角形的房间，也常出现。一般的人，因种种原因的限制，如收入不是太高，或价格比较低廉，或小区住地离上班地点较近，上班方便等，不得不选择此类房屋，最终购买下来，但心里总觉得不满意，心里始终存有阴影，难以安心居住。

从建筑环境学的角度而论，类似这些狭长或是不规则的厅房，通过改造和补救，使该房的凶意尽量减少到能让宅主及其家人的身心健康和平安无事为原则，这是很多人非常关注的问题，也是可以办到的。

（一）关于狭长形厅房的改造和补救方法

所谓狭长，是指长度超过宽度一倍以上，如长度为十米，而宽度只有四米，就为狭长。这样的房屋不但不符合阳宅风水的要求，而且在室内设计方面也很难处理。在这种情况下，最好的解决办法是用家具隔开，一分为二，把长条切割成两个方形的空间，这不但符合阳宅环境的要求，同时也改变人们的感观，看起来不再有狭窄的感觉。

在作这样的改造时，必须注意分隔的部分应该尽可能靠近中线，这样分隔开来的两部分才能呈现方形。同时尽量用较矮的家具来作间隔。如用三尺左右的矮柜或梳妆台较为理想，这样才可使分隔起来的两个空间声气相通。倘若用高柜或高的板墙来作间隔，便大打折扣了。

用来作为间隔的家具要尽量避免对正门。若如这样，便会对房中的人不利，特别是在健康方面。特别不能让这类矮柜对正小孩子的房门。但若真的无法避免那只有在矮柜旁摆盆植物来作补救了。

对于这类狭长的房子，不管是客厅，还是卧室，都可以用上述方法从中线隔开，这样一来，就不会有空洞无物之感，心理上便觉得踏实多了。有一点值得注意，不能用镜子来作为睡房的间隔，特别是镜子不能对着睡床，若如此，便犯了阳宅环境之大忌，往往导致疾病的发生。

（二）对不规则形的房屋的补救办法

可用装修装饰的办法来改变这种不规则形的房屋。通过装修和装饰后，把原来不规则的房间变得有规则，或者成为正方形，或者成为长方形，或者变成圆弧环抱形，使人的感观从根本上发生改变，这样对居住者的身心都是十分有益的。

（三）对三角形的房屋的改造补救方法

若形状为三角形的房间，并且空间面积比较大，可以把锐角部分隔

断，然后用装修装饰的办法，使隔断后的部分变成有规则的房间。一般来说，如条件好房间较多，对于这类房间，可用于堆放杂物，最好不要住人。若房间少，人又不得不住时，就必须加以改造和装饰，使其成为在感观上可以接受的房间。

十九、房间内镜子与玻璃摆放不好怎么改？

在阳宅环境方面，对镜子的摆放，有很多避忌，因此，不宜随便摆放。

首先，镜子的摆放，要记住一个大前提，即镜子不宜对自己，也不能对正吉利方位。若镜子正对床头，会导致睡眠不宁，甚至疾病缠身，故绝对不宜。

其次，镜子不宜正对大门，也不宜正对其他房门，如此，主凶。

再次，镜子不能正对炉灶，这样会导致人丁不安。

最次，不论采用哪一种镜子来装饰房间，绝对不能有吊脚的情况出现，因镜子下沿必须落地，若以矮柜来承托镜片，便较为理想。

在阳宅风水上，使用的镜子有很多种类，如凹镜、凸镜、八卦镜、白虎镜等，这些镜主要是用来化煞的，必须在堪舆师的指导下使用。千万不能自行随便使用，否则，不但不能化煞，反而会招来煞气。

对玻璃的使用，因玻璃透明透光，且厚度有限，用玻璃来作间隔，一来可以使视野无阻，而令房间显得宽阔，二来可使光线不受阻而令房间显得明亮。此外，因玻璃厚度有限，用玻璃作间隔材料，可以节省很多空间，使房间显得既宽敞又亮堂。

但是，玻璃是易碎物质，其本质较为脆弱，容易碎裂。故对有小孩的家庭并不适宜，容易伤及小孩的身体。

为了家居安全着想，可用玻璃砖来代替玻璃较为适宜。因为玻璃砖较为坚固，不容易碎裂。

无论是玻璃或是玻璃砖，因不会反照，故不必像摆放镜子那样多的顾忌，可以放心的使用，但别忘了安全第一。

第二节　形煞及化解方法

　　形，就是物体的形状，是人们肉眼能看得见的形体。形煞，就是物体的外部形状所构成的有形的煞气，如物体的尖、角、棱、弓、刀、钳、剪等外部形状对住宅风水所产生的煞，这类煞气为有形煞。煞气的大小依物质形状的大小、方位及距离远近而定。若这种带有煞气的物体高大、形状又具凶相，又处在煞方，并且距离住宅又很近，那么，这种煞气是十分凶猛的，对住宅将产生恶劣的影响。将会给宅内居住之人带来灾难，其后果是不堪设想的。因此，住宅周围的物体，包括自然环境物体和建筑物体的形状，对住宅环境是非常重要的。无论是自己建盖住宅，还是购买住宅，首先必须留意观察住宅四周外环境的各种物体的形状，是否带有不良的煞气。大体而言，地面要宽、平、端正，没有狭迫、逼压、阴湿、杂乱、污秽及奇形怪状的物体等使人感觉不舒适的情形，而整体觉得整齐、洁净、安宁、干爽、充满祥和的气氛。也就是说，在都市里，前后左右的楼房等建筑物要规划整齐，样式高低，形状没有很大的差异；在乡村，要成聚落社会、比户接庐、树木浓密、不宜独立门户、孤零零的，周围不宜有枯死的树木；在山谷，要山环水抱、收局开阳，不宜山飞水走。山居要有来龙结局，平阳要有来水结局，龙水二者相兼，方为全美。住宅周围形势宜方正圆满，最忌斜缺破碎，宅前宜平坦无障碍，忌遮蔽、逼迫、冲射；忌一边高、一边低，忌一边有厢房、一边无厢房；忌前高后低、忌前窄后宽、前宽后窄，特别要忌周围的带有不良气息的尖、角、棱、刀、弓、剪、钳等形煞的物体。当然，这些形煞不可能都集中在一起，但只要有其中一两个存在，且距住宅又较近，必将对住宅产生不良的煞气，若不加以化解，将会给宅主及家人带来影响，严重者将带来灾病。

下面根据笔者多年实践的经验，列举一些常见的形煞及化解方法，提供给读者参考，以备不时之需。

一、尖射煞

常见的尖射煞主要有：房宅外边的建筑物上有尖形的物体，如尖形的房顶、发射架、避雷针、尖石山等；摆放在家中的假山、室内栽种的仙人掌、仙人棒、仙人球等带有刺的植物，以及室内装饰物中有尖形状的物品，便是犯了尖射煞，将会给家庭带来不良影响。

尖射煞的化解方法：在家中能见到尖射煞的方位，安放莲花杯和清朝五帝（顺治帝、康熙帝、雍正帝、乾隆帝、嘉庆帝）古钱，可以减轻尖射煞之凶性。

二、镰刀煞

形成镰刀煞有两种原因，一种是天桥形成的，因为有时它的形状如同镰刀一样；另一种是平地的镰刀煞，它的形成是由小山丘和马路结合而成的，即是由带弯形的平地所造成的，其杀伤力都是一样的。这两种镰刀煞都可招致血光之灾。

镰刀煞的化解：配合玄空飞星的吉凶，在吉方安放一对铜马及五帝白玉，可以化解此煞。

三、天桥煞

一条自高而下的天桥常有弯斜的去势。天桥为虚水，斜去而水走是泄财之象。天桥煞是在高的地方一直向下斜落没有弯段。犯天桥煞的，多数是财运差。天桥煞同箭煞一样，都是泄财的。

天桥煞的化解方法：在见到天桥下斜的方位，靠较高的一端，摆放已开光的铜大象，以收外泄之气，可解天桥煞带来的不利影响。

四、刀煞

刀煞就是住宅附近有刀状的物体，有的大厦好似一柄尖刀直向你家

住宅劈来。一般来说，大厦的低座最容易犯刀煞，犯此煞者，容易受伤，或家人有血光之灾。

刀煞的化解方法：在家中安放已开光的龙神座能化解刀煞带来的血光之灾。

五、天秤冲射煞

在住宅附近有建筑中之楼房，在地盘之顶楼有如类似天秤之建筑机械（如吊机）在门前或窗前见到，谓之天秤煞。若家中犯天秤煞，距离远者杀伤力较弱，距离近者家人容易受伤或眼部有问题。

天秤煞的化解：若有此煞，化解要及时，一发现要立即在受冲煞的方位安放已开光的龙神座及五帝王钱配白玉可化解。

六、天斩煞

从自家住宅向外看，若前方有两座大厦靠得很近，致令两座大厦中间形成一道相当狭窄的空隙，骤眼看法，就仿似大厦被从天而降的利斧所破，一分为二似的。此煞主有血光之灾，动手术及危险性高的疾病等。

天斩煞的化解：若情况严重时，以麒麟一对正对着煞气冲来的一方以挡煞。其次，是摆放大铜钱和五帝古钱。最简单的方法是安放铜马，此方法是在一般情况下使用。

七、割脚煞

割脚煞在城市中不多见，多数在海边或山边。因割脚水而形成的煞气，即大厦接近水边，有水迫近大厦或房屋之感。若当运者遇之，可以大富大贵；若失运时遇之，则一落千丈。

割脚煞的化解，在旺气方位安放八白玉，可化解。但旺气每年有变，所以要特别留意。

八、孤峰煞

孤峰煞是指一楼独高，其前后左右都没有可依附的建筑物，即前朱

雀、后玄武、左青龙、右白虎都没有靠山或大厦。若只有矮小的山也是孤峰独耸。经云："风吹头、子孙愁"。凡犯孤峰煞者，都得不到朋友的扶助，子女不孝顺，或远走他方。

孤峰煞的化解，只要在吉位或旺气位安放明咒葫芦和铜葫芦，便可化解孤峰煞，令家人上下一心，一团和气。

九、开口煞

开口煞是指升降机（电梯）的开阖，当打开自己住宅的大门时，见到升降机的开阖，好像老虎张开大口想噬人一般，这便犯了开口煞。若当运者遇之，便会有喜庆之喜，若失运者遇之，则不利家人的健康和财运。

开口煞的化解：在自家门楣上挂上已开光的明咒观音，另加一套五帝古钱，若藏在木门槛内，效果更好。

十、白虎煞

白虎煞是指在一座大厦的右方有楼宇兴建，或楼宇被拆卸，这些都是在右上方有动土行为，因而犯白虎煞。凡居民犯白虎煞的，轻则家人会多病而破财，重则会有人伤亡。

白虎煞的化解方法：在受冲煞的位置的墙边放置两串五帝白玉。若在此方同时犯流年凶星煞，则要放两只麒麟和明咒葫芦。

十一、穿心煞

建在地下铁路上或建在隧道上的楼房，因为车由楼房的下面穿过，住户便犯了"穿心煞"。此种煞气对较低楼层的影响较大，致使宅运不稳，财运差，使住户的身体较差，甚至容易发生血光之灾。

穿心煞的化解，在旺气方或吉方安放铜葫芦和五帝明咒，能避免地下穿心煞所造成的运气反复。对地面穿心煞的化解，则是在大门安放八白玉，五帝古钱及一对文昌塔。

十二、冲煞

在现代建筑中，高层楼房越来越多，从阳宅风水的观点来看，居住楼层在五楼以下，比较容易犯冲煞。因为居所多会遇着被灯柱或树木所挡。犯此煞者，家人容易染病。

冲煞的化解：用已开光的文昌五帝古钱去化解。若受煞方位恰逢流年凶星临，则要按此星特性配合其他化煞用品，珠帘屏风等使用。

十三、反弓煞

在地面的反弓煞，可以使整座大厦的人容易受血光之灾或破财。出现在东西面的反弓煞，其杀伤力很大。若在一个村旁出现，整个村子都会犯上血光之灾，金钱大量破耗或失意、失败等。真水（实水）的反弓力量比地面（虚水）的力量大。买楼时，要小心观察四周环境，免遭损失。

反弓煞的化解：利用已开光的运财童子化解此煞造成的血光之灾。遇有破财泄运之势时，可在反弓位安放明咒葫芦和五帝古钱，也可用麒麟一对放于犯煞方以挡煞。

十四、火形煞

屋外有尖锐状的物体冲射过来，如大厦的墙角（成九十度者）、檐蓬、亭角，公园内一些呈尖锐的艺术雕塑或类似物体，三座以上的烟囱，对向着的道路成分叉或三角、锐角等等，都属于火形煞之类。火形煞的影响迅速猛烈，对宅主来说，易生急性疾病，如盲肠炎，身体容易受伤。宅运方面易发生火灾。

火形煞的化解：可用铜貔貅挡煞，或在门下吊铜钱以加强力量，把煞气向四方扩散以作化解。

十五、廉贞煞

阳宅风水认为，房屋之后靠，若不是明山者（明山者，即山形秀丽之山，或树木茂盛之山），而是山石嶙峋，寸草不生的穷山，则称之为廉

贞煞，这是煞气颇大的一处环境恶煞。

所谓靠山者，在风水上代表的人物为上司及长辈。若房屋之后靠为"恶山"者，表示宅主得不到上司和长辈的支持和帮助，反而受到上司和长辈的为难，使自己的才能未能发挥。若宅主为行政人员时，则主自己没有实权，部属多阳奉阴违。

廉贞煞的化解方法：一般方法，常把窗帘落下，并于犯煞方挂葫芦或五帝明咒两串；严重者的化解法：用四对貔貅挡煞。

十六、刺面煞

在门前或窗前见到岩岩耸耸的小山坡者为犯"刺面煞"。凡犯"刺面煞"者，住户容易遭打劫或被窃，并且住宅内的人容易做出犯法的事。

刺面煞的化解：在门前或窗前犯煞之方位挂上两串明咒葫芦或铜大象。

十七、蜈蚣煞

所谓蜈蚣煞，就是安装在外墙上的水管和污水管等，且一条主干有多分支，犹似一条蜈蚣。倘若推开窗户而望见这些物体，便是犯蜈蚣煞。犯此煞者，工作不顺利，易犯是非口舌。

蜈蚣煞的化解：以铜鸡一对摆放于犯煞方以作化解，取其形以制蜈蚣。

十八、镬形煞

所谓镬形，即卫星天线。由于其体积较蜈蚣煞庞大，故影响也较大。尤其以近距离见者，煞气更大。

见镬形煞者，健康差、易疲劳、压力重，工作易生波折。

镬形煞的化解：以石狮子一对，面向着煞方，以挡煞。

十九、顶心煞

在门前或窗前被灯柱或路牌等直柱形物体垂直冲射过来，为犯顶心

煞。犯此煞者，影响身体、不利健康、脾气暴躁、易有血光之灾。

顶心煞的化解：以五帝明咒两串制煞。

二十、孤阳煞

孤阳煞的产生，来自住所附近的电力房、油站、锅炉房等。犯孤阳煞者，脾气暴躁、或因财失义、使家吵吵闹闹。

孤阳煞的化解：将已开光的木葫芦和八卦罗盘挂于受煞方的墙上，若宅主体弱多病，则于同一位置加挂两串明咒葫芦。

二十一、独阴煞

大厦前面有公厕或垃圾站，便是犯了独阴煞。五楼以下的住户较容易犯此煞。若垃圾站紧贴自己的住所，其凶煞性重，远者煞气减轻。若犯独阴煞，要小心家人的身体健康，以及因病破财。

独阴煞的化解：若来自外界的独阴煞，在家中安放木葫芦和五帝古钱可以化解其凶气。若是室内的独阴煞，则于房内贴近厕所的墙上挂上四串明咒葫芦。

二十二、枪煞

"一条直路一条枪"，在家中大门正对一条直长的走廊，便是犯枪煞。此外，窗外晾衣竹杆也是属于形之枪煞之一。以本住所为中心点，见有直路或河流等向着自己冲来，不论开门见或是窗外见，均为犯枪煞。犯枪煞者，主血光之灾和疾病等。

枪煞的化解法：一是挂珠帘或放置屏风以挡煞；二是在窗口安放金元宝或麒麟风铃一对，可化解。金元宝还能助事业顺利。

二十三、声煞（躁音污染）

凡吵耳之声或震耳欲聋之声皆为声煞。如邻近机场、铁道、地铁站，或居所附近正在进行打桩工程和浇灌混凝土中使用的振动器发出的使人难以接受的声音，都为声煞。声煞对人所造成的影响主要是在精神方面，

会令人心绪不宁和烦燥不安，精神不能集中，长时间下来，更会影响健康，造成神经衰弱、血压增高，加重患有心脑血管病患者的病情。

声煞的化解：声煞是一种不易化解的煞气，若在坤方（西南）出现，凶性尤强。可在坤方安放铜葫芦或两串麒麟风铃，以吸收凶气和镇煞。但不能消除其煞之声音全部。然后选用较厚的隔音效能较好的玻璃，或用双层玻璃，要尽量关闭窗户。若有条件者，可搬离此地。无条件搬离者，可联合受害之住户，联名起诉其声煞的制造者，特别是晚上人们休息时，不能制造声煞，确保住户的身心健康。

二十四、反光煞（光污染）

在城市建筑中，特别是写字楼或商业大厦，大多采用玻璃幕墙，这些玻璃幕墙，受阳光照射后，反射到附近的住所，这便形成了光煞。此外，在海边、湖边的房屋，由于太阳光照射海水、湖水而被水面折射，因海水、湖水的起伏显得金光闪闪，照射到住宅内，也会形成反光煞。反光煞会令人头脑迟纯、精神不集中，严重者会使人容易发生血光之灾或碰撞之伤。

反光煞的化解：一般反光煞的化解，可在玻璃窗上贴上半透明的磨砂胶纸，再把明咒葫芦两串放在窗边左右角，加一个木葫芦，便能化解一个普通的反光煞。反光弱者则不必加木葫芦，而反光强者，还要多安放两串五帝古钱配白玉明咒便可化解。

二十五、味煞（空气污染）

当某种臭味引起人们反感者为味煞。如公厕、污水渠、垃圾站，焚化炉、臭水河、化工厂等排放出使人难闻的臭味，便是味煞。这种味煞，不利于人们的健康，影响人们的工作不能顺利进行，严重者会造成人们呼吸系统的疾病。

味煞的化解：经常将门窗关闭，并使用空气清新剂。若有条件者，尽快搬离此地。无条件搬离者，应联系受害住户联名向有关部门反映或申诉，以环境保护的角度从根本上解决违害人民群众身心健康的臭味源

头，使味煞不再发生。

第三节　住宅环境化解法

一、住宅外围煞气的化解法

道路直冲住宅的大门，在建筑环境学上叫路冲煞。化解方法是在大门边立一块长方形石头，长二尺四寸，宽八寸，石头上面刻上八卦符号，八卦下边刻上"泰山石敢当"。可以得到化解。

1. 反弓水或反弓路的化解法

住宅的前方有水或路（路为虚水）若往里弯者，叫腰带水，为吉水，主旺财运；若向外弯者，叫反弓水，好像一把弓箭向住宅射来，这种水是凶水，主败财。

化解方法是：购买罗盘一个挂在门楣上，或用"泰山石敢当"令牌，挂在进出的门头上，即可化解。

2. 廿四山八方位煞气化解法

八方位即八卦方位，即：乾西北、兑西、离南、震东、巽东南、坎北、艮东北、坤西南。每卦管三山，称之为廿四山。"大道至简，反朴归真"，不用分二十四，只分八卦就可以了。若东方甲卯乙三山中的某一山有煞气，三山都属于震卦，震卦属木，木方有煞气可以用火泄木气的方法来化解，可用离卦，即用九寸木板一块，用黄色漆刷上，再画上红色离卦象（单卦），这种化解煞气为：木生火、火生土、连续相生、得以化解。其他方位的煞气的化解，亦可按此方法，以此类推。木材以桃枣、槐为佳。若能寻得霹雳木则更佳。总之这种化解法，就是用化泄之法，形成连续相生之势，即可生效。

3. 青龙、白虎不相称的化解法

在住宅的左边为青龙，右边为白虎。若住宅的左右，两边高低不一样者，就是青龙白虎不相称，特别是青龙低而白虎高时，这样的住宅会引起不顺，白虎高为虎欺龙，主大凶。建筑环境学要求，"不怕青龙高万丈，就怕白虎回头望"。

化解方法：若左边低，可在左边摆放一条龙，若右边太低，可在右边摆放一只虎。（这些摆放之物，一定要择吉开光）方可化解。一定要龙虎相当，但白虎绝忌高于青龙，青龙高于白虎无妨。

二、住宅内部煞气化解法

住宅内光线太亮，此为阳气太足，而阴气不足。

化解方法：可用质厚而色深的窗帘挡住强光，以此补足阴气，使之阴阳平衡。

住宅内阴暗太过，此为阴气太过，而阳气不足。

化解方法：用长明灯，白天电灯长开，窗帘宜用质簿而色浅的，窗户要常开，以增加室内的光线，以补阳气之不足，以此来化解室内的阴气，使之阴阳平衡。

1. 住宅人口常有病灾的化解法

引起住宅人口常有病灾的原因很多，比如说：门、灶的方位不利或室内摆设不当等等因素。一般化解方法是要用镇土符。方法是：用桃木做成方形长二尺四寸、宽二寸四分，用黑白两色，四面都画上镇土符，安放在中堂墙边，祈求土地、灶君、财神三官等神保佑家宅平安。也可以选用木葫芦三只，挂在宅主的天医方位必应。

2. 灶、厕不利化解法

灶，不管是城市的煤气灶，还是农村烧柴的灶，如果方位不利，都会影响风水，引起家人不安。

化解方法是：用黄色的反光纸，贴在厨房内可以化解。

若厕所或卫浴间的方位不利，可用绿色的反光纸，贴在任何方位，可以化解。

3. 住宅鬼邪作祟，引起家宅不宁，人口生病者

化解方法是：选择吉日画镇宅符来镇宅，以保家宅平安、人员康宁。

4. 财源不聚的化解法

财为养命之源。故财对任何人来说，都是很重要的。如果财源不聚的话，对家庭是极为不利的。

化解方法是：零神方见水，正神方不能见水。

何谓正神方？何谓零神方？这是以三元九运来定的。例如七运属兑卦，兑在西方，西方就是正神方；兑卦的对冲卦是震卦，震在东方，东方就是零神方。可在震卦位上挖一个水池来养鱼。若城市的商品房没有这个条件挖水池，可在室内的震方放一个金鱼缸，缸内养六条黑色金鱼，可以增加财运。也可在三白方：西北（六白方），东北（八白方），北方（一白方）及东南方加水、鱼、风水车来调转财运。三白方的定位是按照三元九运演变而来的。

5. 人丁不旺的化解法

按现代建筑环境学的观点，人丁是泛指人口。计划生育是我国的国策，生男生女都一样，作为预测者来说，也必须遵守这个国策。不能多生超生，不能重男轻女，但并不主张不生育。对人丁不旺的家庭，可用以下方法进行调理：每年六白飞星所到之方位，把床头搬到这个方位上睡。一般怀孕易得男（没有生育能力的无法化解）。但此法必须注意，千万不可滥用、泛用，以免造成违反国策的严重后果。

6. 其他方面的化解法

人一旦有灾，据说是天意的惩罚。按佛教的说法，是"因果"报应。如果能做到"善为本，忍为先"，也是一种很好的解灾方法。"人为善，福虽未到，祸已远离"；"人为恶，祸虽未到，福已远离"；"富者能忍保

家，贫者能忍免辱；父子能忍慈教，兄弟能忍情长，朋友能忍义气，夫妻能忍和睦"；"能忍一时之气，能免百日之灾"。这些都是最好的解灾方法。